建筑工程 CAD

主　编　卢雅婷　张淑玲　毛智毅
副主编　闫　磊　乔忠玲

东北师范大学出版社
长　春

图书在版编目（CIP）数据

建筑工程CAD / 卢雅婷，张淑玲，毛智毅主编. —长春：东北师范大学出版社，2017.6(2023.7重印)
ISBN 978-7-5681-3313-5

Ⅰ. ①建… Ⅱ. ①卢… ②张… ③毛… Ⅲ. ①建筑设计—计算机辅助设计—AutoCAD软件—高等学校—教材 Ⅳ. ①TU201.4

中国版本图书馆CIP数据核字(2017)第152887号

□责任编辑：郑小媛　□封面设计：东师鼎业
□责任校对：杨　柳　□责任印制：许　冰

东北师范大学出版社出版发行
长春净月经济开发区金宝街118号（邮政编码：130117）
电话：010—82893125
传真：010—82896571
网址：http：//www.nenup.com
东北师范大学出版社激光照排中心制版
吉林省吉育印业有限公司印装
长春市经济开发区深圳街935号（邮政编码：130033）
2017年6月第1版　2023年7月第5次印刷
幅面尺寸：185 mm×260 mm　印张：17　字数：410千

定价：44.20元

建筑工程CAD

主　编　卢雅婷　张淑玲　毛智毅
副主编　闫　磊　乔忠玲

东北师范大学出版社
长　春

图书在版编目（CIP）数据

建筑工程 CAD / 卢雅婷，张淑玲，毛智毅主编. —长春 ：东北师范大学出版社，2017.6(2023.7重印)
ISBN 978 - 7 - 5681 - 3313 - 5

Ⅰ. ①建… Ⅱ. ①卢… ②张… ③毛… Ⅲ. ①建筑设计－计算机辅助设计－AutoCAD 软件－高等学校－教材 Ⅳ. ①TU201.4

中国版本图书馆 CIP 数据核字(2017)第152887号

□责任编辑：郑小媛　□封面设计：东师鼎业
□责任校对：杨　柳　□责任印制：许　冰

东北师范大学出版社出版发行
长春净月经济开发区金宝街 118 号（邮政编码：130117）
电话：010－82893125
传真：010－82896571
网址：http：//www.nenup.com
东北师范大学出版社激光照排中心制版
吉林省吉育印业有限公司印装
长春市经济开发区深圳街 935 号（邮政编码：130033）
2017 年 6 月第 1 版　2023 年 7 月第 5 次印刷
幅面尺寸：185 mm×260 mm　印张：17　字数：410 千

定价：44.20 元

前言

在国家“职业教育信息化”的号召下，编者根据高等职业院校培养技能型、应用型人才的特点和要求以及计算机辅助设计绘图员的职业要求，结合现代信息技术，融入“互联网+”思维，结合党的二十大报告中“加强理想信念教育，传承中华文明，促进物的全面丰富和人的全面发展”的思想，精心编写了本教材。本教材内容完整，实用性强，可作为高职高专、应用型本科院校建筑类、管理类等相关专业的教学用书，还可作为建筑工程技术人员的参考用书。

本教材对应的课程是建筑大类专业技术基础课，教材的特点有：

（1）坚持正确的政治方向和价值导向，全面落实课程思政要求。

充分挖掘教学内容中的思政育人元素，将知识、能力和正确价值观的培养有机结合，切实将课程思政元素深植教材，以培养学生爱国主义情怀和工匠精神为主线的高素质人才。

（2）以学生为主体，理论与技能学习、素质提升同步进行。

编者融合多年从事建筑 CAD 教学的实践经验，从职业院校学生的现状出发，以任务驱动为导向，将 AUTOCAD 计算机制图知识从易到难地逐步贯穿到建筑制图中去。通过具体任务的训练，促使学生提高学习兴趣，充分体现高职教育的特点。

（3）紧密技术变革趋势，推进数字教材建设。

在编写过程中，编者在文字命令旁植入了与之对应的二维码信息，以方便学生在课前、课中和课后能够随时通过扫描二维码的方式学习相关微课，做好学生的课外教师，充分体现信息化教学的特点。

（4）配套资源丰富，便于教师教学和学生学习。

依据教材内容，精心制作了 PPT 课件、课程说明、大纲、案例、试题、书目、网站等资源，定期及时更新，方便教师教学和学生自学。

本教材以 AUTOCAD2014 为软件平台，共编写了 20 个任务。每一个任务设有任务描述任务目标、任务评价、知识链接及操作、任务实施、任务巩固与提高等栏目。任务 1 至任务 13 以基本图形的绘制为基础，介绍软件的基本应用；任务 14 至任务 16 为建筑平、立、剖面图的绘制；任务 17 介绍常用三维模型的绘制；任务 18 介绍图纸的输出打印及布局；任务 19

和任务 20 介绍建筑电气工程图的绘制和建筑给水排水施工图的绘制。

本教材在编写过程中，感谢有关专家的大力支持和提出的宝贵意见，在此深表谢意。

由于编者水平有限，加之学识背景、认识角度和理解能力等方面的差异，疏漏之处在所难免，敬请使用本教材的广大师生和读者不吝指正，以期进一步修订和完善。

编　者

在国家“职业教育信息化”的号召下，编者根据高等职业院校培养技能型、应用型人才的特点和要求以及计算机辅助设计绘图员的职业要求，结合现代信息技术，融入“互联网+”思维，结合党的二十大报告中“加强理想信念教育，传承中华文明，促进物的全面丰富和人的全面发展”的思想，精心编写了本教材。本教材内容完整，实用性强，可作为高职高专、应用型本科院校建筑类、管理类等相关专业的教学用书，还可作为建筑工程技术人员的参考用书。

本教材对应的课程是建筑大类专业技术基础课，教材的特点有：

（1）坚持正确的政治方向和价值导向，全面落实课程思政要求。

充分挖掘教学内容中的思政育人元素，将知识、能力和正确价值观的培养有机结合，切实将课程思政元素深植教材，以培养学生爱国主义情怀和工匠精神为主线的高素质人才。

（2）以学生为主体，理论与技能学习、素质提升同步进行。

编者融合多年从事建筑CAD教学的实践经验，从职业院校学生的现状出发，以任务驱动为导向，将AUTOCAD计算机制图知识从易到难地逐步贯穿到建筑制图中去。通过具体任务的训练，促使学生提高学习兴趣，充分体现高职教育的特点。

（3）紧密技术变革趋势，推进数字教材建设。

在编写过程中，编者在文字命令旁植入了与之对应的二维码信息，以方便学生在课前、课中和课后能够随时通过扫描二维码的方式学习相关微课，做好学生的课外教师，充分体现信息化教学的特点。

（4）配套资源丰富，便于教师教学和学生学习。

依据教材内容，精心制作了PPT课件、课程说明、大纲、案例、试题、书目、网站等资源，定期及时更新，方便教师教学和学生自学。

本教材以AUTOCAD2014为软件平台，共编写了20个任务。每一个任务设有任务描述任务目标、任务评价、知识链接及操作、任务实施、任务现固与提高等栏目。任务1至任务13以基本图形的绘制为基础，介绍软件的基本应用；任务14至任务16为建筑平、立、剖面图的绘制；任务17介绍常用三维模型的绘制；任务18介绍图纸的输出打印及布局；任务19

和任务 20 介绍建筑电气工程图的绘制和建筑给水排水施工图的绘制。

本教材在编写过程中，感谢有关专家的大力支持和提出的宝贵意见，在此深表谢意。

由于编者水平有限，加之学识背景、认识角度和理解能力等方面的差异，疏漏之处在所难免，敬请使用本教材的广大师生和读者不吝指正，以期进一步修订和完善。

编　者

目录 CONTENTS

1 AutoCAD基础知识

【任务描述】

在基础教育阶段的学习过程中，同学们对建筑施工图并不了解，更没有机会使用计算机绘制工程图。因此，为了让同学们在大学毕业时具备电脑绘制工程图纸的能力，特在本任务中向大家介绍 AutoCAD 的基础知识，使大家对绘图软件 AutoCAD 有一个基本的了解，在后续章节中进一步学习如何使用 AutoCAD 绘制工程图纸。

【任务目标】

了解 AutoCAD 的安装方法；熟悉 AutoCAD 的工作界面、基本操作及文件的管理；掌握调用命令进行绘图的方法，灵活观察图形。

【任务评价】

本任务所涉及的内容为 AutoCAD 基础知识，也是学习 AutoCAD 软件的第一步，只有知道了软件的基本组成及基本操作，才能灵活地调用命令进行绘图，提高绘图的速度。

【知识链接及操作】

AutoCAD2014
软件概述及
安装方法

1.1　AutoCAD 2014 软件概述及安装方法

1.1.1　AutoCAD 2014 概述

1. AutoCAD 简介

AutoCAD 是由美国 Autodesk 公司开发的计算机辅助设计（Auto Computer Aided Design，简称 AutoCAD）软件。它是诸多绘图软件中的佼佼者，随着计算机技术的不断发展与完善，其研究与应用也从单一向多元化发展，截至目前，已在建筑、结构、桥梁、管线、水渠、大坝、小区规划、室内外装饰装潢、机械、模具、汽车、电子电气、航天、石油化工等领域广泛应用。

AutoCAD 能够绘制二维图形和三维图形，其工作界面具有多样化、易于操作、使用灵活方便的特点，在绘图过程中，能够对已经绘制好的图形进行编辑、标注、渲染及打印等操作。在建筑行业中，CAD 技术是发展最快的技术之一，虽然版本不断更新，但是 AutoCAD 有其特定的操作方法和界面。本任务将以 AutoCAD 2014 为例详细介绍其基本操作界面，为熟练应用 AutoCAD 2014 绘图打下基础。

2. AutoCAD 2014 的功能

AutoCAD 2014 提供了丰富的绘图命令和编辑命令，利用这些命令，用户可以轻松绘制各种基本图形、复杂图形和三维实体；AutoCAD 2014 提供了多种标注图形尺寸的功能，可以灵活地对图纸进行各种标注；在 AutoCAD 2014 中，可以运用雾化、光源、材质将模型渲染为具有真实感的图像，即实现对三维图形的渲染；AutoCAD 2014 允许将所绘制的图形以不同样式通过绘图仪或打印机输出，提供了多种图形输出与打印的方式。除此之外，AutoCAD 2014 为多用户合作提供便捷的工具，方便用户密切而高效地共享信息，例如，它增强了在图形处理等方面的功能，新增了创建 NURBS 曲面的功能，增加了推断集合约束功能和拖放材质的功能，增强了图案填充透明度功能和使用材质浏览器功能，增强了夹点修改对象功能，等等。

1.1.2　AutoCAD 2014 运行环境与安装要求

1. 安装环境

安装 AutoCAD 2014 的计算机至少要满足以下需求，才能有效地使用 AutoCAD 2014 软件。

处理器： Windows XP：Intel Pentium 4 或 AMD Athlon 双核，1.6 GHz 或更高，采用 SSE2 技术。Windows 7 和 Windows 8：Intel Pentium 4 或 AMD Athlon 双核，3.0 GHz 或更高，采用 SSE2 技术，三维操作建议配置 3.0 GHz 或更快的处理器。

操作系统： Microsoft Windows 7 Enterprise 或 Microsoft Windows 7 Ultimate 或 Microsoft Windows 7 Professional 或 Microsoft Windows 7 Home Premium 或 Microsoft Windows 8 或 Microsoft Windows 8 Pro 或 Microsoft Windows 8 Enterprise。

内存 RAM： 2 GB RAM（建议使用 4 GB）。

硬盘： 安装 6.0 GB（可用磁盘空间进行安装）。

视频： 1024×768（建议使用 1600×1050 或更高）真彩色。

显卡： 三维操作用户建议配置 128 MB 或更大的显卡内存，具有 openGL 功能的工作站类。

Web 浏览器： Microsoft Internet Explorer 7.0（SPI 或更高版本）。

2. 安装步骤

（1）AutoCAD 2014 可从光盘安装，也可从网站上下载安装。打开安装文件夹后，找到“Setup. exe”以管理员身份运行即可，弹出窗口如图 1-1 所示。

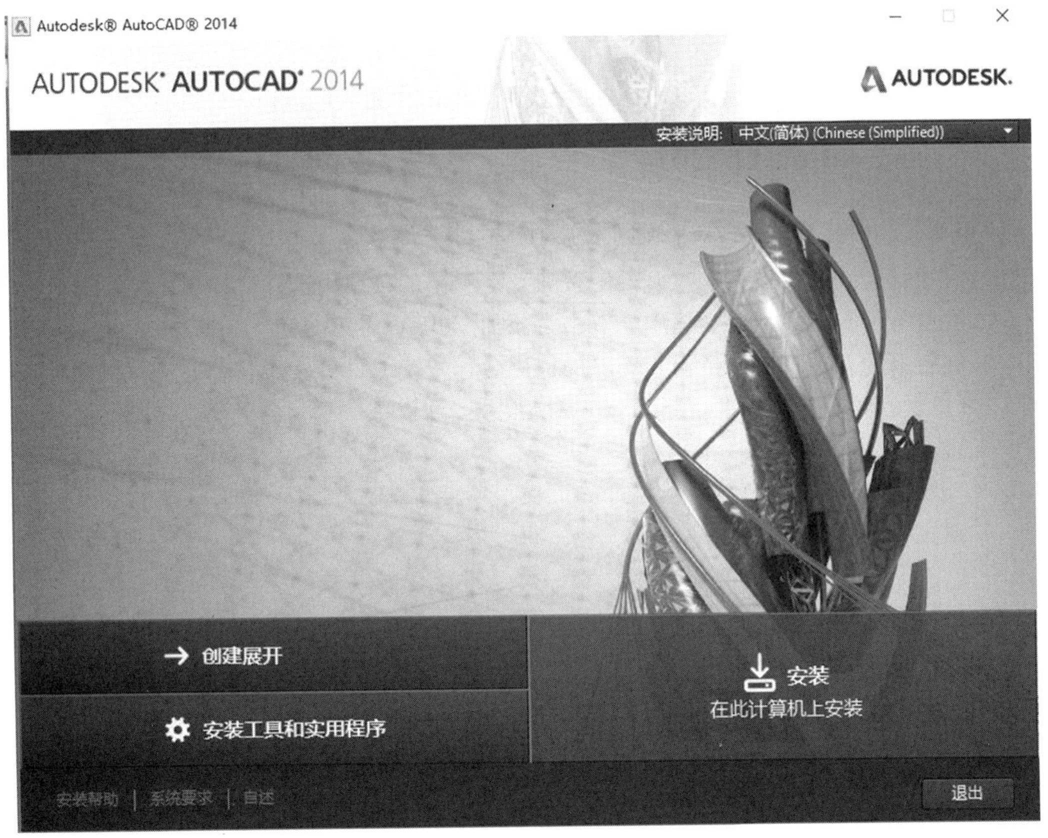

图 1-1 AutoCAD 2014 安装

（2）在对话框中单击“在此计算机上安装”按钮，打开安装向导对话框，单击“下一步”按钮。

（3）选中要安装的产品名称，单击“下一步”按钮，打开许可协议对话框，选中“我接受”，单击“下一步”按钮。

（4）输入序列号和密钥，单击“下一步”按钮。

（5）此时对话框需要输入“安装路径”，可用浏览按钮指定安装路径，输入完毕单击“下一步”按钮。

（6）此时安装开始，并显示安装进度，安装完成后，显示安装完成对话框，单击“完成”按钮。

3. 注册和激活 AutoCAD 2014

成功地安装了 AutoCAD 2014 之后，必须进行产品注册，然后才能长期使用此软件，否则 AutoCAD 2014 软件的使用会有期限，超过期限将无法使用。注册方法如下：

（1）点击桌面上的 AutoCAD 2014 快捷图标，启动 AutoCAD 2014。由于是第一次启动该软件，会弹出产品激活对话框，选择“激活产品”，点击“下一步”按钮。

（2）在注册激活对话框中，选择“输入激活码”，单击“下一步”按钮。

（3）在输入激活对话框中，选择国家为“中国”，并在下面输入激活码，单击“下一步”按钮。

（4）此时注册并激活了 AutoCAD 2014 软件，单击“完成”按钮。

1.1.3 删除 AutoCAD 2014

1. 删除或卸载 AutoCAD 2014 的操作步骤

（1）在桌面上点击左下角的“开始”按钮，在弹出的菜单中选择“控制面板”命令。

（2）在打开的控制面板对话框中，双击“添加/删除程序”图标。

（3）在打开的对话框中点击需要删除的程序名称“AutoCAD 2014”，点击“删除”按钮，如图 1－2 所示。稍等片刻，即可删除 AutoCAD。

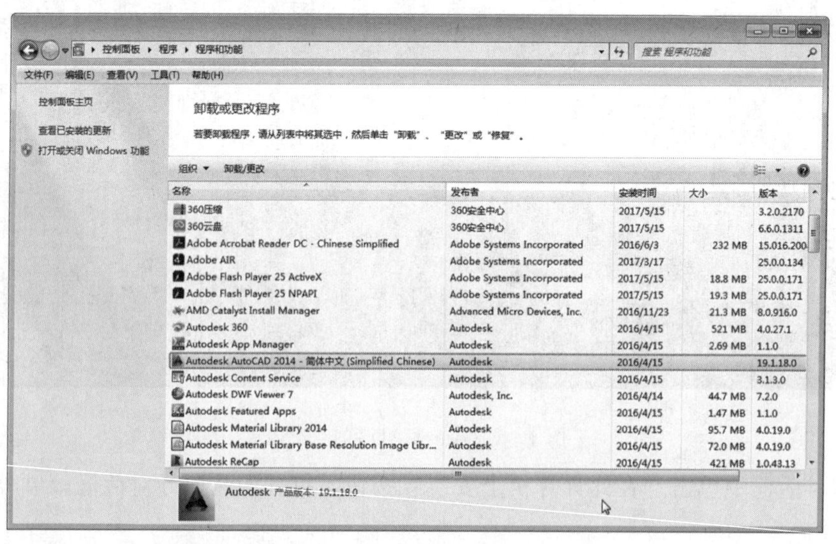

图 1－2 删除 AutoCAD 2014

1.1.4 启动和退出 AutoCAD 2014

1. 启动 AutoCAD 2014

启动 AutoCAD 2014 中文版软件，可采用以下三种方法。

方法一：安装完成后，系统自动在桌面上创建了一个 AutoCAD 2014 中文版快捷图标，双击这个图标，即可启动 AutoCAD 2014 软件。

方法二：点击桌面左下角的“开始”按钮，在弹出的菜单中选择“所有程序/Autodesk/AutoCAD 2014”，即可启动 AutoCAD 2014 软件。

方法三：在“我的电脑”中找到已经保存好的 AutoCAD 文件，直接双击该文件名打开，即可启动 AutoCAD 2014 软件。

2. 退出 AutoCAD 2014

退出 AutoCAD 2014 中文版软件，可以采用以下三种方法。

方法一：在 AutoCAD 2014 操作界面顶端选择菜单命令“文件/退出”，即可退出该软件。如果在退出之前没有将所绘制的图形保存，会弹出如图 1-3 所示的对话框。在弹出的窗口中，点击“是”按钮，首先保存对图形的修改，然后再退出 AutoCAD 2014；点击“否”按钮，放弃自上一次存盘后对图形所做的修改，退出 AutoCAD 2014；点击“取消”按钮，取消退出命令，返回 AutoCAD 2014 绘图环境。

图 1-3 退出 AutoCAD 2014

方法二：在界面的左上角，双击图标，也可退出 AutoCAD 2014。

方法三：在界面的右上角，点击图标，也可退出 AutoCAD 2014。

1.2 AutoCAD 2014 的工作界面及基本操作

1.2.1 AutoCAD 2014 的工作界面

工作界面

启动 AutoCAD 程序后，即进入 AutoCAD 绘图环境下的显示界面（图 1-4），其主要分为“标题栏”“菜单栏”“工具栏”“绘图区”“命令窗口”“滚动条”“状态栏”等。

1. 标题栏

AutoCAD 的标题栏位于窗口顶部，从左向右依次为应用程序按钮、工作空间切换按钮、快速访问工具栏、信息中心、应用程序控制按钮。软件在第一次打开时，会自动创建一个文件名为“Drawing1. dwg”的文件，显示在标题栏空白处，其中“. dwg”是 CAD 文件名的扩

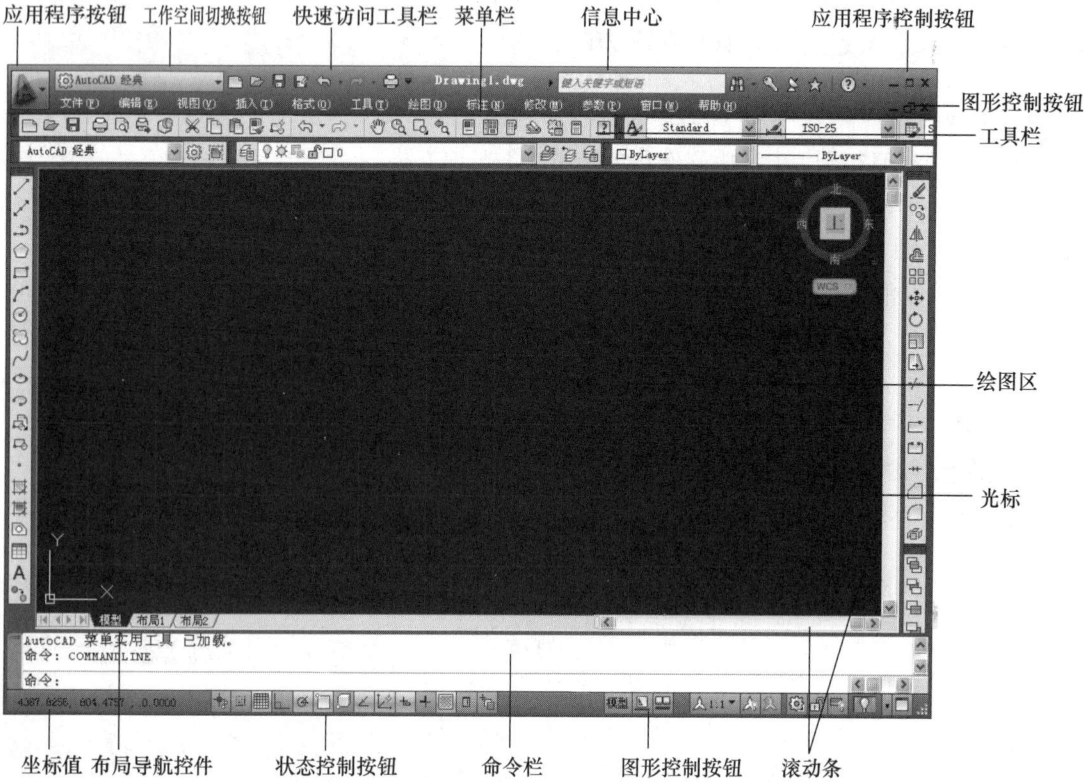

应用程序按钮
工作空间切换按钮
快速访问工具栏
菜单栏
信息中心
应用程序控制按钮
图形控制按钮
工具栏
绘图区
光标
坐标值
布局导航控件
状态控制按钮
命令栏
图形控制按钮
滚动条

图 1－4　AutoCAD 2014 界面组成

展名。

AutoCAD 启动后的工作空间是经过分组和组织的菜单、工具栏、选项板、面板的集合，使用户可以自定义所需的绘图环境。如图 1－5 所示为 AutoCAD 2014 的工作空间选项界面，在其下拉菜单列表中有“草图与注释”“三维基础”“AutoCAD 经典”等选项。

AutoCAD 经典
草图与注释
三维基础
三维建模
AutoCAD 经典
将当前工作空间另存为...
工作空间设置...
自定义...

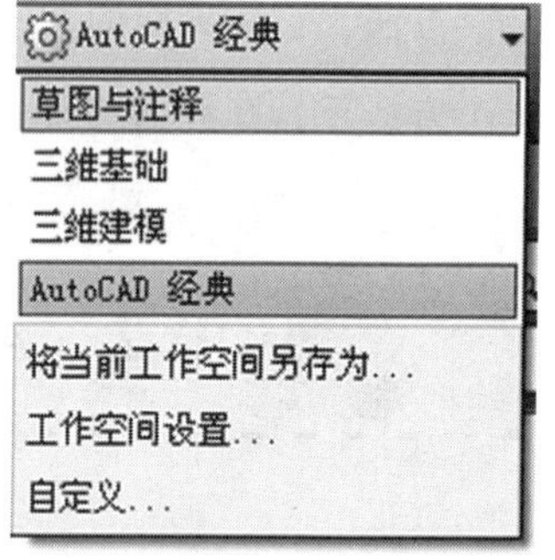

图 1－5　工作空间选项界面

2. 菜单栏

菜单栏位于标题栏下方，它汇集了大部分的 CAD 操作命令。单击某一菜单便可打开与之相对应的下拉菜单项，此时用户只需移动鼠标至所需要的目标菜单按钮选项单击即可。在此过程中，用户可在标题栏或绘图区单击鼠标左键取消操作，或直接按 Esc 键取消。当用户所点击的菜单项后面出现省略号“…”时，会弹出一个相应对话框；点击的菜单项后面出现黑色的小三角“▶”时，则出现下级子菜单。

3. 工具栏

工具栏是由形象化的图标按钮组成，使用户可以方便、直观、快速地进行绘图操作。默认状态下，工具栏会显示“标准”“特性”“样式”“绘图”“修改”等工具按钮，它们分别显示在菜单栏的下方和两侧。当用户将鼠标停留在这些按钮上，就会出现该按钮的名称；当用户在工具栏按钮上单击，即可执行该项操作；当用户可在工具栏上空白处右击，可在弹出的快捷菜单中调整所有工具栏的开启状态。另外，用户可以拖动工具栏的位置，实现对工具栏位置的改变。

需要注意的是，当用户打开软件却看不到常用的工具栏时，可以把鼠标指针放在任意工具栏空白处右击，在出现快捷菜单时，勾选“图层”“特性”“样式”“绘图”“修改”等绘图需要的工具，若不需要显示该工具栏，则取消工具栏勾选状态即可。

(1) 标准工具栏：位于菜单栏之下，包含了最常用的命令，有些按钮是单一型的，有些是嵌套型的，它提供的是一组相关的命令，在这些按钮上按住鼠标左键，将弹出嵌套图标。

图 1－6　标准工具栏

(2) 特性工具栏：特性工具栏位于标准工具栏之下，显示有关图层颜色、线性、线宽等控制命令。

(3) 样式工具栏：包含了文字样式、标注样式、表格样式等按钮，单击这些按钮可以快速进行设置。

(4) 绘图工具栏：绘图工具栏一般位于绘图区左侧，提供了绘图常用的命令。从上至下列出了与“绘图”菜单中的绘图命令功能一样的命令按钮，单击各个图标按钮即可进行绘图。

(5) 修改工具栏：绘图工具栏一般位于绘图区右侧，提供了对图形进行修改的常用命令。从上至下列出了与“修改”菜单中的修改命令功能一样的命令按钮，单击各个图标按钮即可进行图形的编辑修改。

4. 绘图区

绘图区是用户进行图形绘制的区域，位于屏幕中央。绘图区没有边界，无论多大图形都可置于其中。当用户按住鼠标滚轮拖动时，可移动图形的显示位置，便于观察图形；若用户双击滚轮，可将视图缩放至合适的大小。用户可以根据需要在绘图区设置图形界限，如 A0 图纸设置界限为（841×1189），也可以不设置。

在绘图区下方靠左位置有三个标签，分别为模型标签、布局 1 和布局 2，通过对标签的单击实现模型空间和布局空间的切换。一般情况下，模型空间是绘图工作空间，布局 1 或布局 2 是对图纸打印输出和页面设置的空间。

在绘图区的左下角显示的是坐标系，水平向右方向表示 X 轴正方向，竖直向上表示 Y 轴正方向，当鼠标移至绘图区内，便出现十字光标，它用来在图形中确定点的位置或选择对象。

绘图区默认的背景颜色为黑色，用户可以自定义绘图区的背景颜色和十字光标的状态。其操作步骤是单击菜单栏“工具”→“选项”，或者在绘图区窗口中单击鼠标右键，在弹出的快捷菜单中选择“选项”命令，弹出选项对话框，如图 1－7 所示，再单击“显示”选项卡，单击“颜色”按钮可进行颜色选择（图 1－8），以及十字光标大小的修改。

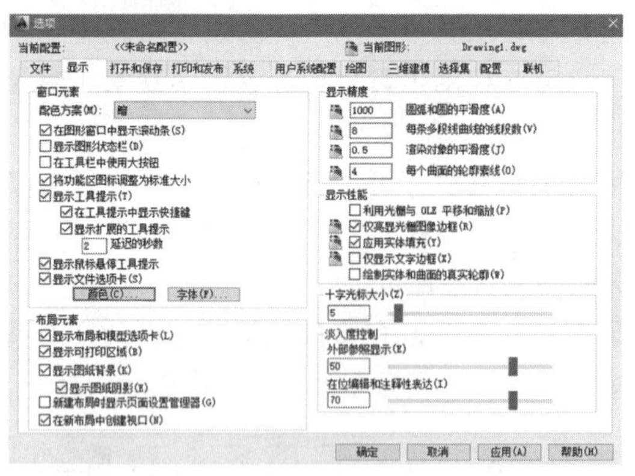

图 1－7　绘图区设置

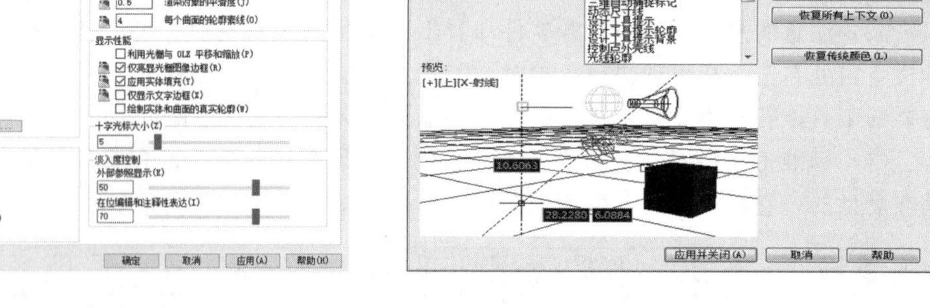

图 1－8　“图形窗口颜色”对话框

5. 命令窗口

命令窗口位于绘图界面的下方，它是用户与 AutoCAD 进行对话的窗口，命令窗口由当前命令行和命令历史窗口两部分组成。上边是命令历史窗口，下边是命令行，在绘图过程中，命令栏显示的是当前操作或命令执行状态的提示，用户可根据需求选择适合操作。用户通过该窗口发出绘图命令，与菜单和图标按钮操作等效。

历史命令窗口显示的是用户启动 AutoCAD 后所使用过的全部命令及提示消息。绘图时，用户必须随时注意命令窗口的提示信息，以便准确、快速绘图。用户可按 F2 键对命令文本窗口激活，帮助用户查找更多的信息，如图 1－9 所示。

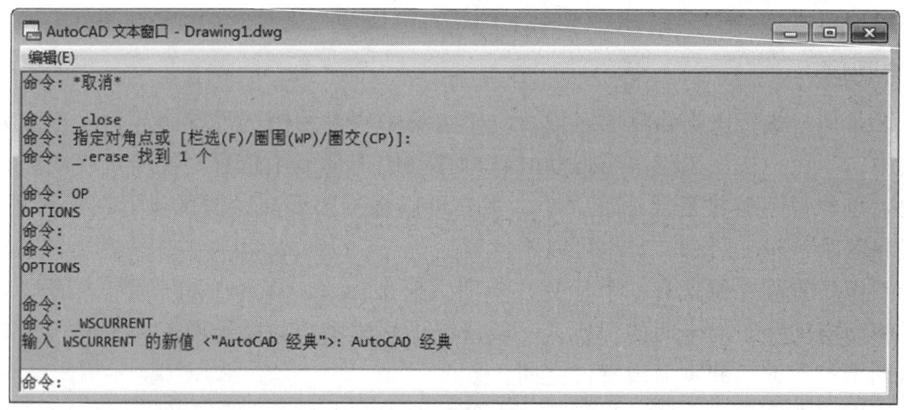

图 1－9　命令文本窗口

6. 状态栏

状态栏位于软件界面的最下方。如图 1－10 所示，依次显示的是图形坐标值、图形控制按钮和状态控制按钮。状态栏的左下角显示的是当前十字光标在绘图区的三维绝对坐标值，坐标值随着鼠标的移动而实时变化。中间显示的是常用的绘图辅助工具开关的控制按钮，鼠标停留在这些按钮上会出现相应按钮的名称，如捕捉、栅格、正交、极轴、追踪、三维对象捕捉、对象追踪、线宽、透明度等。用户可以单击相应按钮打开或关闭其状态。当按钮状态为凹下，为打开状态；凸起则为关闭状态。另外，用户可在按钮上右击，选择“设置”命令，在弹出的快捷菜单中进行详细设置。

2155.2973, 313.3099 , 0.0000

图 1-10　状态栏

这些绘图辅助工具除了可以用鼠标单击进行打开或关闭外，还可以通过快捷键进行操作，各快捷键的作用见表 1-1。

表 1-1　F1—F12 快捷键的作用

快捷键	作　用	快捷键	作　用
F1	打开 AutoCAD 的帮助功能	F7	栅格开关
F2	文本窗口开关	F8	正交开关
F3	对象捕捉开关	F9	捕捉开关
F4	数字化仪开关	F10	极轴开关
F5	等轴测平面开关	F11	对象追踪开关
F6	坐标开关	F12	动态输入开关

1.2.2　AutoCAD 2014 基本操作

基本操作

AutoCAD 2014 的基本操作包括鼠标操作、菜单操作和对话框操作。

1. 鼠标操作

鼠标是绘图操作中最重要的输入设备之一，用户可用鼠标在 AutoCAD 中进行绘图和编辑等操作。鼠标的基本操作包括单击（左键、右键），左键双击（快速击两次鼠标左键），拖拽（左键拖拽、右键拖拽），滚轮的基本操作。

（1）单击鼠标左键：用户可左键单击以选择文件、选择对象、打开菜单或命令或对话框等。

（2）单击鼠标右键：用户右键单击鼠标后，在弹出的快捷菜单选择所需的命令操作；也可在工具栏任意处单击右键，打开工具选项菜单，选择需要显示的工具栏。它与回车键有相同的功能。

（3）鼠标左键拖拽：移动工具栏或移动窗口位置等。

（4）滑动滚轮：对视图进行实时缩放，前后滚动可放大（向前）或缩小（向后）。按住滚轮不放并拖拽，此时鼠标为手形状，可以进行平移操作。

（5）双击滚轮：缩放到图形范围。

（6）Shift+按住滚轮不放并拖拽：三维旋转。

2. 菜单操作

（1）打开菜单

方法一：用鼠标左键在相应的菜单上单击即可打开。

方法二：按组合键。例如按下 Alt+F 组合键弹出“文件（F）”下拉菜单，按下 Ctrl+S

组合键可以保存文件。

(2) AutoCAD 菜单的介绍

AutoCAD 在默认的情况下有 12 个菜单，分别为文件（F）、编辑（E）、视图（V）、插入（I）、格式（F）、工具（T）、绘图（D）、标注（D）、修改（M）、窗口（W）、参数（P）和帮助（H）。

①“文件”菜单：本菜单的命令主要用于文件管理，如可对文件进行新建、保存、打开、打印、关闭等操作。

②“编辑”菜单：本菜单为文件编辑命令，用户可对绘制的对象进行全部选择、清除、剪切、复制、粘贴等操作。

③“视图”菜单：本菜单主要对视图进行管理，例如缩放、平移、鸟瞰、视口设置、三维渲染等。

④“插入”菜单：本菜单可插入对象，例如插入图块、图形、OLE 对象、图元文件等。

⑤“格式”菜单：本菜单可设置各种绘图参数，如图层、文字样式、标注样式、点样式、表格样式、多线样式、图形界限、绘图单位等。

⑥“工具”菜单：本菜单可以设置 AutoCAD 的绘图辅助工具，如工作空间、绘图顺序、草图设置、自定义用户界面等。

⑦“绘图”菜单：本菜单包含了所有基本绘图命令，如直线、矩形、圆、正多边形、多线、表格、文字、块、图案填充等。

⑧“标注”菜单：本菜单包括尺寸标注的所有命令，如对齐标注、线性标注、半径标注、角度标注、基线标注、连续标注等。

⑨“修改”菜单：本菜单包含了 AutoCAD 的所有编辑修改命令，如阵列、复制、镜像、偏移、修剪、打断、移动、旋转等命令。

⑩“窗口”菜单：本菜单包括 AutoCAD 的工作空间、窗口水平或垂直排列方式、目前打开 AutoCAD 的文件名称及窗口的关闭锁定操作。

⑪“参数”菜单：本菜单以约束的形式对图形进行定义和绘制。常用的约束有几何约束和标注约束。

⑫“帮助”菜单：本菜单提供帮助信息。

3. 对话框操作

在 AutoCAD 的操作中，当用户点击菜单项后面的省略号“…”，屏幕上便会弹出一个相应的对话框，需要用户对对话框进行选择操作。

(1) 对话框的组成

对话框一般由标题栏、标签、单选框、复选框、下拉列表框、控制按钮、命令按钮组成，如图 1-11 所示。

① 标题栏：在对话框的最顶端，通常会显示对话框的名称，右边显示本对话框的关闭按钮☒。

② 标签：把几个功能比较相似或相关操作的对话框放在一起进行设置，用户可以单击标签名称进行切换。

③ 单选框：该选框中的多个选项只能选择其中的一项，选中后的选项前有一个圆点，表示该选项当前起作用，其他不起作用。

④ 复选框：在该框中的选项可同时选择符合要求的多个选项，选中后选项前以对勾形式表示。

⑤ 控制按钮：该按钮上也有省略号“…”，点击该按钮后可进入其他对话框。

⑥ 下拉列表框：显示一系列下拉列表项目，操作时只能选择其中一个或不选按照默认值来操作。

⑦ 命令按钮：命令按钮通常有三个，分别是“确定”“取消”和“帮助”。用户可单击“确定”按钮，确定此次操作并关闭该对话框；单击“取消”按钮，取消本次对话框的操作；单击“帮助”按钮，启动帮助功能，以便用户了解该对话框的功能及使用。

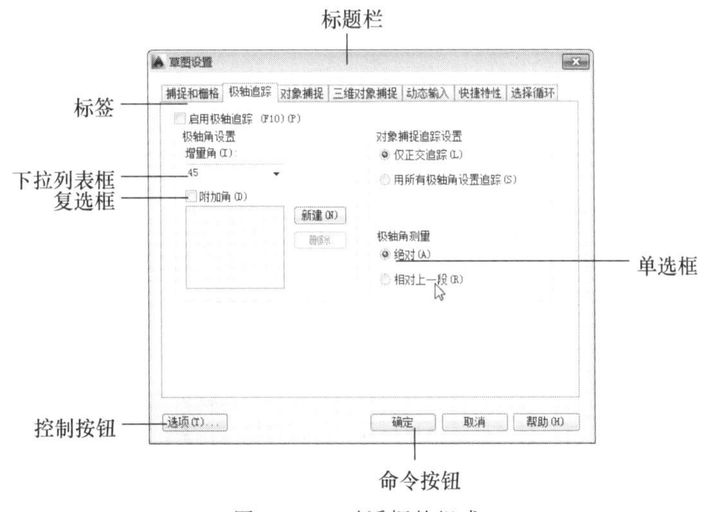

图 1-11　对话框的组成

（2）对话框的操作

操作对话框的方式一般有以下两种：

方法一：单击鼠标左键，选择要操作的选项卡，在需要输入文本框的空白区域单击鼠标左键，激活选项，输入文本，然后把其他要选择的单选按钮或复选按钮选中，最后单击确定命令按钮即可。

方法二：按 Tab 键或光标键，可在各个选项之间顺序切换，按回车键或鼠标左键单击选择该选项，即可确认操作。

图形文件
的管理

1.3 AutoCAD 2014 图形文件的管理

1.3.1 创建新图形文件

用户在启动 AutoCAD 时，系统会自动创建一个名称为“Drawing1.dwg”的新图形文件，该文件中的设置是系统预先定义好的，用户可根据绘图需要进行保留或做其他改变。除此之外，AutoCAD 为用户提供了多种样板图形文件，用户也可以根据需要，自行设置样板文件进行保存。样板文件的扩展名是“.dwt”，系统默认存在系统文件夹 Template 中，用户可在新建文件时，随时从该文件夹中选择所需要的样板文件，在样板文件中绘制图形。

新建文件的方法有以下四种：

(1) 菜单法：单击“文件”→“新建”菜单。

(2) 命令按钮法：单击“标准”工具栏→ (新建) 按钮。

(3) 键盘输入法：输入 new 或 qnew。

(4) 组合键法：Ctrl+N。

执行以上四种操作都会出现样板选择窗口，如图 1-12 所示。

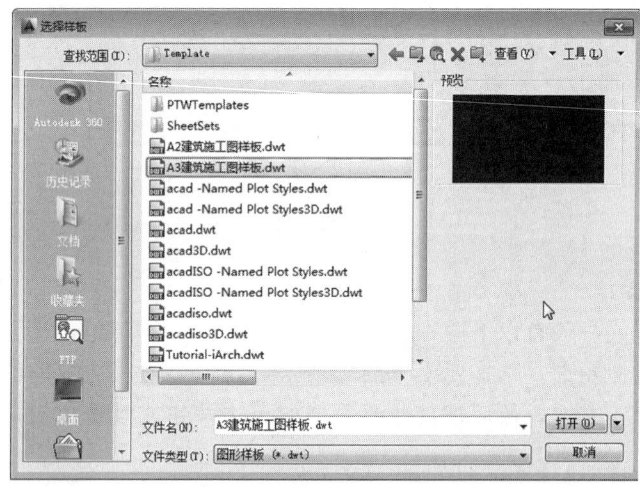

图 1-12　选择样板创建新文件

1.3.2 打开文件

用户可以直接打开现有的 AutoCAD 文件进行编辑操作，如图 1-13 所示。

打开文件的方法有以下四种：

(1) 菜单法：单击“文件”→“打开”菜单。

(2) 命令按钮法：单击“标准”工具栏→ (打开) 按钮。

(3) 键盘输入法：输入 open。

(4) 组合键法：Ctrl+O。

图 1-13 打开文件对话框

用户需要在目标文件夹中选择所需文件，点击“打开”按钮即可。

1.3.3 保存文件

对于已经绘制好的图形，用户可使用“保存”或“另存为”等命令对文件进行存储，如图 1-14 所示。如果是没有保存过的新文件，执行以下操作都会出现如图 1-14 所示的对话框，用户可选择要保存的路径，输入文件名，选择文件保存类型后点击“保存”。

保存文件的方法有以下四种：

(1) 菜单法：单击“文件”→“保存/另存为”菜单。

(2) 命令按钮法：单击“标准”工具栏→ (保存) 按钮。

(3) 键盘输入法：输入 qsave 或 save as。

(4) 组合键法：Ctrl+S。

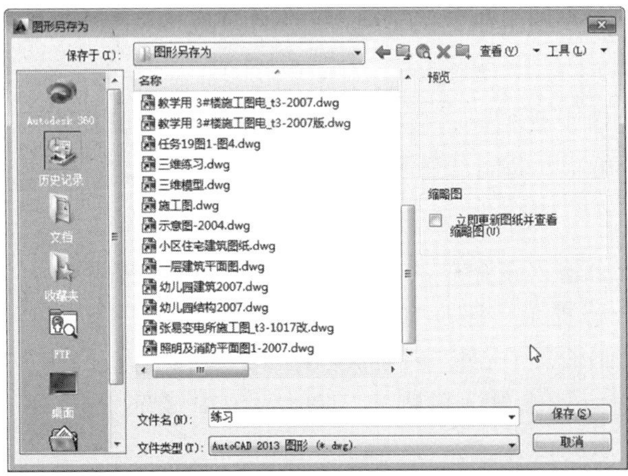

图 1-14 图形另存为对话框

1.3.4 恢复文件

用户在保存文件的时候会同时生成一个后缀为“.bak”的文件，它是 AutoCAD 自动产生的备份文件，其作用是防止用户误删原文件造成不必要的损失。因此，在恢复文件时，用户可以找到文件夹中的“.bak”文件，将其文件类型改为“.dwg”进行保存后，即可以查看到它的原文件了。

1.3.5 关闭和退出文件

关闭和退出图形文件有以下四种方法：

(1) 菜单法：单击“文件”→“关闭/退出”菜单。

(2) 命令按钮法：单击 AutoCAD 当前文件窗口右上角的关闭按钮☒关闭文件/利用应用程序按钮▲的快捷菜单关闭文件或退出文件。

(3) 键盘输入法：输入 close 或 exit/quit。

(4) 组合键法：Ctrl+Q。

命令的调用方法

1.4 命令的调用方法

1.4.1 AutoCAD 命令执行方法

AutoCAD 命令的输入方法主要有三种：菜单法、命令按钮法、键盘输入法。

1. 菜单法

用鼠标选择命令所在的菜单项，单击即可。除此之外，用户还可使用右键快捷菜单方式调用命令，如图 1-15 所示。

图 1-15 右键快捷菜单

2. 命令按钮法

在绘图区左侧的绘图工具栏上，单击需要执行的相应工具命令按钮，然后按照命令行提示进行绘图操作。

3. 键盘输入法

用户只需在命令行中输入该命令的英文单词或缩写字母后回车确认，然后根据命令行提示，逐步完成绘图即可。若用户在绘图过程中打开了动态输入 DYN，则在执行命令的过程中，十字光标附近会动态显示键盘输入的内容，图 1-16 中显示绘制正多边形命令所显示的内容。

图 1-16 动态输入执行命令

当用户执行命令时，可依据命令窗口出现的提示按步骤进行操作，其中有三种提示符的意义如下。

(1) “/”：分隔符号，用来分隔 AutoCAD 命令中的不同选项，用户可根据需要直接键入选项的字母，按回车键执行即可。

（2）“＜＞”：小括号，此括号内为缺省输入值或当前要执行的选项，如不符合用户的绘图要求，可输入新的数值或选项来代替。

（3）“[ ]”：中括号，其中包含命令的所有可选项，用户可输入相应的命令缩写进行选择并进入下一步操作。

1.4.2　命令的确认与重复

1. 命令的确认

在用户绘图过程中，我们需要对选择的命令操作进行确认。例如，采用菜单法或工具栏法调用命令时，点击相应的按钮就表示开始执行该命令；而采用键盘输入命令时，需要点击回车键，才能调用该命令。

除此之外，我们还需要在绘图过程中对每一步操作进行确认，AutoCAD 提供了三种方法进行确认操作，具体如下。

方法一：按键盘上的 Enter 键确认。

方法二：按键盘上的空格键确认。

方法三：单击鼠标右键，在弹出的快捷菜单中选择“确认”命令进行确认。

2. 命令的重复

重复调用刚执行完的命令有以下两种方法。

方法一：在命令行为空的状态下，按空格键或回车键会自动重复刚刚使用的命令。也可以在历史命令中查看前面执行的命令，然后选择执行。

方法二：在绘图区单击鼠标右键，在弹出的快捷菜单中选择命令。

1.4.3　命令的退出、撤销与恢复

1. 退出或结束正在执行的命令

在使用 AutoCAD 进行绘图的过程中，可以随时退出正在执行的命令，具体方法如下：

方法一：在执行命令过程中按键盘上的 Esc 键即可退出该命令。

方法二：按键盘上的 Enter 键退出正在执行的命令，有的操作要按多次才能退出。

方法三：使用鼠标右键退出命令。

2. 撤销已执行的命令

方法一：在图形编辑过程中，用户可以在命令提示区输入“U”命令或使用“undo”命令，撤销一个或若干个命令。

方法二：点击标准工具栏中的 按钮，来取消刚才所绘制的图形或取消最近一次的命令。

方法三：按键盘上的快捷键 Ctrl＋Z 进行操作，一次可以撤销多步操作。

3. 恢复已撤销的命令

方法一：用户可以使用 redo 命令或点击工具栏中的 按钮来恢复之前已经撤销、现在

又想恢复的命令。

方法二：可以用键盘上的快捷键 Ctrl+Y，一次可以恢复多步操作。

视窗控制

1.5 视窗控制

在绘图过程中为了更清楚地观察或修改图形，经常会用到 AutoCAD 提供的图形显示控制功能。

1.5.1 图形的重画与重生成

图形的重画命令（redraw）或图形的重生成命令（regen）能够实现视图的重新显示，从而方便看图和绘图。两者的作用见表 1－2。

表 1－2 redraw 命令与 regen 命令的作用

命 令	redraw	regen
作 用	① 快速刷新显示。 ② 清除所有图形轨迹点，比如亮点和零散的像素	① 重新生成整个图形。 ② 重新计算屏幕坐标

1. 图形重画

图形重画调用方法如下：

菜单法：单击“视图”→“重画”菜单。

键盘输入法：输入 redraw 或 redrawall。

图形重画可以刷新当前视窗显示，清除绘图或编辑过程中留下的无用点的痕迹，刷新显示速度比图形重生成命令快，因为它不需要对图形进行重新计算和生成，它只刷新当前视窗，而 regen 命令可以刷新模型空间中的所有视窗。

2. 图形重生成

图形重生成调用方法如下：

菜单法：单击“视图”→选择“重生成”→“全部重生成”菜单。

键盘输入法：输入 regen 或 RE 或 regenall。

图形重生成命令可以使图形重新生成，在此过程中不仅删除图样中的点记号，刷新屏幕，而且根据当前坐标更新图样中所有图形的数据库。

1.5.2 视图的缩放与平移

1. 视图缩放（zoom）

在绘图过程中，用户可以通过对鼠标的控制实现图形的放大或缩小，使用视图缩放命令并不会影响对象的位置和实际尺寸的大小。例如，通过滚动鼠标中键（滑轮）向外滚动可放大图形，向内滚动可缩小图形。除此之外，系统还将此功能集成在工具栏和菜单中，用户可以通过以下方法对图形进行缩放控制。

（1）调用方法

菜单法：单击“视图”→选择“缩放”→选择所需菜单选项（图 1－17）。

命令按钮法：单击“标准”工具栏→“缩放”按钮（图 1－18）或单击缩放按钮（放大 、缩小 ）。

键盘输入法：输入 zoom 或 Z。

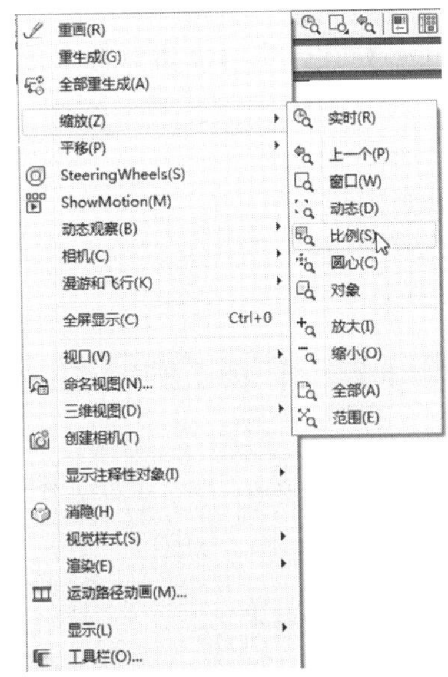

图 1－17　视图缩放菜单法

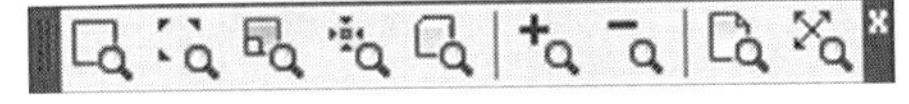

图 1－18　视图缩放命令按钮法

（2）命令及提示

命令：zoom

指定窗口的角点，输入比例因子（nX 或 nXP），或者

[全部(A)/中心(C)/动态(D)/范围(E)/上一个(P)/比例(S)/窗口(W)/对象(O)] <实时>：

（3）参数说明

【全部(A)】：显示当前视窗中整个图形，包括图形界限以外的图形，此选项同时对图形进行视图重生成操作。

【中心(C)】：可通过该选项指定缩放中心点和放大倍数，缩放后的图形将以指定点作为视窗中图形显示的中心点，按给定的缩放系数进行缩放。

【动态(D)】：对图形进行动态缩放，可以一次完成缩放和平移。

【范围(E)】：使当前视口中图形最大限度地充满整个屏幕，此时显示效果与图形界限无关。

【上一个(P)】：返回上一个视窗显示的图形。

【比例(S)】：以屏幕的中心点为缩放中心，对图形进行比例缩放。其中，在命令执行后，需要输入比例因子 nX 或 nXP，nX 表示图形相对于当前可见视图的缩放倍数。nXP 表示当前视图相对于当前的图纸界限缩放的倍数。例如，输入 0.5 时，则新图显示为原始图大小的一半；输入 0.5X 时，则新图显示为当前视图大小的一半。

【窗口(W)】：分别指定矩形窗口的两个对角点，将框选的区域放大显示。

【对象(O)】：将所选对象尽可能大地显示在屏幕上。

【实时缩放】：该选项为系统缺省项，输入缩放命令后，直接回车，鼠标会变成 。按住鼠标向上移动，图形放大显示；向下移动，图形缩小显示；水平左右移动，图形无变化。

2. 视图平移

平移命令可快速将图形的位置进行定位显示，执行该命令后，鼠标形状变成手状即可平移图形，用户可以使用按住滚轮的方式实现对图形的平移操作，也可点击鼠标右键，在显示的快捷菜单中选择“pan”即可，如图 1－19 所示。

(1)调用方法

菜单法：单击“视图”→“平移”→选择所需菜单选项(图 1－20)。

命令按钮法：单击“标准”工具栏→ (平移)按钮。

键盘输入法：输入 pan 或 P。

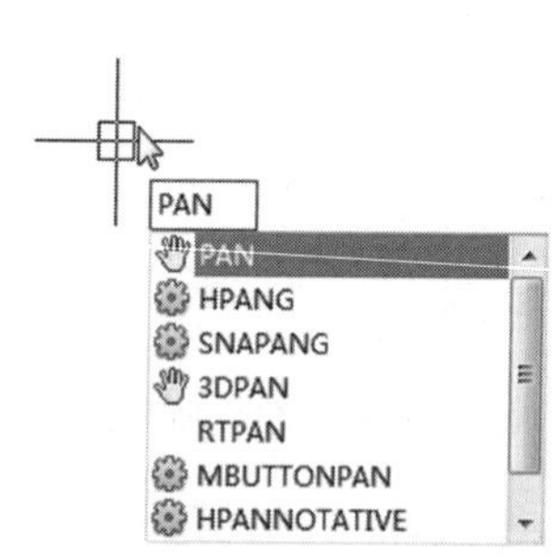

图 1－19　执行 pan 命令时，右击鼠标的快捷菜单

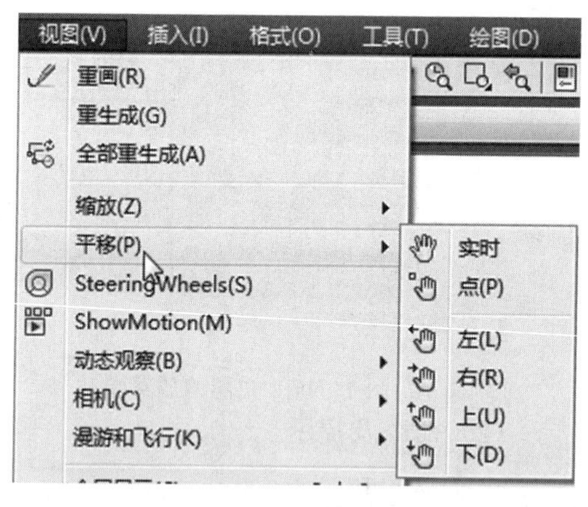

图 1－20　平移菜单

(2)命令及提示

当用户调用平移命令后，命令行提示 pan，鼠标变成小手状图标。

【任务实施】

任务：请打开 AutoCAD 软件，保存一个名为“CAD 练习 . dwg”的文档。

第一步：打开 AutoCAD 软件。

第二步：点击“文件”菜单，选择“保存/另存为”命令，弹出“另存为”窗口，设置文件名为“CAD 练习”，如图 1－21 所示。

第三步：选择保存文件的路径，点击“保存”按钮。

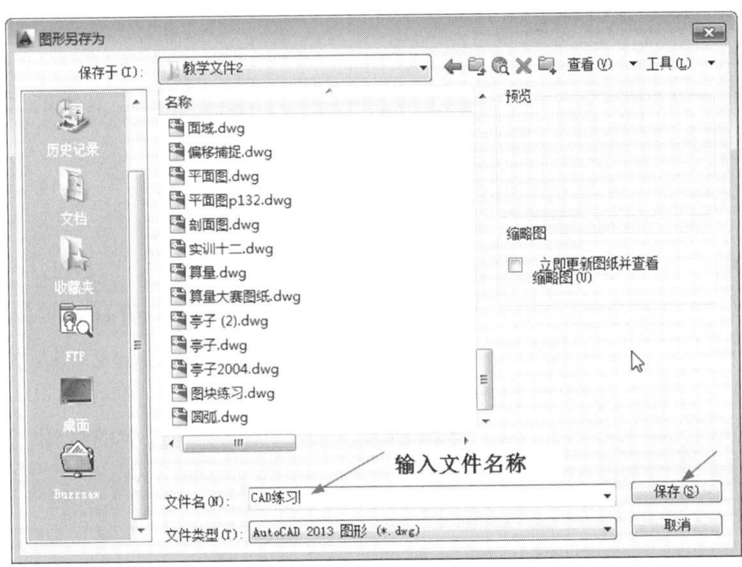

图 1－21　保存文件设置窗口

【任务巩固与提高】

一、填空题

1. AutoCAD 保存文件的快捷命令是 ________。

2. AutoCAD 命令执行方式包括三种，分别是________方式、________方式和________方式，鼠标可辅助操作。

3. AutoCAD 退出正在执行的命令，可按________键或________键。

二、单选题

1. 重新执行上一个命令的最快方法是(　　)。

A. 按 Enter 键　　B. 按空格键　　C. 按 Esc 键　　D. 按 F1 键

2. 取消命令执行的键是(　　)。

A. 按 Enter 键　　B. 按 Esc 键　　C. 按鼠标右键　　D. 按 F1 键

3. 在十字光标处被调用的菜单称为(　　)。

A. 鼠标菜单　　B. 十字交叉线菜单

C. 快捷菜单　　D. 此处不出现菜单

4. 当丢失了下拉菜单，可以用下面(　　)命令重新加载标准菜单。

A. load　　B. new　　C. open　　D. menu

5. 要快速显示整个图限范围内的所有图形，可使用(　　)命令。

A.“视图”|“缩放”|“窗口”　　B.“视图”|“缩放”|“动态”

C.“视图”|“缩放”|“范围”　　D.“视图”|“缩放”|“全部”

6. 设置“夹点”大小及颜色是在“选项”对话框中的(　　)选项卡中。

A. 打开和保存　　B. 系统　　C. 显示　　D. 选择

7. 缩放(zoom)命令在执行过程中改变了(　　)。

A. 图形的界限范围大小　　B. 图形的绝对坐标

C. 图形在视图中的位置　　D. 图形在视图中显示的大小

8. 按比例改变图形实际大小的命令是(　　)。

A. offset　　B. zoom　　C. scale　　D. stretch

9. 当图形中只有一个视口时，“重生成”的功能与(　　)相同。

A. 窗口缩放　　B. 全部重生成　　C. 实时平移　　D. 重画

10. 下列目标选择方式中，(　　)方式可以快速全选绘图区中所有的对象。

A. Esc　　B. box　　C. All　　D. zoom

11. 可以利用以下(　　)方法来调用命令。

A. 在命令状态行输入命令　　B. 单击工具栏上的按钮

C. 选择下拉菜单中的菜单项　　D. 三者均可

12. 功能键(　　)可以进入文本窗口。

A. F1　　B. F2　　C. F3　　D. F4

13. 设置光标大小需在“选项”对话框中的(　　)选项卡中设置。

A. 草图　　B. 打开和保存　　C. 系统　　D. 显示

14. 在保护图纸安全的前提下，和别人进行设计交流的途径为(　　)。

A. 不让别人看图“. dwg”文件，直接口头交流

B. 只看“. dwg”文件，不进行标注

C. 把图纸文件缩小到别人看不太清楚为止

D. 利用电子打印进行“. dwf”文件的交流

15. 在模型空间中，我们可以按传统的方式进行绘图编辑操作，一些命令只适用于模型空间，如(　　)命令。

A. 鸟瞰视图　　B. 三维动态观察器　　C. 实时平移　　D. 新建视口

16. 下面(　　)不属于图纸方向设置的内容。

A. 纵向　　B. 反向　　C. 横向　　D. 逆向

17. 在 AutoCAD 中粘贴其他文件的块的命令快捷键是(　　)。

A. V　　B. Ctrl+Alt+V

C. Ctrl+Shift+V　　D. Ctrl+V

18. 在 AutoCAD 软件中，我们一般用单位(　　)来做图以达到最佳的效果。

A. 米　　B. 厘米　　C. 毫米　　D. 分米

19. 使用(　　)命令可以将图形文件中所有的图形居中并占满整个屏幕。

A. 窗口缩放　　B. 平移

C. 范围缩放　　D. 移动

20. 按住鼠标的(　　)光标会变成“手”的形状，执行平移命令。

A. 左键　　B. 右键　　C. 中轴　　D. 左右同时按

21. 正交的快捷键为(　　)。

A. F2　　B. F9　　C. F8　　D. F3

22. 按(　　)键可中断正在执行的命令。

A. Esc　　B. Enter　　C. Ctrl　　D. Alt

三、多选题

1. “AutoCAD 今日”对话框的“打开图形”选项卡用于打开已有图形，在该选项卡的“选择开始方式”下拉列表框中包括(　　)。

A. 最近使用的文件　　B. 历史记录(按日期)

C. 历史记录(按文件名)　　D. 历史记录(按位置)

2. 可以利用以下(　　)方法来调用命令。

A. 在命令提示区输入命令　　B. 单击工具栏上的按钮

C. 选择下拉菜单中的菜单项　　D. 在图形窗口单击鼠标左键

3. 在 AutoCAD 中，文档排列方式有(　　)。

A. 层叠　　B. 水平平铺　　C. 垂直平铺　　D. 排列图标

4. 执行“特性匹配”命令可将(　　)所有目标对象的颜色修改成源对象的颜色。

A. OLE 对象　　B. 长方体对象　　C. 圆对象　　D. 直线对象

四、思考题

1. 观察图形的方法有哪些?

2. 利用缩放命令 zoom 观察图形，图形的尺寸大小是否真的变大或缩小?

3. 命令的启动方法有哪些? 各有什么特点?

设置绘图环境

【任务描述】

与手绘建筑图纸相似，我们需要在使用 AutoCAD 2014 软件绘图之前，对绘图的纸张大小，绘笔的颜色、线型、粗细等进行设置。只有准备工作做好了，才能保证之后绘图的准确、快速，也才能绘制出符合建筑行业标准、易懂的通用建筑图形。这就是绘图前的准备工作，称为绘图环境的设置。

本任务将从了解建筑制图规范及标准，设置绘图单位、图形界限及其他常用参数，设置图层及对象特性等内容的学习来完成对样板文件绘图环境的设置。

【任务目标】

了解建筑制图规范要求，熟悉 A0、A1、A2、A3、A4 图纸的图幅、图线设置要求，并按照相关要求熟练设置绘图环境、熟练绘制图框。

【任务评价】

本任务所介绍的内容为设置 AutoCAD 绘图环境，只有正确设置图纸的绘图环境，才能准确表达不同图线所示内容。

【知识链接及操作】

2.1 了解建筑制图规范与标准

制图标准是房屋建筑制图的基本规定，适用于总图、建筑、结构、给水排水、暖通空调、电气等各专业制图。它的目的是：统一房屋建筑制图规则，保证制图质量，提高制图效率，做到图面清晰、简明，符合设计、施工、存档的要求，适应工程建设的需要。

2.1.1 图纸图幅

图纸的图幅是建筑制图对图形大小的要求，是指图纸的幅面大小。在《房屋建筑制图统一标准》(GB/T 50001—2010)中对图纸的图幅做了详细的规定，如图纸幅面图框格式尺寸等，其中立式图纸的格式及要求见表2-1。

表2-1 立式图纸的格式及要求(单位：mm)

	A0	A1	A2	A3	A4
b×l	841×1189	594×841	420×594	297×420	210×297
c	10			5	
a	25				

1. 横式幅面与立式幅面

图纸以短边作为垂直边，称为横式(图2-1)；以短边作为水平边，称为立式(图2-2)，A0—A3图纸宜横式使用，必要时，也可立式使用，但一个工程设计中，每个专业所使用的图纸不宜多于两种幅面，不含目录及表格所采用的A4幅面。

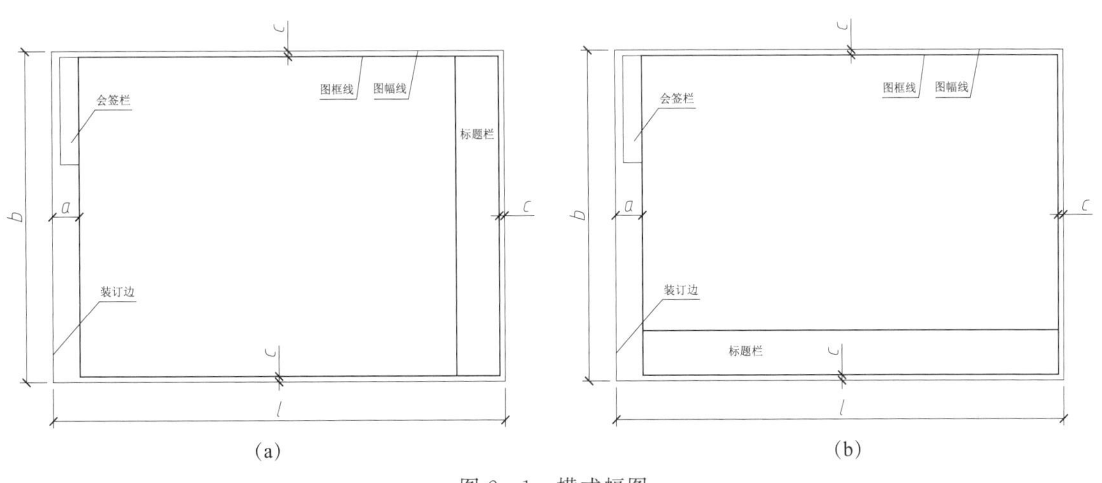

图2-1 横式幅图

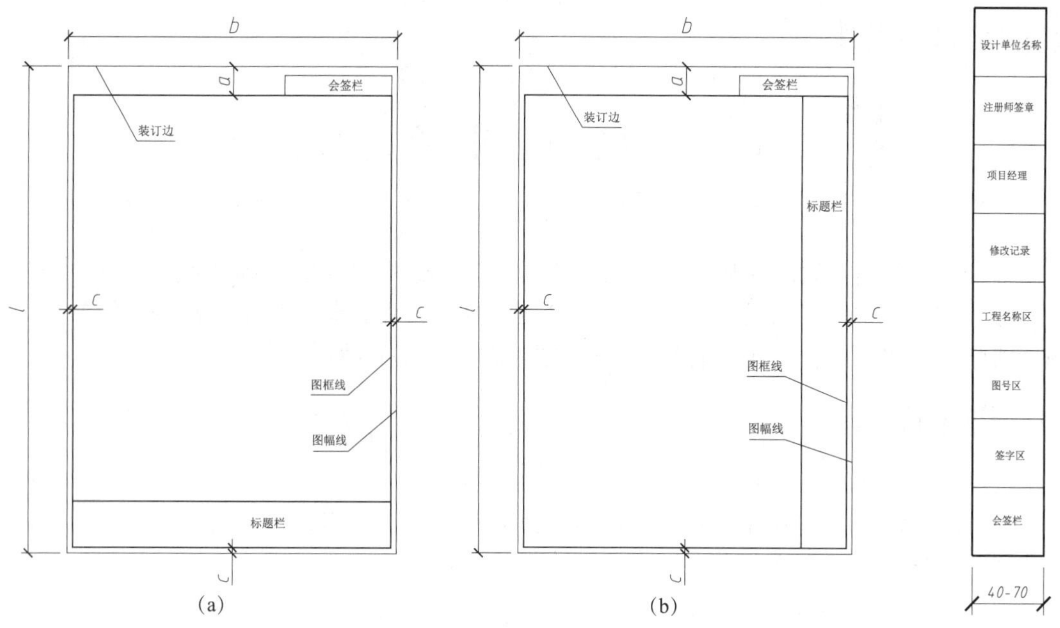

图 2-2　立式幅图　　　　图 2-3　竖式标题栏

2. 标题栏与会签栏

图纸中应有标题栏、图框线、幅面线、装订边线和对中标志。用户应根据工程的需要选择确定其尺寸、格式及分区。会签栏应包括实名列和签名列，具体见图 2-3 和图 2-4。

图 2-4　横式标题栏

2.1.2　图　线

建筑制图中用到图线的地方很多，图线的基本宽度为 b，绘图时，要根据图样的复杂程度和图纸的比例并对照《房屋建筑制图统一标准》的规定选用。若图样简单，只用两种线宽组成的线宽组即可，即 b∶0.25b。若图样在同一张图纸内，且图样的比例也相同，应当选用相同的线宽组来绘图，见表 2-2。

表 2-2　图线线宽组

线宽比	线宽组			
b	1.4	1.0	0.7	0.5
0.7b	1.0	0.7	0.5	0.35
0.5b	0.7	0.5	0.35	0.25
0.25b	0.35	0.25	0.18	0.13
备注：1. 需要缩微的图纸，不宜采用 0.18 及更细的线宽。 2. 同一张图纸内，各不同线宽中的细线，可统一采用较细的线宽组的细线				

表 2－3 图框线、标题栏线的宽度

幅面代号	图框线	标题栏外框线	标题栏分格线
A0、A1	b	0.5b	0.25b
A2、A3、A4	b	0.7b	0.35b

在建筑制图时，采用的各种图线应具有一定的规范性，使其不同的线型和线宽都存在着各自所代表的含义，绘图时应从《房屋建筑制图统一标准》的规定中选用，见表 2－4。

表 2－4 线型、线宽含义表

名称		线型	线宽	一般用途
实线	粗		b	主要可见轮廓线
	中粗		0.7b	可见轮廓线
	中		0.5b	可见轮廓线、尺寸线、变更云线
	细		0.25b	图例填充线、家具线
虚线	粗		b	见各有关专业制图标准
	中粗		0.7b	不可见轮廓线
	中		0.5b	不可见轮廓线、图例线
	细		0.25b	图例填充线、家具线
单点长画线	粗		b	见各有关专业制图标准
	中		0.5b	见各有关专业制图标准
	细		0.25b	中心线、对称线、轴线等
双点长画线	粗		b	见各有关专业制图标准
	中		0.5b	见各有关专业制图标准
	细		0.25b	假想轮廓线、成型前原始轮廓线
折断线	细		0.25b	断开界线
波浪线	细		0.25b	断开界线

2.1.3 比　例

图样的比例，是指所绘图形与实际物体的尺寸之比，应为所绘图形与实际物体相对应的线性的比值。比例的大小，就是二者尺寸比值的大小。比例应用阿拉伯数字表示，如 1∶1、1∶2、1∶50、1∶100 等。举例说明，若比例为 1∶50，则代表实际物体的实际线性尺寸是所对应的图纸上相应线性尺寸长度的 50 倍，但在绘图过程中，图纸上尺寸标注的数字所代表的房屋尺寸和实际房屋的尺寸应该是一样的，只不过图纸是为了能在仅有的纸张大小上将实际的房屋整体效果全部呈现出来，所以进行了缩放，进而设置了比例。

比例应写在图名的右侧，图名下方应该绘制一条短粗实线，比例的字高应比图名的字高小一号或者二号。常用的建筑绘图比例见表 2-5。

表 2-5　常用的建筑绘图比例

图　名	常用比例
总平面图	1∶500；1∶1000
平面图、立面图、剖面图、布置图	1∶50；1∶100；1∶200
详　图	1∶1；1∶2；1∶5；1∶10；1∶20；1∶25；1∶50

2.1.4　文　字

图纸上的文字、符号或数字等，必须做到笔画清晰、排列整齐、字体端正；文字的高度应选用 3.5 mm、5 mm、7 mm、10 mm、14 mm、20 mm；文字的高度应大于 3.5 mm，如果图纸图幅较大，需要些更大的字，其高度应按$\sqrt{2}$的比值递增，见表 2-6。

表 2-6　文字的字高(mm)

字体种类	中文矢量字体	TRUETYPE 字体及非中文矢量字体
字高	3.5、5、7、10、14、20	3、4、6、8、10、14、20

图样和说明中的文字，需要采用长仿宋体或黑体，同一图纸字体种类不应超过两种。拉丁字母、罗马数字和阿拉伯数字，宜采用单线简体或 Roman，且字高要大于等于 2.5 mm，见表 2-7。

表 2-7　长仿宋字高宽关系(mm)

字　高	20	14	10	7	5	3.5
字　宽	14	10	7	5	3.5	2.5

设置绘图单位、图形界限及其他常用参数

2.2　设置绘图单位、图形界限及其他常用参数

图形绘制环境主要包括图形的单位及精度、图形的视窗、图形的界限等，只有在绘图前将这些参数都设置好，才能更方便地对图形进行管理，增强图形的表达能力和可读性。

2.2.1　设置图形单位

AutoCAD 2014 的图形单位对话框主要是控制坐标和角度的显示精度和格式。在建筑制图中，一般使用毫米作为绘图单位。AutoCAD 2014 中的绘图单位是以十进制为进位的，若有不同的图形需要，可以在类型和精度中重新设置。

(1)调用方法

菜单法：单击“格式”→“单位”菜单。

键盘输入法：输入 units 或 ddunits。

(2)命令及提示

在选择设置绘图单位命令后，弹出如图 2-5 所示的设置窗口。

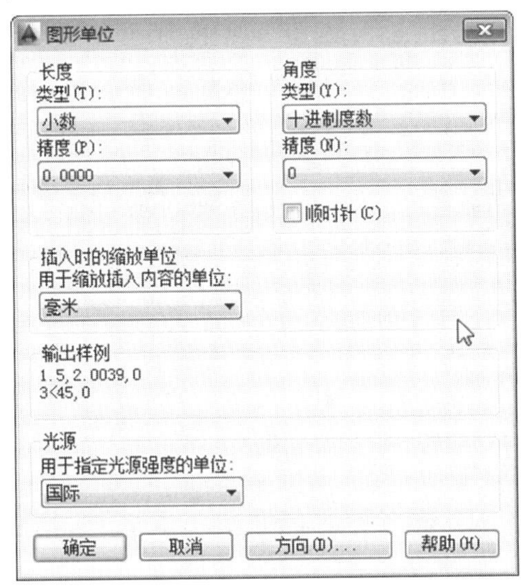

图 2-5 “图形单位”对话框

(3)参数说明

【长度】：包括类型和精度，在类型中可以根据不同图形的需要选择“分数”“工程”“建筑”“科学”“小数”等不同类型的计数单位，一般情况下采用十进制，选择“小数”类型。精度表示设置线型测量值显示的小数位数或分数大小，一般情况下均选择 0。

【角度】：包括类型和精度，类型中有“十进制度数”“百分度”“度/分/秒”“弧度”“勘测单位”五种类型，一般选用默认值“十进制度数”；精度表示设置当前角度显示的精度。

【插入时的缩放单位】：图形绘制好后，要输出到图纸上，这里可以选择合适的比例因子，用来放大或者缩小图形，让其满足实际输出纸张的大小。

【光源】：用于指定光源强度的测量单位，有“国际”“美国”“常规”三种类型，一般情况下选择默认值“国际”。

【方向】：用来控制角度测量的起止位置。

【顺时针】：以顺时针方向计算正的角度值，默认的正角度方向是逆时针方向。

2.2.2 图形的视窗

打开 AutoCAD 2014 软件，系统默认的绘图区窗口颜色为黑色，命令行背景颜色为灰色，字体为“Courier”，若我们不喜欢这样的设置，可以自己改变窗口颜色、命令行的颜色及字体，只需要打开“选项”对话框即可，如图 2-6 所示。

(1)调用方法

菜单法：单击“格式”→“选项”菜单。

键盘输入法：输入 open。

快捷键法：右键快捷菜单→“选项”。

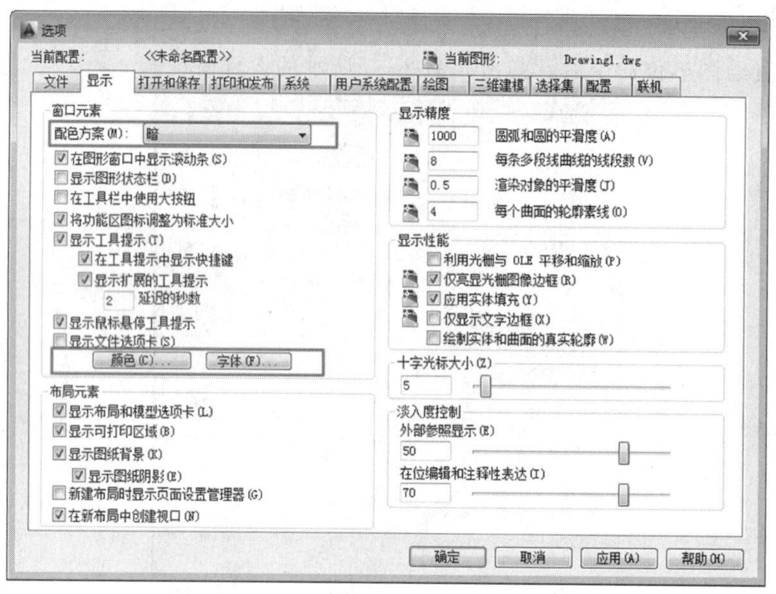

图 2-6 “选项”对话框

(2)命令及提示

当用户调用“选项”命令后，弹出窗口如图 2-6 所示。

(3)参数说明

【文件】：列出程序在其中搜索支持文件、驱动程序文件、菜单文件和其他文件的文件夹。

【显示】：设置窗口元素、布局元素、精度、十字光标等。

【打开和保存】：设置文件的保存类型、安全措施等。

【绘图】：设置自动捕捉的标记大小及获取方式等。

【选择集】：设置拾取框及夹点的大小、选择模式等。

2.2.3 图形的界限

图形的界限用来界定绘图时的工作区域和图纸的边界线。对初学者而言，为了更方便地观察图形的绘制范围，用户可在图形界限的四周绘制矩形，这样绘制的图形边界就一目了然了。如果用户需要在一个图形文件中绘制多张图纸，这样设置的图形界限就没有太大的意义。因此，在一般的绘图中，我们可根据个人需要，设置图形界限。

(1)调用方法

菜单法：单击“格式”→“图形界限”菜单。

键盘输入法：输入 limits。

快捷键法：右键快捷菜单→“选项”。

(2)命令及提示

命令: limits

重新设置模型空间界限:

指定左下角点或 [开(ON)/关(OFF)] <0.0000,0.0000> :

指定右上角点<420. 0000,297. 0000> :

(3)参数说明

【开(ON)/关(OFF)】：表示图形界限打开或关闭。当状态开启，只能在设置的范围内绘图；当状态关闭，可在任意位置绘图。

(4)实例应用

实例：请设置以坐标原点为起始点，A3横式图纸的图形界限(1∶1绘制)。

实例分析：A3横式放置的图纸尺寸为420 mm×297 mm，因此设置其图形界限的左下角点为(0，0)、右上角点为(420，297)即可。

操作过程：

命令: limits

重新设置模型空间界限:

指定左下角点或 [开(ON)/关(OFF)] <0. 0000,0. 0000> : 0,0

//设置绘图界限左下角 *A* 点坐标

指定右上角点<420. 0000,297. 0000> : 420,297　　//设置绘图界限右上角 *B* 点坐标

//回车，命令结束，图形界限设置完毕

//图形界限设置完，可执行全部缩放(zoom All)命令，将绘图的界限全部显示在可视范围内

2.3 设置图层及对象特性

设置图层及对象特性

2.3.1 图层的概念与特点

1. 图层的概念

图层类似于手绘工程图的图纸，通常情况下，为了更好、更快捷地绘图，使其具有更好的观看效果，我们通常将所有的图元按照一定的规律进行组织整理。图层相当于一张张透明的纸，如我们在一张纸上绘制墙体，一张纸上绘制门窗，一张纸上绘制卫生洁具，一张纸上标注尺寸和文本，最后将其进行叠加，组成一幅完整的建筑平面图。当不需要其中一个层时，可将其暂时隐藏或锁定，这样不影响对其他图层的操作。如图2-7所示。

2. 图层的特点

(1)在设置图层时，应本着够用、精简的原则。如果图形过密，绘制时可关掉一些暂时不用的层，使视图更清晰，画图更快捷。如果想修改图层上对象的属性值，也可利用图层的特性进行操作。

(2)0层一般是用来绘制图块的图层，且该层不能被删除。尺寸标注时会产生Defpoints图层，用来改善系统性能，不能被打印，用户不需要删除，其余图层需要用户自己来创建。

(3)可以对图层进行打开、关闭、冻结、锁定等操作，以决定各图层的可见性和可操作性。

(4)图层名称中英文均可，英文没有字母大小写之分。在当前文件中图层名是唯一的，不

图 2-7　图层特性管理器

能重名。

(5)一般来说，不同的图层，其颜色要不同。0 层和 Defpoints 层，一般设置成白色。

2.3.2　图层的设置

通过设置图层的可见性可以简化图形，提高操作和显示效率。通过锁定图层，可以防止一些图形被意外修改。

(1)调用方法

菜单法：单击“格式”→“图层”菜单。

命令按钮法：单击“图层”工具栏→ (图层管理器)按钮。

键盘输入法：输入 layer 或 LA。

(2)命令及提示

当用户点击设置图层命令后，弹出如图 2-8 所示的窗口。

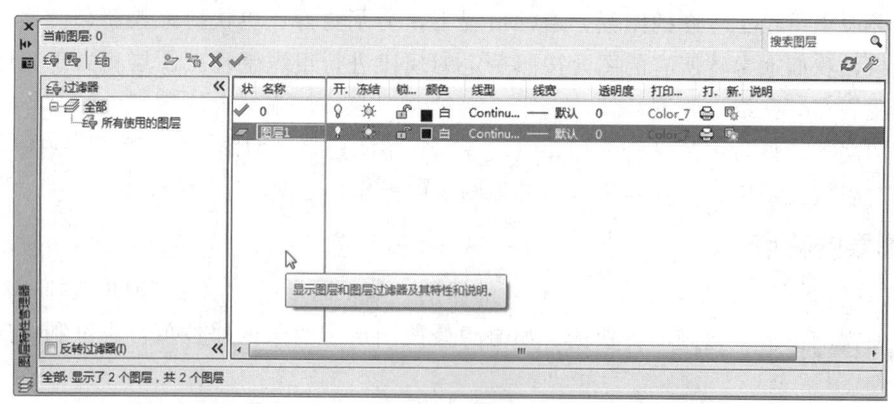

图 2-8　设置图层

(3)参数说明

【新建图层】：点击新建图层按钮“ ”创建图层，图层名称以“图层 1”开始按递增顺序命名。

【图层的开关、冻结和锁定】：从表现结果来看，开关和冻结的效果类似，都可以控制图形的可见性，但实际上两者对显示数据的处理是不一样的。与开关不同的是，冻结是与视口相关联的，有“所有视口冻结”“当前视口冻结”和“新视口冻结”几种选项。“所有视口冻结”的效果和开关差不多，“当前视口冻结”和“新视口冻结” 只应用于布局空间的视口，只在进入布局空间才会被激活。锁定表示图层上的现有对象不能进行编辑，但是可以添加新的对象，且一旦对象被添加，就被锁定。

【Defpoints 图层】：该层与“0”层一样，都是 AutoCAD 软件在创建图层时自动生成的一个图层，用于放置标注的定义点，且该层默认被设置为“不打印”。

【置为当前】：单击选中需要置为当前的图层后，点击“✔”按钮，即可将选中的图层置为当前。也可在图层上双击。

【删除图层】：单击选中需要删除的图层后，点击“✖”按钮，即可删除被选中的图层。也可选中图层后右键删除。

【颜色】：设置选定图层对象的颜色。用户可单击颜色下方的“□ 白”按钮，在弹出的窗口中选择颜色即可。

【线型】：设置选定图层对象的线型。默认线型为连续的实线，用户可根据需要点击线型“ Continu... ”按钮，在弹出的对话框中选择需要的线型。

【线宽】：设置选定图层对象的线宽。用户可单击“—— 默认 ”按钮，设置线宽。

(4)实例应用

实例：请设置符合制图需要的图层，设置要求见表 2－8。

表 2－8　图层设置要求

图层名称	颜　色	线　型	线　宽
粗实线	白　色	Continuous	0.5 mm
中实线	蓝　色	Continuous	0.35 mm
细实线	绿　色	Continuous	0.18 mm
虚　线	黄　色	Dashed	0.35 mm
特　粗	白　色	Continuous	0.7 mm

操作步骤：

第一步：点击“格式/图层”菜单，打开图层设置窗口。

第二步：点击“新建图层”按钮，新建图层，并设置相关属性。设置结果如图 2－9 所示。

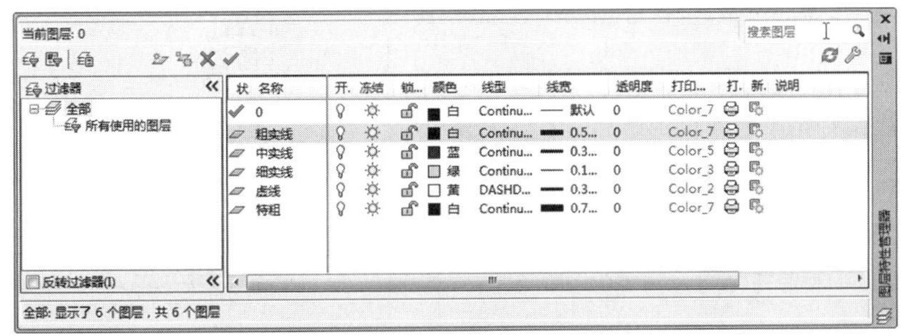

图 2－9　图层设置结果

2.3.3 对象特性

对象特性一般指的是对象的一般特性和几何特性。一般特性指对象的颜色、线型、线宽等。这些特性可以直接在特性工具栏中进行设置，也可在“格式”菜单中进行设置。若此时图层特性已经设置完毕，则一般将这三个特性设置为“Bylayer(随层)”即可，如图 2-10 所示。

图 2-10　对象特性工具栏

1. 颜　色

在绘制工程图纸时，为了更清晰地区分各类图形，我们可以将图层设置为不同的颜色，这样就通过图层的颜色控制该层上对象的颜色。

(1)调用方法

菜单法：单击“格式”→“颜色”菜单。

命令按钮法：单击“特性”工具栏→颜色控制下拉列表框向下的按钮选择颜色。

键盘输入法：输入 color 或 COL(图 2-11)。

(2)命令及提示

(3)参数说明

【索引颜色】：点击颜色按钮，选择颜色。每种颜色具有确定的编号和名称，其中 1~7 号为最常用的颜色，分别是红、黄、绿、青、蓝、洋红和白/黑，8~255 号颜色为全色。如图 2-12 所示。

【真彩色】：通过颜色的色调、饱和度和亮度来选择颜色。

【配色系统】：通过配色系统调整 RGB 的数值，选择颜色。

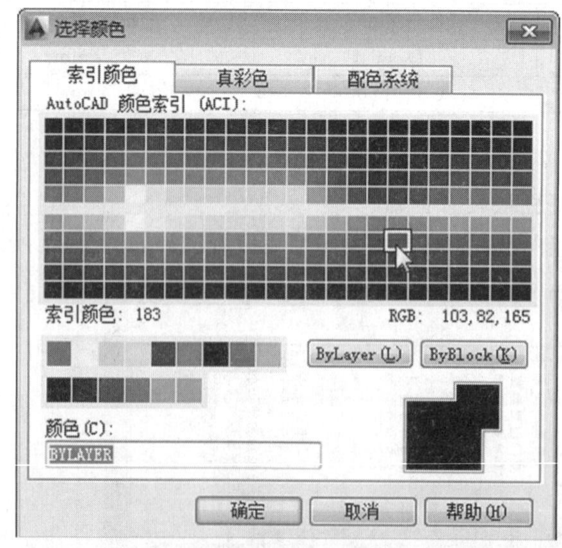

图 2-11　颜色选择对话框

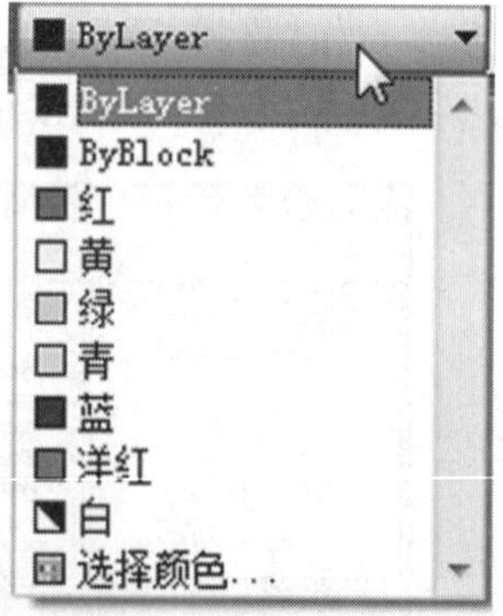

图 2-12　颜色设置下拉框

2. 线　型

在图层中需要设置线型，并且必须符合 AutoCAD 工程制图标准。任意一个线型均是由横线、点或空格组成的重复形式的图样组成的，有连续和不连续线型。如果系统内置的线型不符合制图需要，我们还可以自行对线型进行定义和添加，如图 2－13 所示。

(1)调用方法

菜单法：单击“格式”→“线型”菜单。

命令按钮法：单击“特性”工具栏→“线型”下拉列表框向下的按钮▼。

键盘输入法：输入 linetype 或 LT。

(2)命令及提示

调用线型设置命令后，弹出如图 2－14 所示的窗口。

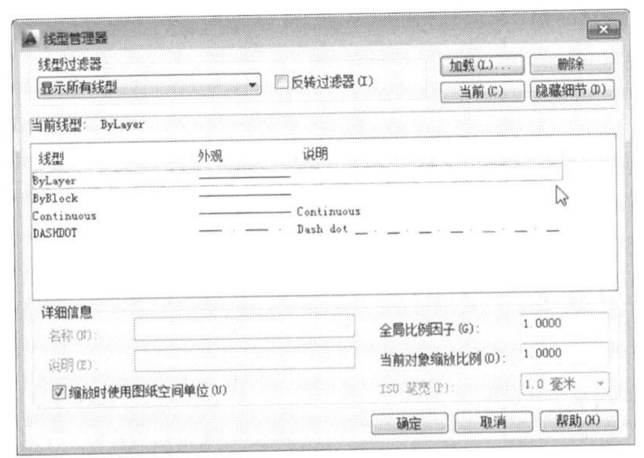

图 2－13 “线型管理器”对话框

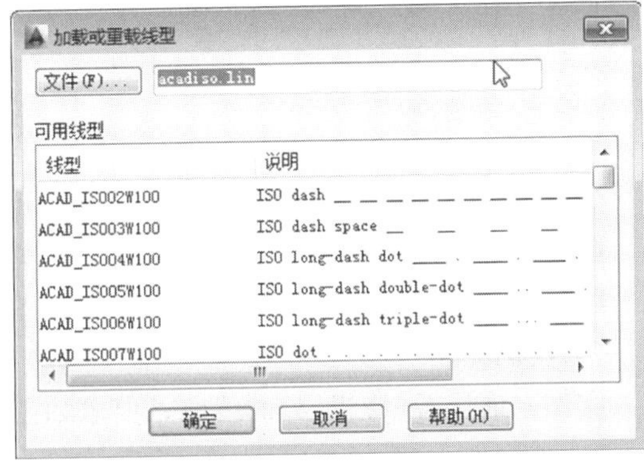

图 2－14 加载或重载线型对话框

(3)参数说明

【线型过滤器】：确定在线型列表中显示哪些线型。

【加载】：显示“加载或重载线型”对话框，并选择相应的线型添加到线型列表中。

【删除】：从图形中删除未使用的线型。

【当前】：将选定的线型设定为当前线型。

【全局比例因子】：用于控制所有线型的全局比例。

【当前对象缩放比例】：用于设定新建对象的线型比例，也可输入 ltscale 或 lts 对线型比例进行设置。

3. 线　宽

线宽用于直观地区分不同的实体和信息，其可以在屏幕显示或输出、打印图纸时起作用。

(1)调用方法

菜单法：单击“格式”→“线宽”菜单。

命令按钮法：单击“特性”工具栏→“线宽”下拉列表框向下的按钮▼。

键盘输入法：输入 lweight 或 LW。

(2)命令及提示

当调用线宽命令后，弹出如图 2－15 所示的窗口。

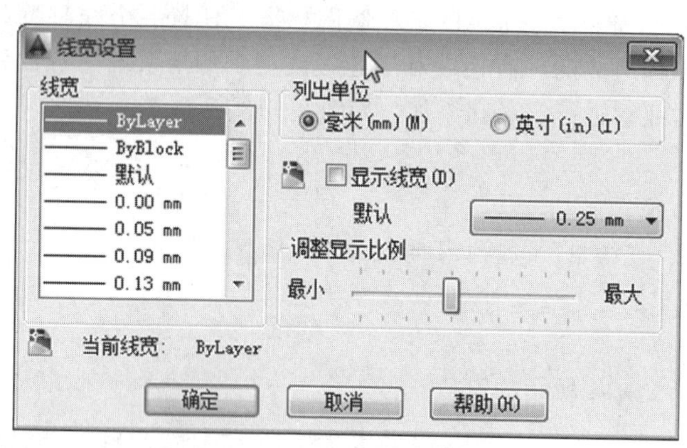

图 2-15 线宽列表框

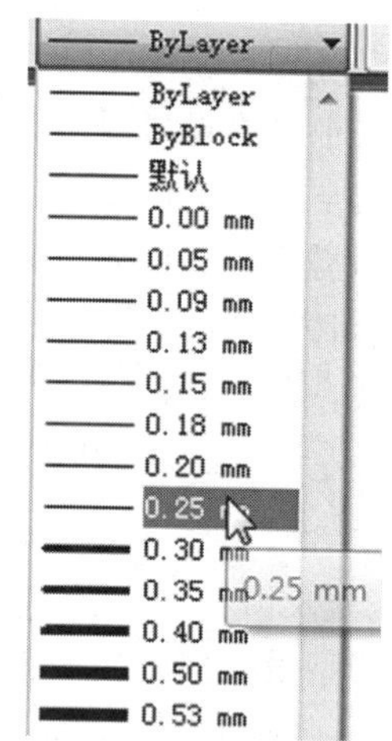

图 2-16 线宽下拉框

(3)参数说明

【线宽】：显示可用线宽数值，如图 2-16 所示。

【单位】：指定线宽的显示单位为毫米或英寸。

【显示线宽】：用于控制线宽是否在当前图形中显示。

(4)实例应用

实例：请设置“特粗层”的线宽，要求如图 2-17 所示。

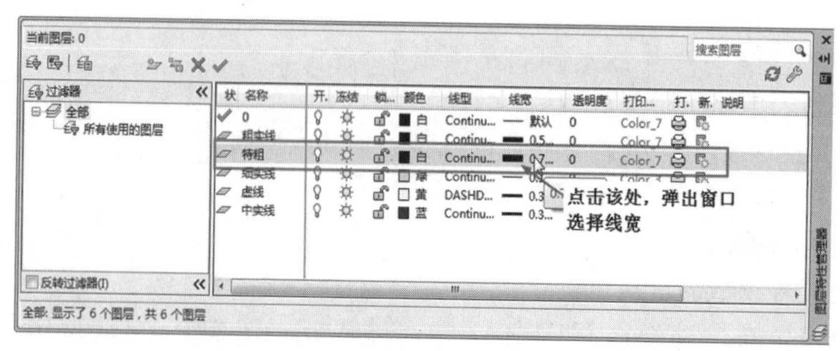

图 2-17

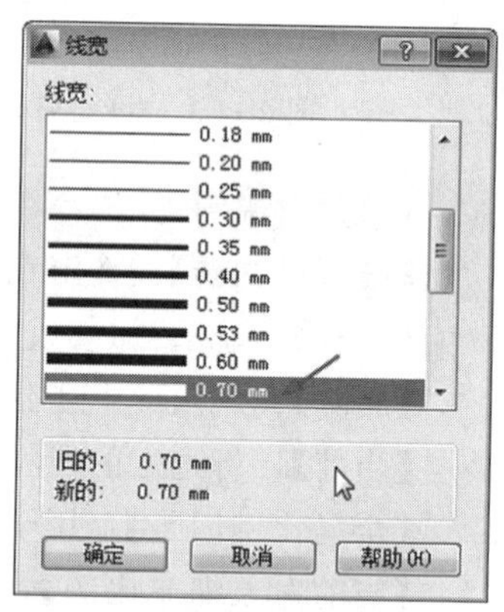

图 2-18

操作步骤：

第一步：点击“特粗”图层，在线宽位置上单击鼠标左键。

第二步：打开“线宽”对话框，选择“0.7 mm”的线宽，如图 2-18 所示。

第三步：单击“确定”按钮，返回“图层特性管理器”对话框，完成线宽设置。

第四步：单击“确定”按钮，关闭“图层特性管理器”对话框。

2.4　设置样板文件

设置样板文件

为了避免每次启动 AutoCAD 绘图时都在默认设置的图形环境中绘图，我们可以依据行业的绘图需求设定绘图环境、图层等特性，保存成样板文件后进行调用即可。这样不但避免了绘图前的各种重复性设置，还可以大大节省绘图时间，提高绘图效率，保证图形文件使用标准一致。样板文件设置完毕后，可选择“文件”/“另存为”命令，在弹出的保存文件窗口中选择文件的保存类型为“AutoCAD 图形样板(＊.dwt)”，输入样板文件的名称，点击保存即可。样板文件的扩展名为“.dwt”。如图 2－19、图 2－20 所示。

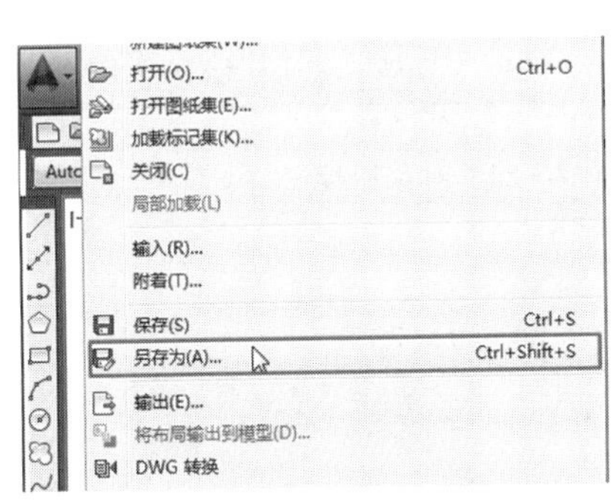

图 2－19

图 2－20

【任务实施】

任务：创建样板文件“A3 横式图框样板文件 .dwt”。要求绘制 A3 图框横式图纸，设置图层(按前文提及的图层设置要求设置)，设置绘图环境。

操作步骤：

第一步：设置绘图环境。

(1)设置图形界限。调用命令“limits”，设置默认作图区域的图形界限为：左下角(0，0)，右上角(420，297)。

(2)设置绘图单位。单击“格式”菜单下的单位命令，将长度精度设置为“0”即可，如图 2－21 所示。

(3)图层的设置。按照上文要求，调用图层命令，设置图层及其特性。

(4)设置对象捕捉模式。单击“工具”/“草图设置”命令，在打开的对话框中激活“对象捕

捉”选项卡，启用并设置一些常用的对象捕捉功能，如图 2-22 所示。(具体设置方法见后续课程的讲解)

(5)设置图形线型比例。在命令行输入“lts”，调整线型的显示比例。

(6)设置文字样式。(具体见后续课程的讲解)

(7)设置标注样式。(具体见后续课程的讲解)

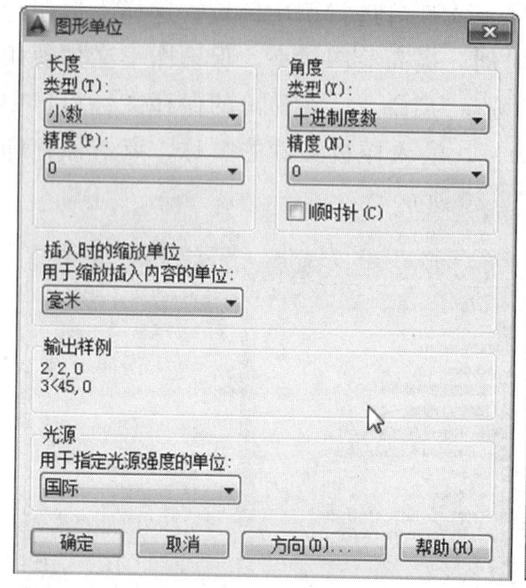

图 2-21　图形单位

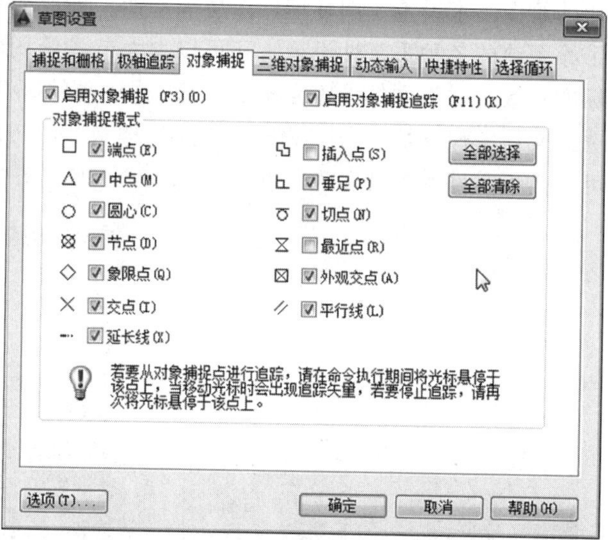

图 2-22　对象捕捉窗口

第二步：绘制 A3 横式图框。

(1)调用直线命令和捕捉自命令绘制 A3 横式图框，尺寸为 420×297。

(2)调用直线命令绘制内部的线条。

第三步：保存样板图。

(1)调用“文件”/“另存为”命令存盘，文件保存类型为“.dwt”，输入文件名称“A3 横式图框样板文件”，点击“保存”按钮，即可保存为样板图。

【任务巩固与提高】

一、单选题

1. 下面(　　)的名称不能被修改或删除。

A. 未命名的层　　B. 标准层

C. 0 层　　D. 缺省的层

2. 在同一个图形中，各图层具有相同的(　　)，用户可以对位于不同图层上的对象同时进行编辑操作。

A. 绘图界限　　B. 显示时缩放倍数

C. 属性　　D. 坐标系

3. 在 AutoCAD 中以下有关图层锁定的描述，错误的是(　　)。

A. 在锁定图层上的对象仍然可见　　B. 在锁定图层上的对象不能打印

C. 在锁定图层上的对象不能被编辑　　D. 锁定图层可以防止对图形的意外修改

4. 在 AutoCAD 中要始终保持物体的颜色与图层的颜色一致，物体的颜色应设置为(　　)。

A. 按图层　　B. 图层锁定

C. 按颜色　　D. 按红色

5. 在 AutoCAD 中图层上的对象不可以被编辑或删除，但在屏幕上还是可见的，而且可以被捕捉到，则该图层被(　　)。

A. 冻结　　B. 锁定

C. 打开　　D. 未设置

6. 如果图层被(　　)，该层上的图形实体将不能被显示出来或被绘制出来，而且也不参加图形之间的运算。

A. 冻结　　B. 关闭

C. 锁定　　D. 删除

7. 轴线图层应将线型加载为(　　)。

A. Hidden　　B. Center

C. Continuous　　D. 不固定

二、多选题

1. 不能删除的图层是(　　)。

A. 0 图层　　B. 当前图层

C. 含有实体的层　　D. 外部引用依赖层

2. 当图层被锁定时，仍然可以(　　)。

A. 在该图层创建新的图形对象

B. 把该图层设置为当前层

C. 把该图层上的图形对象作为辅助绘图时的捕捉对象

D. 作为[修剪]和[延伸]命令的目标对象

3 点的坐标输入及直线的绘制

【任务描述】

所有的工程图基本图元全都是由直线和曲线构成的。本任务我们需要大家通过点的精确输入绘制一些基本图形。

【任务目标】

了解 AutoCAD 坐标系统，熟悉直角坐标、极坐标的输入方式和技巧，能够灵活对各种坐标进行输入。

【任务评价】

本任务所涉及的内容为 AutoCAD 坐标知识，也是学习 AutoCAD 绘图的基础，只有正确对点坐标进行输入，才能准确地绘制图形。

【知识链接及操作】

3.1 AutoCAD坐标系统概述

AutoCAD坐标系统概述

AutoCAD绘图区左下角显示的就是AutoCAD坐标系统，通过点坐标的输入来实现对图形的精确绘制。通常情况下，我们可在世界坐标系(WCS)和用户坐标系(UCS)中对图形进行绘制。

1. 世界坐标系(WCS)

在AutoCAD中，世界坐标系采用笛卡尔直角坐标系来确定对象的位置，坐标原点和方向在默认情况下，规定 X 轴以水平向右方向为正方向，Y 轴以垂直向上方向为正方向。世界坐标系始终固定，以屏幕左下角的点为坐标原点(0，0)，如图3-1所示。

2. 用户坐标系(UCS)

为了更加方便用户绘图，AutoCAD提供了可变的坐标系统，我们把它称为用户坐标系。在默认情况下，用户坐标系统与世界坐标系统重合。在绘制三维实体图形时，用户可根据具体需要，调用UCS命令调整当前图形绘制的坐标系统，如图3-2所示。一个图形中可以设置多个UCS，还可以用命令保存UCS，需要时调出即可。

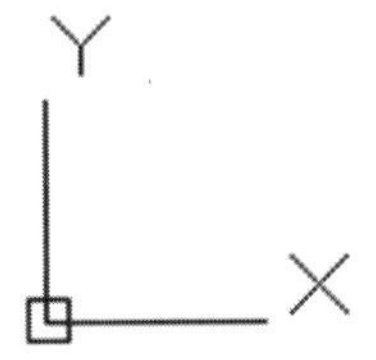

图3-1　二维世界坐标系

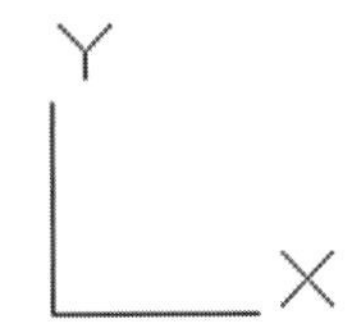

图3-2　二维用户坐标系

3.2 坐标点的输入

为了在绘图时确定图形的准确位置，大部分的数据输入都可以采用坐标点的输入方式来实现。通常坐标点的输入包括绝对直角坐标、相对直角坐标、绝对极坐标、相对极坐标四种。

3.2.1 直角坐标

直角坐标

直角坐标用(x，y，z)确定一个三维坐标点，用(x，y)确定二维图形中的一个二维坐标点。下面我们以二维图形中的点坐标输入为例，介绍坐标的表示方式。

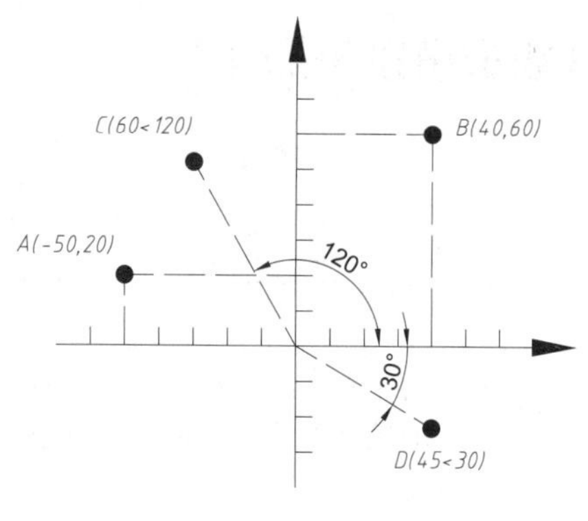

图 3－3　坐标表示

1．绝对直角坐标的输入格式：“x，y”

在绝对直角坐标中，x 为该点的横坐标，y 为该点的纵坐标。两坐标值之间用“,”分隔开，改逗号为英文输入法状态下的逗号。例如，输入点坐标(－50，20)、(40，60)分别表示图 3－3 中的 A、B 点。

2．相对直角坐标的输入格式：“@Δx，Δy”

在相对直角坐标中，Δx 表示相邻两点之间的横坐标增量，Δy 表示相邻两点之间的纵坐标增量。例如，在输入完 A 点坐标后可以输入(@90，40)表示 B 点坐标，其中 Δx 等于 90，Δy 等于 40。

极坐标

3.2.2　极坐标

极坐标一般使用距离和角度定义一个点，其坐标表示方式如下。

1．绝对极坐标的输入格式：“R＜α”

在绝对极坐标中，距离为该点与坐标原点的距离，角度表示该点与坐标原点连线与 X 轴的夹角角度。在输入的格式表示中，R 表示点到原点的距离，α表示极轴方向与 X 轴正方向之间的夹角。若从 X 轴正方向逆时针旋转到极轴方向，则α为正；反之，α为负。例如，输入坐标(60＜120)、(45＜－30)，分别表示图 3－3 中的 C、D 点。

2．相对极坐标的输入格式：@ΔR＜α

在相对极坐标中，ΔR 表示该点与上一点之间的距离，α表示该点与上一点连线与水平向右方向的夹角角度。例如直线 OC，则可输入(0，0)，(@60＜120)即可。

直线的绘制

3.3　直线的绘制

直线是图形最简单的构成要素。用户可以调用直线命令绘制建筑图纸中的各种实线和虚线。

(1)调用方法

菜单法：单击“绘图”→“直线”菜单。

命令按钮法：单击“绘图”工具栏→/(直线)按钮。

键盘输入法：输入 line 或 L。

(2)命令及提示

命令: line

指定第一个点:

指定下一点或 [放弃(U)]:

指定下一点或 [闭合(C)/放弃(U)]:

(3)参数说明

【放弃(U)】：放弃当前点的操作，返回上一个输入状态。

【闭合(C)】：将该点与起点连接。

(4)实例应用

实例 1：请用绝对直角坐标法和相对直角坐标法分别绘制以下图形，如图3－4 所示。

绝对直角坐标法操作步骤：

命令: line

指定第一点: 20,10

指定下一点或 [放弃(U)]: 90,10

指定下一点或 [放弃(U)]: 90,60

指定下一点或 [闭合(C)/放弃(U)]: c

相对直角坐标法操作步骤：

命令: line

指定第一个点: 20,10

指定下一点或 [放弃(U)]: @ 70,0

指定下一点或 [放弃(U)]: @ 0,50

指定下一点或 [闭合(C)/放弃(U)]: c

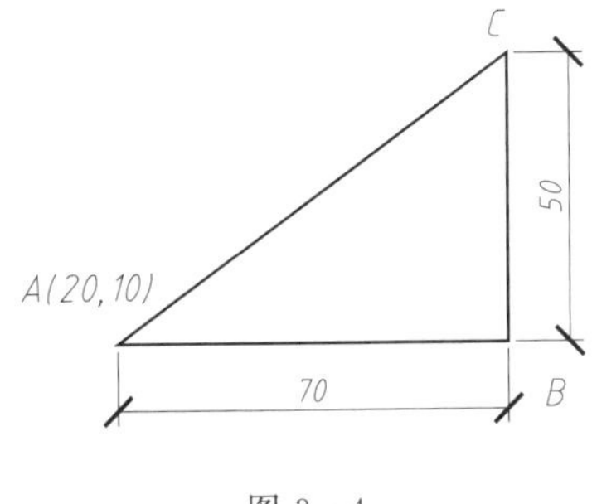

图 3－4

图 3－5

实例 2：用相对极坐标法绘制边长为 50 mm 的正三角形，如图 3－5 所示。

操作步骤：

命令: line

指定第一点: 10,10　　//指定 A 点位置

指定下一点或 [放弃(U)]: @ 50<0　　//指定 B 点位置

指定下一点或 [放弃(U)]: @ 50<120　　//指定 C 点位置

指定下一点或 [闭合(C)/放弃(U)]: c

3.4 AutoCAD 选择技巧

CAD选择技巧

在 AutoCAD 中，使用最广的选择对象方法是点选和框选。对图形进行编辑修改之前，必须选择相应的对象，用户能逐个拾取被编辑的对象，选中的对象会显示虚线状态。一般来说，我们可以在命令行输入“select”命令，根据提示进行选择即可，但是这种方法在选择多个对象时，其效率很低。因此，下面介绍几种非常实用的选择技巧。

1. 点　选

该方法一般是用户在选取单个对象的时候使用。处于选中状态的对象会显示虚线同时出

现几个蓝色点，如图 3－6 所示。

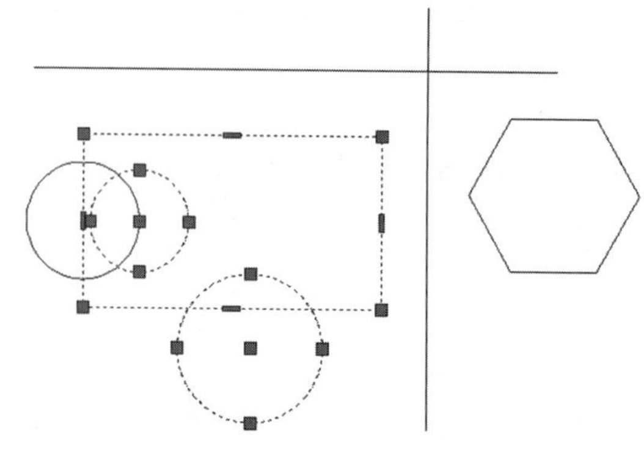

图 3－6　点选对象

2. 矩形框选

该方法适用于选取多个对象。在选取对象时，鼠标的拖拽方向与选取的对象集合会有差异。

按住鼠标从左向右框选：矩形窗口为实线框，且完全包含在该窗口内的对象才能够被选中，如图 3－7 所示。

按住鼠标从右向左框选：矩形窗口为虚线框，只要对象和矩形框有交集，对象就被选中，如图 3－8 所示。

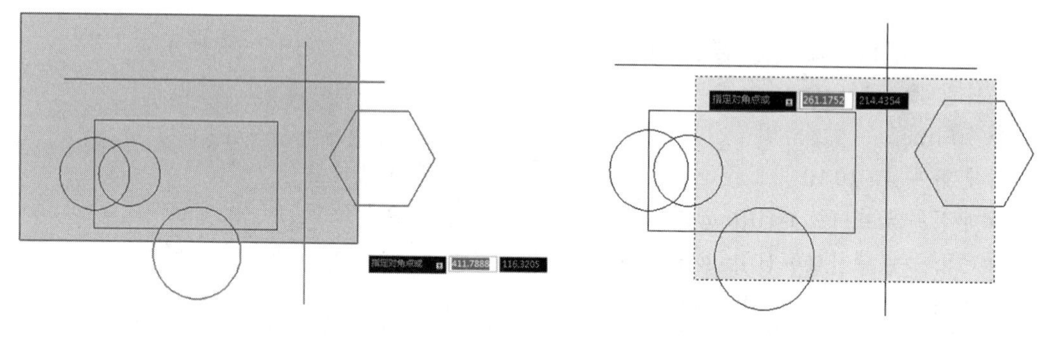

图 3－7　从左向右框选　　图 3－8　从右向左框选

3. 全部选择

(1)在未执行任何命令的情况下，按下键盘上的 Ctrl＋A 键也可选中绘图区中的全部对象。按 Esc 键取消选择。

(2)在执行编辑命令对图形进行修改时，若命令行提示“选择对象：”时，在该提示信息后执行 All 命令，按 Enter 键，即可实现对绘图区域全部对象进行选择。

4. 局部选择

(1)栏选

在执行编辑命令时，当命令行提示“选择对象：”时，输入“f”，画任意折线，凡与折线相交的目标对象均被选中。

(2)圈围(WP)

在执行编辑命令时，当命令行提示“选择对象:”时，输入“WP”，画任意形状的多边形，完全被围住的被选中，部分被围住的不被选中，该法与矩形框选从左到右类似。

(3)圈交(CP)

在执行编辑命令时，当命令行提示“选择对象:”时，输入“CP”，画任意形状的多边形，完全被围住和部分被围住的都被选中，该法与矩形框选从右到左类似。

5. 快速选择

此法可根据特效对所有图元或绘图文件中出现的某类对象进行选择。对象特性包含图层、颜色、点等。用户可在绘图区域点击鼠标右键，在弹出的快捷菜单中选择“快速选择”即可，如图3-9所示。

6. 反向选择

在选择图形的过程中，往往会不小心多选了对象，在这种情况下，我们可以使用“Shift”键进行反选，即可取消多余的选择。

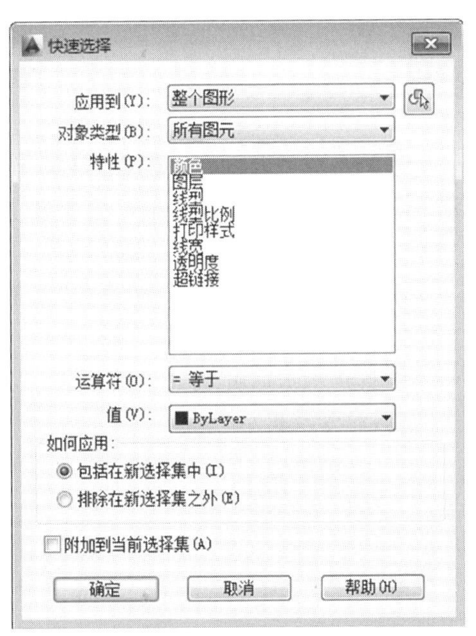

图3-9 快速选择

3.5 删 除

删 除

在绘图的过程中，经常会有绘制错误的图元，因此需要将其删除，本命令就可以从图形中删除选定的对象。

(1)调用方法

菜单法：单击“修改”→“删除”菜单。

命令按钮法：单击“修改”工具栏→(删除)按钮。

键盘输入法：输入 erase 或 E。

(2)命令及提示

命令: erase //调用删除命令

选择对象: 找到 1 个 //选择要删除的对象,回车确认

选择对象:

修 剪

3.6 修 剪

修剪命令可以将一个或多个对象作为边界，并对其余对象进行修剪，使其止于边界。选定区域，单击修剪工具，鼠标会变成一个“口”型图标，单击不需要的部位进行修剪即可。

(1)调用方法

菜单法：单击“修改”→“修剪”菜单。

命令按钮法：单击“修改”工具栏→ -/-- (修剪)按钮。

键盘输入法：输入 trim 或 TR。

(2)命令及提示

命令: trim

当前设置:投影= UCS,边= 无

选择剪切边...

选择对象或<全部选择> : 指定对角点: 找到 2 个　　//选择要修剪的对象或全选

选择对象:　　//按回车键确认选择

选择要修剪的对象,或按住 Shift 键选择要延伸的对象,或(选择要修剪的对象或选择其他参数)

[栏选(F)/窗交(C)/投影(P)/边(E)/删除(R)/放弃(U)]:

(3)参数说明

【栏选(F)】：可以用鼠标以画直线的方式与某些对象有交集，则这些部分被修剪掉。

【窗交(C)】：可以用鼠标以对角线的方式拉出一个矩形框，这个矩形框只要和对象有交集，则选择相交部分被修剪。

【投影(P)】：在三维空间中修剪或延伸。在三维空间中，可以修剪对象或将对象延伸到其他对象，而不必考虑对象是否在同一个平面上，或对象是否平行于剪切或边界的边。

【边(E)】：当命令调用为延伸模式时，边是否延伸。

【删除(R)】：选择此命令后，选择的对象都被删除。

【放弃(U)】：放弃之前的选择。

(4)实例应用

实例：如图 3-10 所示，请将左图修剪成右图。

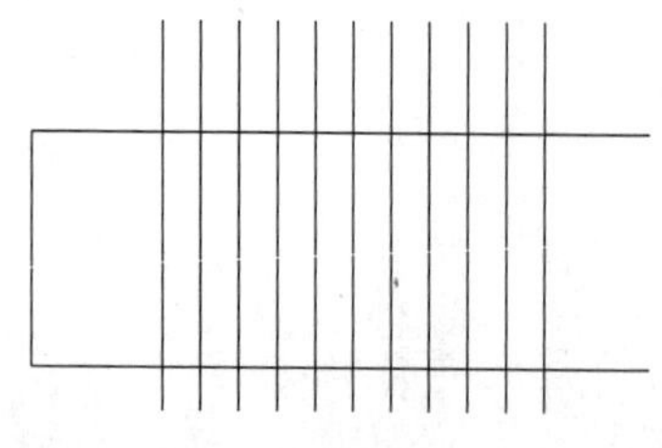

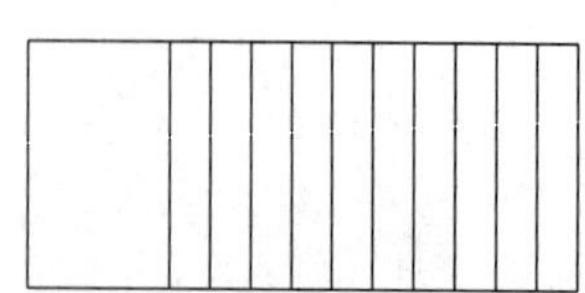

修剪前　→　修剪后

图 3-10　修剪实例应用

操作步骤：

第一步：调用修剪命令(TR)。

第二步：点击需要修剪的对象后回车，即可实现对图形的修剪。

【任务实施】

任务：通过坐标的输入完成如图 3－11 所示的图形。

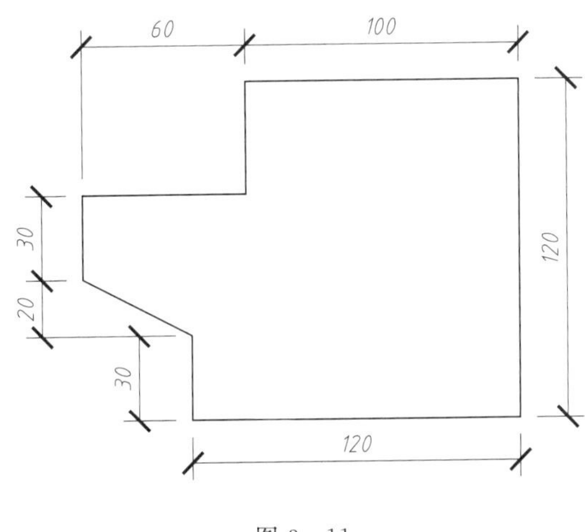

图 3－11

操作步骤：

命令：line

指定下一点或 [放弃(U)]:	//在绘图区内选取任意点单击，确定 A 点
指定下一点或 [放弃(U)]: @ 0,30	//输入 B 点坐标
指定下一点或 [闭合(C)/放弃(U)]:@ －40,20	//输入 C 点坐标
指定下一点或 [闭合(C)/放弃(U)]:@ 0,30	//输入 D 点坐标
指定下一点或 [闭合(C)/放弃(U)]:@ 60,0	//输入 E 点坐标
指定下一点或 [闭合(C)/放弃(U)]:@ 0,40	//输入 F 点坐标
指定下一点或 [闭合(C)/放弃(U)]:@ 100,0	//输入 G 点坐标
指定下一点或 [闭合(C)/放弃(U)]:@ 0,－120	//输入 H 点坐标
指定下一点或 [闭合(C)/放弃(U)]:C	//闭合多边形并退出直线命令

【任务巩固与提高】

一、单选题

1. 如果起点为(5，5)，要画出与 X 轴正方向成 30°、长度为 50 的直线段，应输入(　　)。

A. 50，30　　B. @30，50　　C. @50<30　　D. 30，50

2. 用相对直角坐标绘图时，以(　　)为参照点。

A. 上一指定点或位置　　B. 坐标原点

C. 屏幕左下角点　　D. 任意一点

3. 在 AutoCAD 中，下列坐标中是使用相对极坐标的是(　　)。

A.(@32，18)　　B.(@32<18)

C.(32，18)　　D.(32<18)

4. 在默认情况下，关于用户坐标系统与世界坐标系统的关系，下列说法正确的是(　　)。

A. 不相重合　　B. 同一个坐标系

C. 相重合　　D. 有时重合有时不重合

5. 在 AutoCAD 中，用 line 命令绘制封闭图形时，最后一直线可敲字母(　　)后回车而自动封闭。

A. C　　B. G　　C. D　　D. O

6. 在 AutoCAD 中，定数等分的快捷键是(　　)。

A. Mi　　B. Len　　C. F11　　D. Div

7. 执行直线命令在“指定第一点”提示下，选择“C”选项将会(　　)。

A. 从上一次所绘制的直线或圆弧处继续绘制直线

B. 封闭前段直线

C. 显示错误信息

D. 没变化

二、绘图题

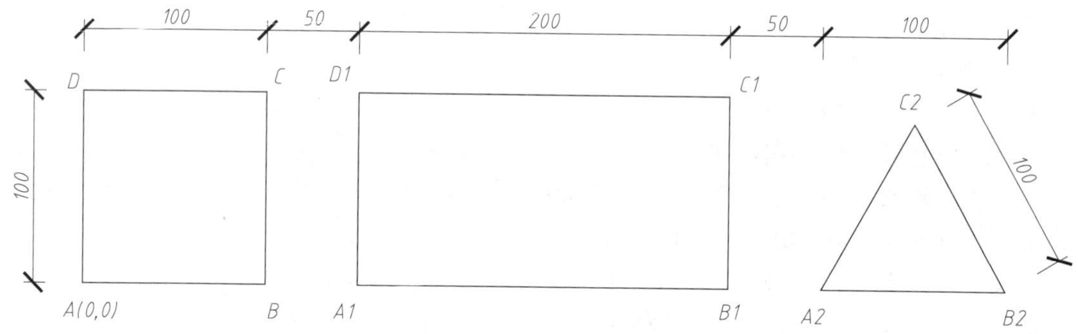

图 3-12

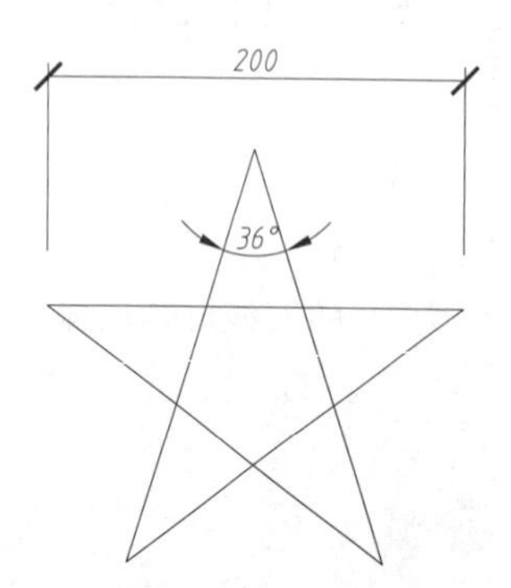

图 3-13

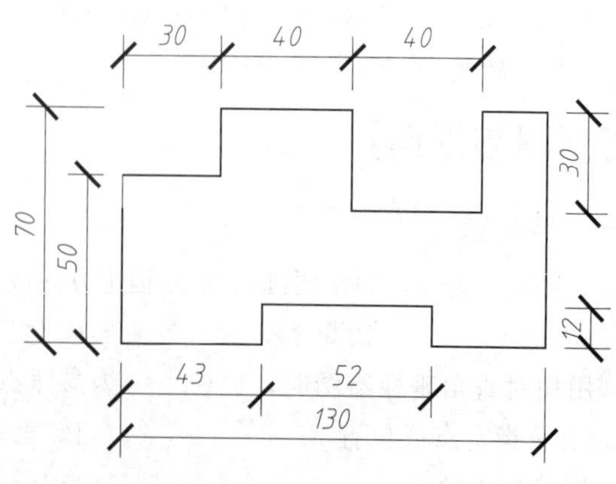

图 3-14

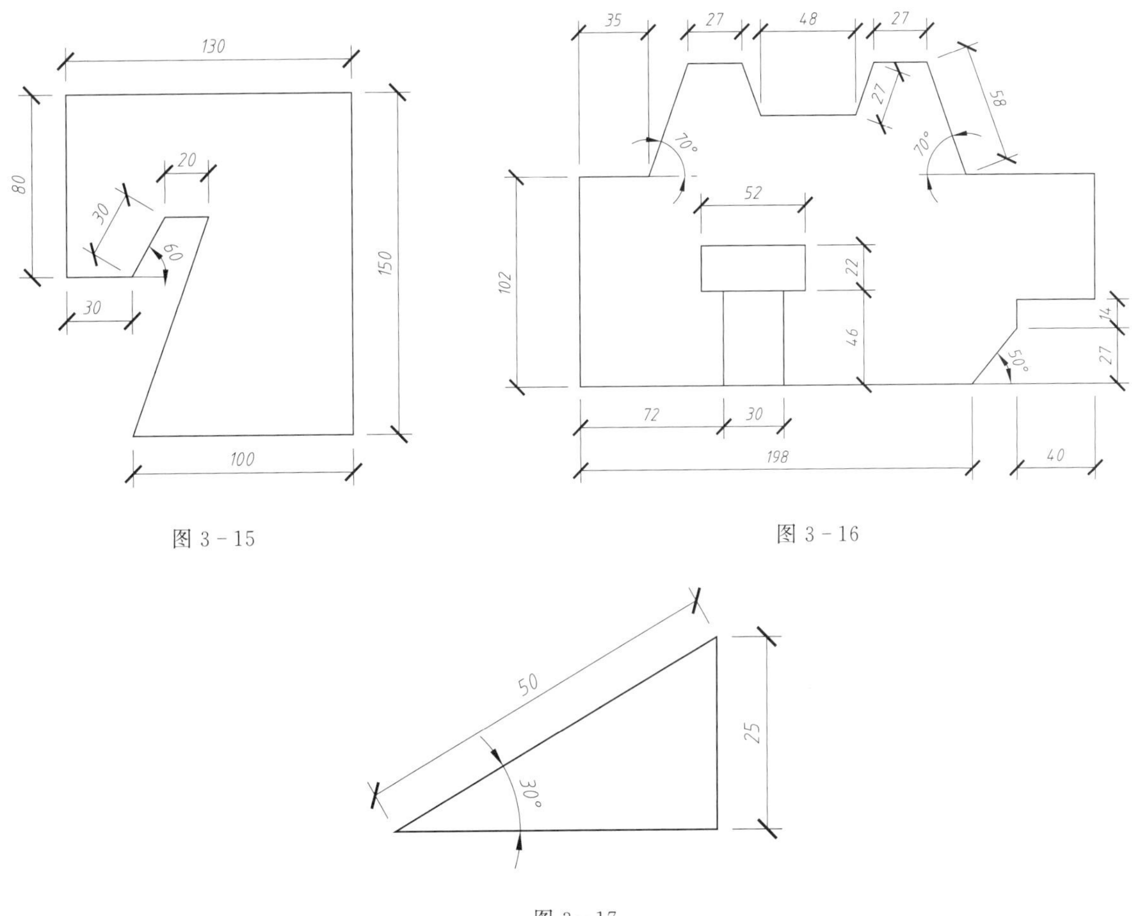

图 3－15

图 3－16

图 3－17

4 绘图辅助功能的应用

【任务描述】

在 AutoCAD 绘图中，为了省去多次输入点坐标，经常要用到捕捉、栅格、正交、极轴、对象捕捉、对象追踪等辅助功能，用好这些辅助功能，可以提高绘图速度，而且也提高了绘图的准确性。

【任务目标】

了解捕捉、栅格、正交、极轴、对象捕捉、对象追踪等辅助功能的使用方法，灵活使用辅助绘图功能绘制简单图纸。

【任务评价】

本任务所涉及的内容为 AutoCAD 绘图辅助功能的应用，在绘图时，灵活调用这些功能，可以提高绘图的效率和准确性。

【知识链接及操作】

4.1 使用对象捕捉等命令绘制图形

每种图形都具有一些几何特征点，而几何特征点一般指的是图形位置关键点，如直线的端点和中点、圆的圆心和象限点、矩形的四个端点和四边的中点。对象捕捉命令就是捕捉已经绘制好图形上的这些特殊点，来做其他操作或定位。这种定位能保证图形对象之间准确的位置关系，是一种精确的相对定位方法。

AutoCAD 2014 提供了多种对象捕捉类型，使用合适的对象捕捉方式，可以快速准确地捕捉到特殊点的位置，提高绘图速度。

4.1.1 捕捉、栅格、对象捕捉与对象追踪

捕捉、栅格、对象捕捉与对象追踪

1. 捕　捉

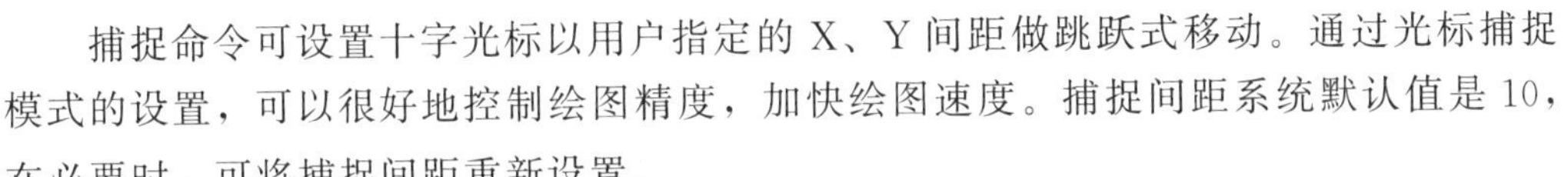

捕捉命令可设置十字光标以用户指定的 X、Y 间距做跳跃式移动。通过光标捕捉模式的设置，可以很好地控制绘图精度，加快绘图速度。捕捉间距系统默认值是 10，在必要时，可将捕捉间距重新设置。

(1)调用方法

菜单法：单击“工具”→“绘图设置”→“栅格和捕捉”菜单。

命令按钮法：单击“捕捉”命令按钮可打开或关闭该功能。

键盘输入法：输入 snap 或 SN。

快捷键法：F9。

(2)命令及提示

命令: snap

指定捕捉间距或 [开(ON)/关(OFF)/纵横向间距(A)/样式(S)/类型(T)] <10. 0000> :

(3)参数说明

【开(ON)/关(OFF)】：用户可单击窗口下方状态栏上的“捕捉”按钮，打开或关闭光标捕捉模式。

【横纵向间距(A)】：设置水平间距和竖直间距。该选项可指定一个角度，使十字光标连同捕捉方向以指定基点为轴旋转预先设定好的角度。

【样式(S)】：设置光标捕捉样式，有标准和等轴测两种类型。

【类型(T)】：选择捕捉类型为极轴捕捉或栅格捕捉。

2. 栅　格

在绘图中，我们可以利用栅格掌握绘图尺寸的大小。栅格是由一组规则的点组成，类似方形格子纸，结合捕捉功能一起使用，就能使光标落在栅格点上。它虽然在屏幕上可见，起坐标纸的作用，但栅格不是图形实体，不能用编辑实体的命令进行编辑。它既不会随图形打

印输出，也不影响绘图位置。栅格只在绘图范围内显示，提供比较直观的距离和位置参照，是绘制图形的参考背景。

(1)调用方法

菜单法：单击“工具”→“绘图设置”→“栅格和捕捉”菜单。

命令按钮法：单击“栅格”▦命令按钮打开或关闭该功能。

键盘输入法：输入 gird。

组合键法：Ctrl+G。

快捷键法：F7。

(2)命令及提示

命令: gird

指定栅格间距(X)或[开(ON)/关(OFF)/捕捉(S)/主(M)/自适应(D)/界限(L)/跟随(F)/纵横向间距(A)] < 10.0000> : 0.5 回车确认系统自动保存设置结果。

(3)参数说明

菜单操作会出现对话框选择设置，选择“工具”菜单，选择“草图设置”，选择“捕捉和栅格”选项卡，进行设置，如图 4-1 所示。打开栅格的显示结果如图 4-2 所示。

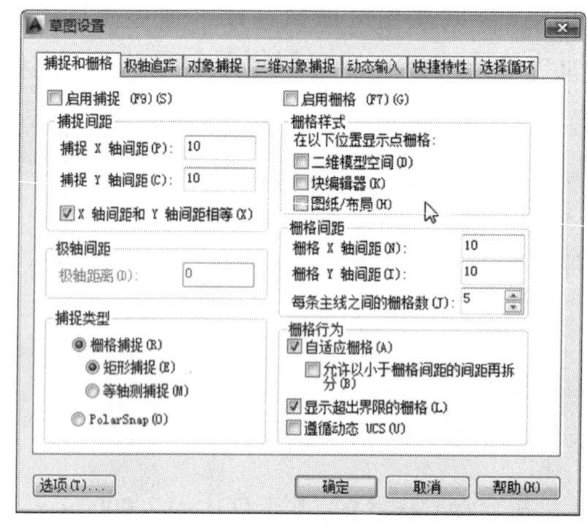

图 4-1 捕捉与栅格选项卡图

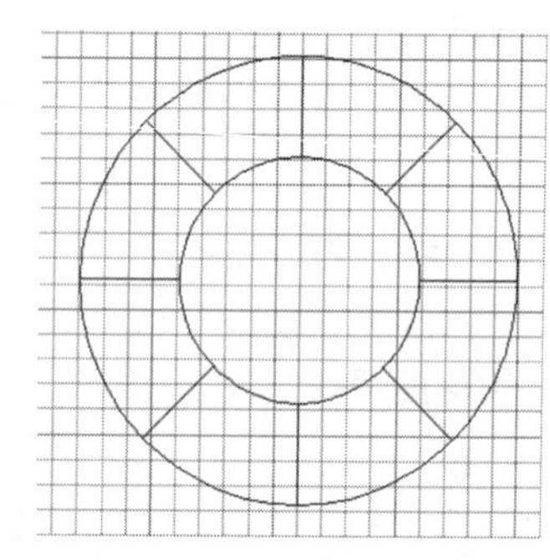

图 4-2 栅格显示

3. 对象捕捉与对象追踪

对象捕捉和对象追踪功能可以将光标定位到已知点，因此我们可以使用这两类命令实现对图形精确位置的捕捉。启用对象捕捉方式的常用方法有以下几种。

(1)利用工具栏进行调用

在任意工具栏按钮处单击鼠标右键，选择“ACAD”中的“对象捕捉”，打开“对象捕捉”工具栏，在工具栏中选择相应的捕捉方式即可，如图 4-3 所示。

图 4-3 对象捕捉工具栏

(2)设置草图设置捕捉模式进行调用

在状态栏“对象捕捉”按钮上右击选择“设置”，打开“草图设置”对话框，或选择“工具”菜单中的“绘图设置”选项，打开“草图设置”对话框，如图 4 - 4 所示，选择“对象捕捉”选项卡，从中对对象捕捉和对象追踪的选项进行勾选。当其状态开启时，绘图窗口的状态栏上“自动捕捉”按钮 会亮显；若状态关闭，则该按钮为灰色未开启状态。

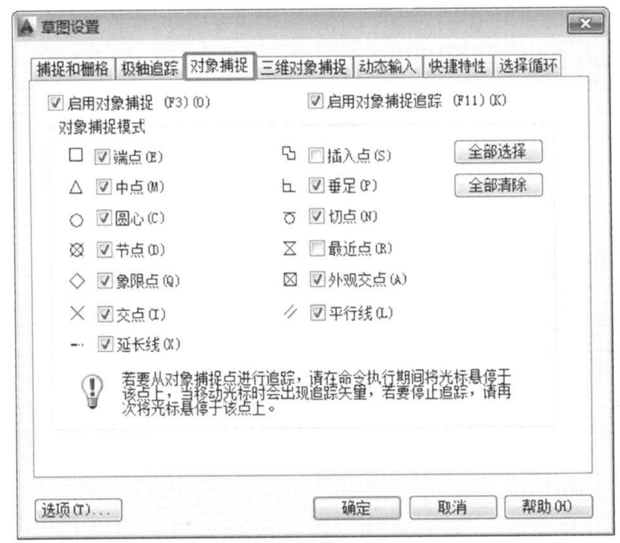

图 4 - 4　对象捕捉选项卡图

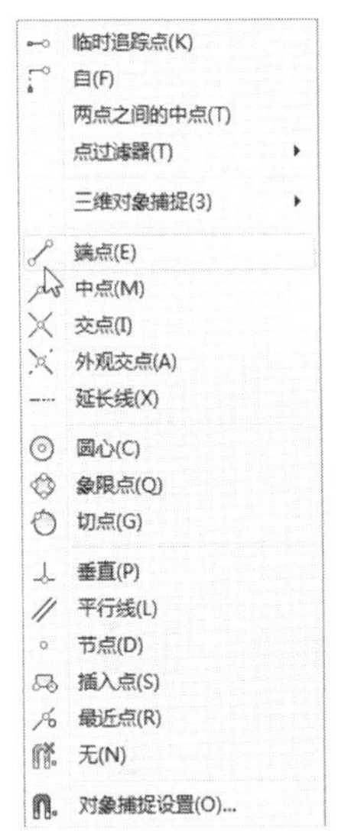

图 4 - 5　对象捕捉快捷菜单

(3)利用快捷键方法调用

在绘图过程中，用户可按住 Shift 或 Ctrl 键，单击鼠标右键，在弹出的快捷菜单中选择相应的捕捉方式，如图 4 - 5 所示。

(4)使用输入命令来进行捕捉，各种捕捉命令见表 4 - 1。

表 4 - 1　AutoCAD 对象捕捉方式

捕捉类型	表示方式	命令方式	功　能
临时追踪点		TT	在当前用户坐标系中，追踪其他参考点而定义的点
捕捉自		FROM	偏移捕捉，以临时点为基点，捕捉从基点偏移一定的距离得到的捕捉目标点
端　点		END	捕捉直线、圆弧或多段线距离拾取点最近的端点
中　点		MID	捕捉直线、多段线或圆弧等的中点
圆　心		CEN	捕捉圆弧、圆或椭圆的圆心
节　点		NOD	捕捉点对象，包括尺寸的定义点
象限点		QUA	捕捉圆、圆弧或椭圆上 0°、90°、180°、270°处的点
交　点		INT	捕捉直线、圆、多段线等任意 2 个对象的最近的交点

续 表

捕捉类型	表示方式	命令方式	功　能
延长线		EXT	捕捉对象后再在其延长线方向移动出现的延长线上的点
插入点		INS	捕捉插入图形文件中的文字、属性和块的插入点
垂　足		PER	捕捉直线、圆弧、圆、椭圆或多段线外一点到此对象上的垂直交点
切　点		TAN	捕捉所画对象与圆、圆弧、椭圆相切的切点
最近点		NEA	捕捉对象上最靠近光标方框中心的点
外观交点		APP	捕捉两个对象延长或投影后的交点
平行线		PAR	捕捉绘制与指定对象平行的直线
无捕捉		NONE	关闭单点捕捉方式
对象捕捉设置		DS	设置对象捕捉

正交和极轴

4.1.2　正交、极轴追踪、偏移捕捉

1. 正　交

正交模式用于指定光标在水平或垂直方向移动，以便于精确地创建和修改对象，该模式打开，系统将强制所绘制的直线平行于 X 轴或 Y 轴。

(1)调用方法

命令按钮法：单击“正交”命令按钮打开或关闭该功能。

键盘输入法：输入 ortho。

快捷键法：F8。

(2)实例应用

实例：绘制如图 4－6 所示的折线段。

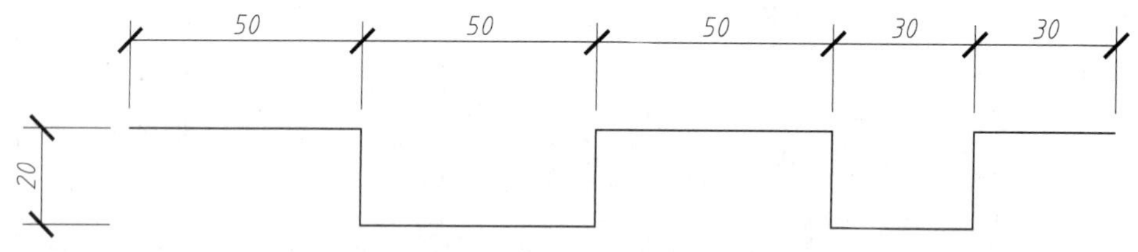

图 4－6　正文实例应用

操作步骤：

第一步：调用直线命令(L)，打开正交功能。

第二步：确定第一点，由鼠标指定直线的方向，输入线段长度回车。

第三步：重复第二步操作，直至绘制结束。

2. 极轴追踪

使用极轴追踪后，光标将按指定角度进行捕捉。极轴追踪与正交的作用有些类似，正交可以看作限定光标在90°及其倍数上移动，而极轴追踪是限定光标在预选设定的角度及其倍数上移动。

极轴追踪设置在“草图设置”中完成，如图4－7所示。启用极轴追踪后，每增加设置的角度增量，都会出现一条虚线，即极轴线。

(1)调用方法

菜单法：单击“工具”→“绘图设置”→“极轴追踪”菜单。

命令按钮法：单击“极轴追踪”命令按钮可打开或关闭该功能。

快捷键法：F10。

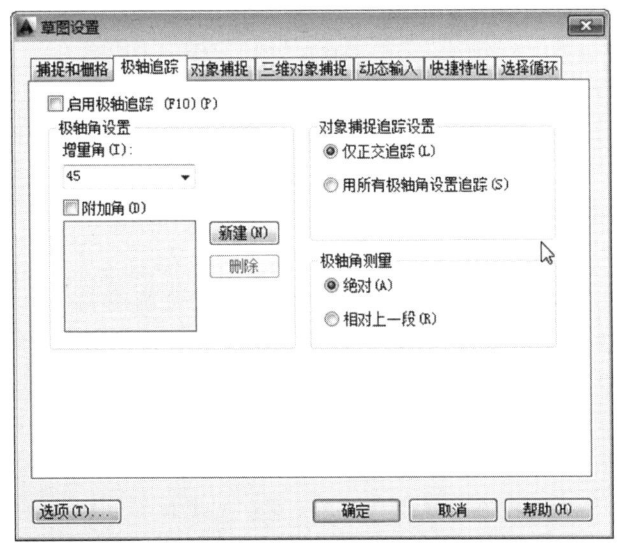

图4－7 极轴追踪设置窗口

(2)参数说明

【启用极轴追踪】：打开或关闭极轴追踪。

【极轴角设置】：设定极轴追踪的对齐角度。

【增量角】：设定用来显示极轴追踪对齐路径的极轴角增量。可以输入任何角度，也可以从列表中选择90、45、30、22.5、18、15、10或5这些常用角度。

【附加角】：对极轴追踪使用列表中的附加角度。附加角度是绝对的，而非增量的。

(3)实例应用

实例：利用极轴追踪绘制边长为50的正六边形。

操作步骤：

第一步：选择“极轴追踪”对话窗口，输入增量角为60°，设置其为开启状态。

第二步：调用直线命令(L)，在水平方向上绘制边长等于50 mm的线段，鼠标在逆时针移动过程中，在60°或60°的倍数角依次会沿鼠标方向出现极轴线(虚线)，按照顺序分别在此虚线方向上输入50即可。

偏移捕捉

3. 偏移捕捉

偏移捕捉是捕捉的一种特殊方式，它需要一个临时的参考点，这个参考点由用户根据需要指定。基点选取不同，偏移的相对坐标也不同，其偏移的方向与 X 轴、Y 轴正方向一致为正值，反之为负值。

在工具栏按钮中，偏移捕捉实际显示为“捕捉自”，且当用户调用绘图命令后，“捕捉自”命令才可用。使用“捕捉自”命令时，用户首先需要指定一点(临时的参考点)作为基点，其次输入目标点与基点之间的相对坐标偏移，从而捕捉到目标点的位置。

(1)调用方法

命令按钮法：单击“捕捉”工具栏→ (捕捉自)按钮。

组合键法：Ctrl 或 Shift 键＋鼠标右键。

(2)命令及提示

指定第一个角点或 [倒角(C)/标高(E)/圆角(F)/厚度(T)/宽度(W)]: _from 基点: <偏移> : @ 10,10

//调用矩形命令后启动“捕捉自”命令的操作提示

(3)实例应用

实例：已知正方形的中心 P 点坐标，绘制边长为 100 mm 的正方形，如图 4－8 所示。

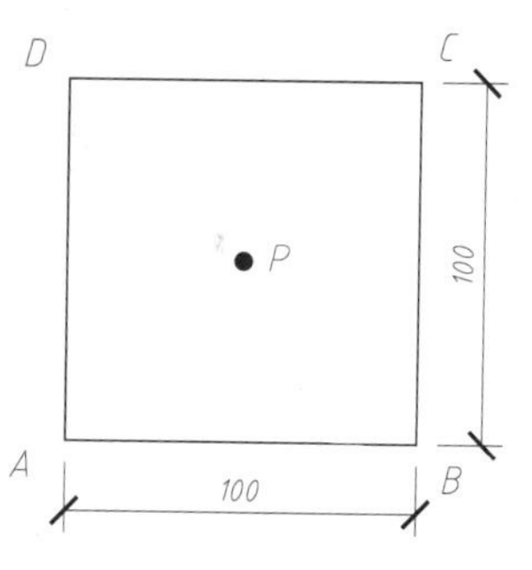

图 4－8　偏移捕捉实例应用

实例分析：该题目给定了正方形的中心 P 点，因此可调用偏移捕捉命令，以 P 点为基点，找到正方形左下角点 A 点，然后按照尺寸法或对角点法绘制矩形即可。

命令: line

指定第一个点: _from 基点: <偏移> : @ －50,－50

//鼠标 0 选择 P 点坐标，并输入以 P 点为基点的偏移坐标，定位到 A 点

指定下一点或 [放弃(U)]: <正交开> 100　　//打开正交状态，指定方向，输入边长

指定下一点或 [放弃(U)]: 100

指定下一点或 [闭合(C)/放弃(U)]: 100

指定下一点或 [闭合(C)/放弃(U)]: c　　//结束绘制，闭合图形

图形信息查询

4.2　图形信息查询

在 AutoCAD 软件中，我们可以运用对象特性查询功能对两点之间的距离、区域面积、点坐标等信息进行查询。

1. 查询两点间距离

通常，dist 命令会报告模型空间中的三维距离及图纸空间中布局上的二维距离。

(1)调用方法

菜单法：单击“工具”→“查询”→“距离”菜单。

命令按钮法：单击“查询”工具栏→ (距离)按钮。

键盘输入法：输入 dist 或 DI。

(2)命令及提示

命令: dist

指定第一点:

指定第二个点或 [多个点(M)]:

距离 = 2400.7994,XY 平面中的倾角 = 355， 与 XY 平面的夹角 = 0

X 增量 = 2393.0497,Y 增量 = −192.7445， Z 增量 = 0.0000

(3)参数说明

【指定第一个和第二个点】：指定要获取其距离和角度的两个点。

【多点】：指定几个点，记录总距离。将显示其他选项，包括圆弧及指定长度的直线段。

2. 查询面积

该命令可以计算对象或所定义区域的面积和周长。

(1)调用方法

菜单法：单击“工具”→“查询”→“面积”菜单。

命令按钮法：单击“查询”工具栏→ (面积)按钮。

键盘输入法：area。

(2)命令及提示

命令: area

指定第一个角点或 [对象(O)/增加面积(A)/减少面积(S)] <对象(O)> : o

//选择查询面积的方式

选择对象: //选择对象

区域 = 4416147.3832,圆周长 = 7449.4929

(3)参数说明

【指定第一个角点】：计算由指定点所定义的面积和周长。

【对象】：计算选定对象的面积和周长。

【选择对象】：选择对象，例如圆、椭圆、样条曲线、多段线、多边形、面域和三维实体。

【增加面积】：打开“加”模式，并显示所指定的后续面积的总累计测量值。

【减去面积】：从总面积中减去面积和周长。

(4)实例应用

实例：请计算以下 5 个点围成的多边形的面积和周长，如图 4 - 9 所示。

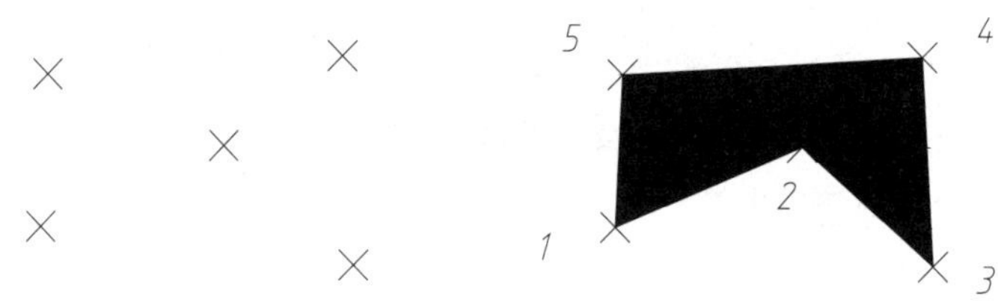

图 4－9　查询面积实例应用

操作步骤：

第一步：调用查询面积命令。

第二步：按照逆时针或顺时针顺序点击这五个点。

3. 查询点坐标

该法可查询到图像中任意一点的坐标位置。

(1)调用方法

菜单法：单击“工具”→“查询”→“点坐标”菜单。

命令按钮法：单击“查询”工具栏→ (点坐标)按钮。

键盘输入法：id

(2)命令及提示

命令:_id 指定点:　X = 1625.5103　　Y = 1976.5974　　Z = 0.0000

【任务实施】

任务：根据已知尺寸绘制图形，如图 4－10 所示。

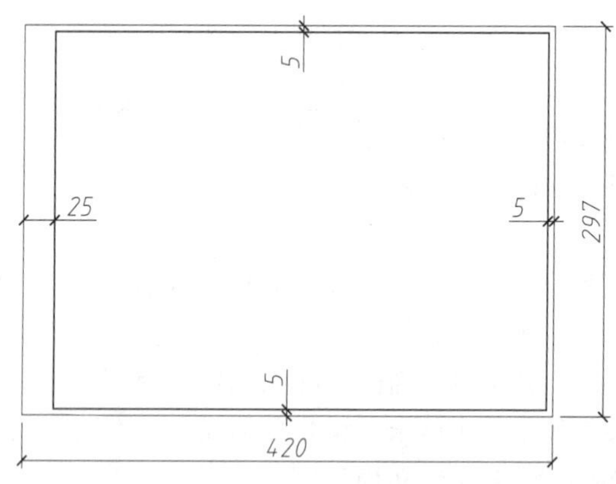

图 4－10

绘制步骤：

第一步：调用矩形命令，绘制图幅线。在绘图区任意位置单击指定第一点，输入“@420,297”回车。

第二步：调用矩形命令，绘制图框线左下角点。设置矩形的线宽为 1，激活“捕捉自”命令，鼠标左键单击矩形的左下角点为基点，当命令行提示“ _ from 基点：<偏移>:”时，输入偏移坐标“@25,5”，回车确认，此时图框线的左下角点就被确定了。

第三步：输入内侧图框线的右上角点坐标。在命令行输入“@390,287”回车，内部的图框线绘制完毕。

【任务巩固与提高】

一、单选题

1. 在 AutoCAD 中，如果可见的栅格间距设置得太小，AutoCAD 将出现如下提示(　　)。

A. 不接受命令　　B. 栅格太密无法显示

C. 产生错误显示　　D. 自动调整栅格尺寸使其显示出来

2. 在 AutoCAD 中，在圆上捕捉圆心时，靶框应该压在(　　)。

A. 圆外　　B. 圆内

C. 圆心　　D. 圆周上

3. 在 AutoCAD 中移动圆对象，使其圆心移动到直线中点，需要应用(　　)。

A. 正交　　B. 捕捉

C. 栅格　　D. 中心捕捉

4. 对象捕捉辅助工具用于(　　)。

A. 捕捉栅格点

B. 捕捉图形对象的特征点

C. 捕捉栅格点和图形对象的特征点

D. 捕捉对象端点

二、多选题

1. 下面关于栅格的说法，正确的是(　　)。

A. 打开“栅格”模式，可以直观地显示图形的绘制范围和绘图边界

B. 当捕捉设定的间距与栅格所设定的间距不同时，可对栅格点进行捕捉

C. 当捕捉设置的间距与栅格相同时，可对栅格点进行捕捉

D. 当栅格过密时，屏幕上将不会显示出栅格，对图形进行局部放大观察时也看不到

2. 在执行“交点”捕捉模式时，可捕捉到(　　)。

A. 三维实体的边或角点

B. 面域的边

C. 曲线的边

D. 圆弧、圆、椭圆、椭圆弧、直线、多线、多段线、样条曲线或构造线等对象之间的交点

三、绘图题

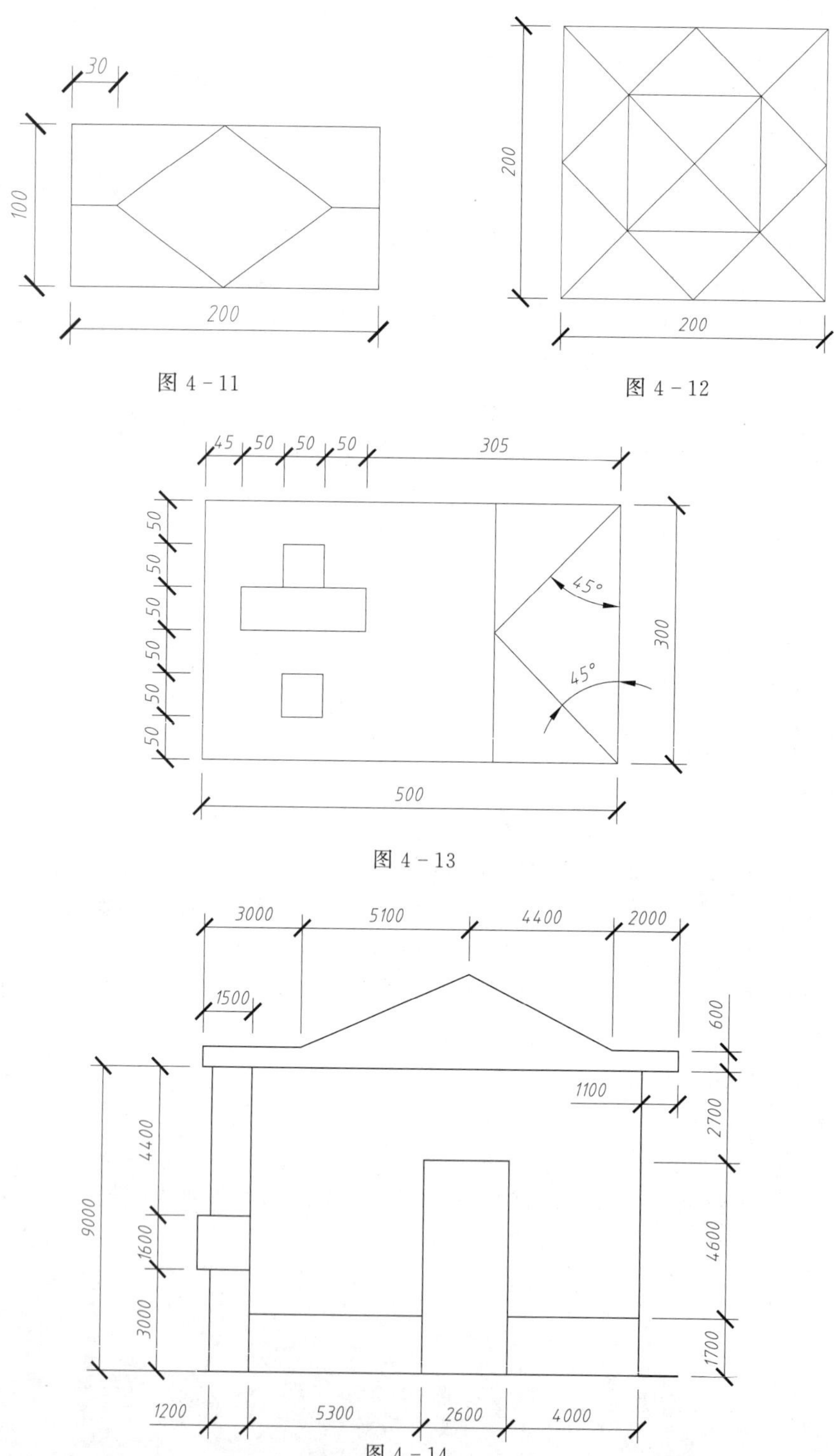

图 4－11

图 4－12

图 4－13

图 4－14

5 简单二维图形的绘制

【任务描述】

本任务通过对基本绘图命令的讲解，使学生能够绘制生活中常见的图案。

【任务目标】

掌握点、矩形、正多边形、圆、圆环、圆弧、椭圆、椭圆弧等基本绘图命令的使用方法；能够使用修剪、复制、镜像、移动等基本编辑命令对图形进行修改操作。

【任务评价】

二维图形的绘制需要使用一些简单的绘图命令和编辑命令，本任务会以基本图形的绘制为基础进行介绍，而且绘制的方法不是唯一的，需要同学们在日后的学习中不断探索和钻研。

【知识链接及操作】

点的定距等分和定数等分

5.1 点的定距等分和定数等分

点是组成图形的最基本的元素，可作为捕捉和偏移对象的节点或参考点。在AutoCAD中，可以通过“单点”“多点”“定数等分”“定距等分”四种方法来创建点对象。为了将点的可视性加强，便于观察，我们一般在绘制点对象之前先设置点的样式。

1. 点样式的设置

点样式命令可以设置点的大小和样式，如图5-1所示。

(1)调用方法

菜单法：单击“格式”→“点样式”菜单。

键盘输入法：输入 ddptype。

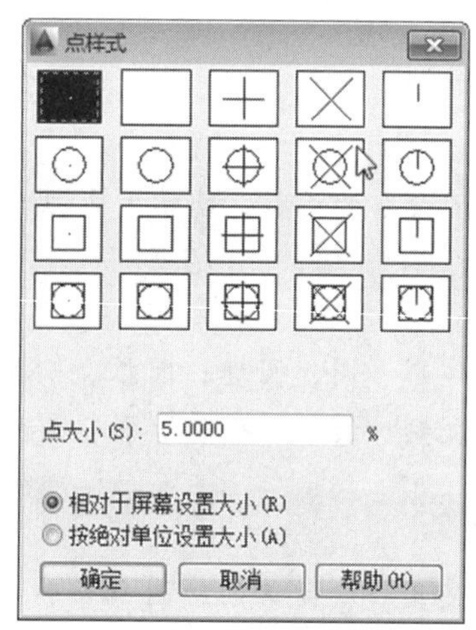

图5-1 点样式对话框

(2)参数说明

【点大小】：设定点的显示大小，可以相对于屏幕设定点的大小，也可以用绝对单位设定点的大小。

2. 绘制单点

(1)调用方法

菜单法：单击“绘图”→“点”→“单点”菜单。

键盘输入法：输入 point 或 PO。

(2)命令及提示

命令: point

当前点模式： PDMODE = 0 PDSIZE = 0.0000

指定点： //指定点的位置或输入点的坐标

3. 绘制多点

(1)调用方法

菜单法：单击"绘图"→"点"→"多点"菜单。

命令按钮法：绘图工具栏→ ▪(多点)按钮。

(2)命令及提示

命令: point

当前点模式: PDMODE = 0 PDSIZE = 0.0000

指定点: //指定点的位置或输入点的坐标

4. 点的定数等分

使用点的定数等分命令会将选定的对象(如线段、圆或圆弧等)平均分成若干等分，并在等分点处设置点标记，如图 5－2 所示。

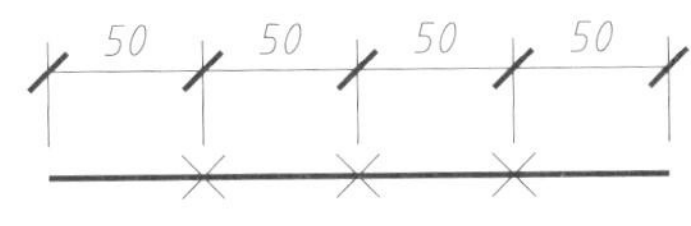

图 5－2　定数等分

(1)调用方法

菜单法：单击"绘图"菜单→"点"→"定数等分"菜单。

键盘输入法：输入 divide 或 DIV。

(2)命令及提示

命令: divide

选择要定数等分的对象:

输入线段数目或 [块(B)]: 4

(3)参数说明

【线段数目】：输入要等分成几份。

【块(B)】：沿选定对象等间距放置指定的块。块将插入到最初创建选定对象的平面中。

【是】：根据选定对象的曲率对齐块。插入块的 X 轴方向与选定的对象在等分位置相切或对齐。

【否】：根据用户坐标系的当前方向对齐块。插入块的 X 轴将平行于等分位置的 UCS 的 X 轴。

(4)实例应用

实例：将线段长度为 200 mm 的线段定数等分成四等分，如图 5－2 所示。

操作步骤：

命令: divide

选择要定数等分的对象: //选择等分的对象

输入线段数目或 [块(B)]: 4   //输入等分的数目,回车即可

5. 点的定距等分

使用点的定距等分命令将把等分对象(如线段、圆弧等)，沿对象的长度或周长按测定间

隔创建点对象或块，如图 5－3 所示。

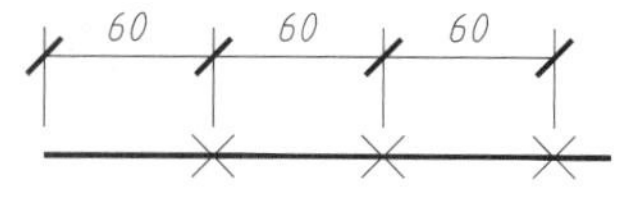

图 5－3　定距等分

(1)调用方法

菜单法：单击“绘图”→“点”→“定距等分”菜单。

键盘输入法：输入 measure 或 ME。

(2)命令及提示

命令: measure

选择要定距等分的对象:

指定线段长度或 [块(B)]:

(3)参数说明

【线段长度】：沿选定对象按指定间隔放置点对象，从最靠近用于选择对象的点的端点处开始放置。相邻两点之间的间隔即为线段长度。

【块(B)】：沿选定对象按指定间隔放置块。

【是】：块将围绕其插入点旋转，这样其水平线就会与测量的对象对齐并相切绘制。

【否】：始终使用 0 旋转角度插入块。

(4)实例应用

实例：将长度为 200 mm 的线段按照 60 mm 的距离进行定距等分，如图 5－3 所示。

操作步骤：

命令: measure　　　　//调用定距等分命令

选择要定距等分的对象:　　　　//选择等分的对象

指定线段长度或 [块(B)]: 60　　　　//输入被等分线段长度 60,回车确认即可

矩　形

5.2　矩　形

矩形是 AutoCAD 绘图中最常用的几何图形之一，通常情况，我们可以从指定的矩形参数(长度、宽度、旋转角度、圆角、倒角或直角)创建矩形多段线，如图 5－4 所示。

(1)调用方法

菜单法：单击“绘图”→“矩形”菜单。

命令按钮法：单击“绘图”工具栏→ (矩形)按钮。

键盘输入法：输入 rectang 或 REC。

(2)命令及提示

命令: rectang

指定第一个角点或 [倒角(C)/标高(E)/圆角(F)/厚度(T)/宽度(W)]:

//指定矩形的一个角点或输入参数

指定另一个角点或 [面积(A)/尺寸(D)/旋转(R)]：//指定矩形的另一个角点或其他方式绘制

(3)参数说明

【第一个角点】：指定矩形的一个角点。

【另一个角点】：使用指定的点作为对角点创建矩形。

【倒角(C)】：设定矩形的倒角距离。

【标高(E)】：指定矩形的标高。

【圆角(F)】：指定矩形的圆角半径。

【厚度(T)】：指定矩形的厚度。

【宽度(W)】：为要绘制的矩形指定多段线的宽度。

【面积(A)】：使用面积与长度或宽度创建矩形。如果"倒角"或"圆角"选项被激活，则区域将包括倒角或圆角在矩形角点上产生的效果。

【尺寸(D)】：使用输入矩形的长度和宽度来绘制矩形。

【旋转(R)】：按指定的旋转角度创建矩形。

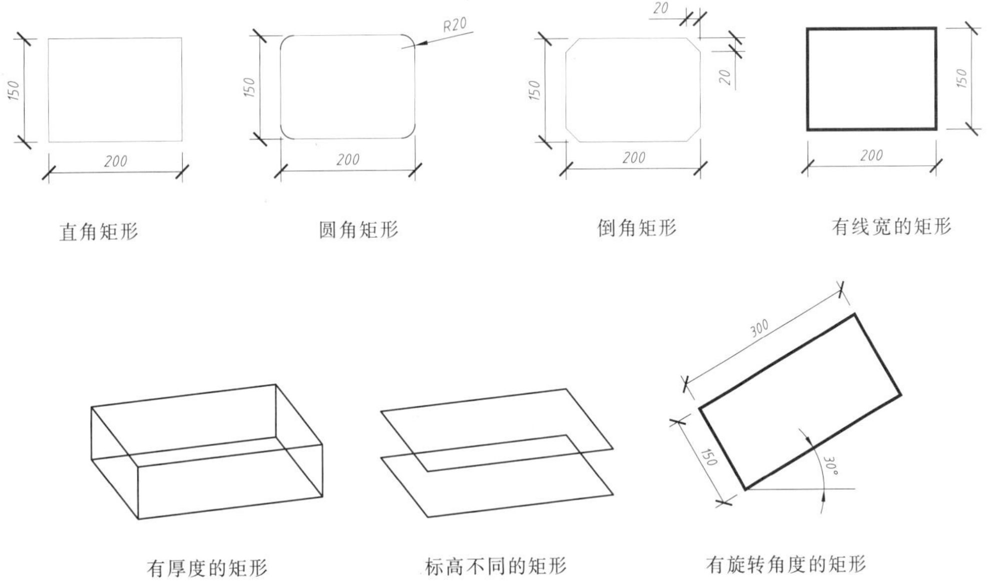

图 5-4　不同方式绘制矩形

(4)实例应用

实例：请按照要求绘制图形，如图 5-5 所示。

实例分析：该图形可使用矩形命令进行绘制，在绘制过程中，分别以 A、B、C 点为基点，使用偏移捕捉命令绘制内部的三个矩形即可。

操作步骤：

第一步：调用矩形命令(REC)，设置圆角半径为 3 mm，绘制长 65 mm、宽 40 mm 的圆角矩形。

第二步：以图 5-5 所示 A 点为基点偏移捕捉，偏移距离为(10，10)，绘制中间左侧的小

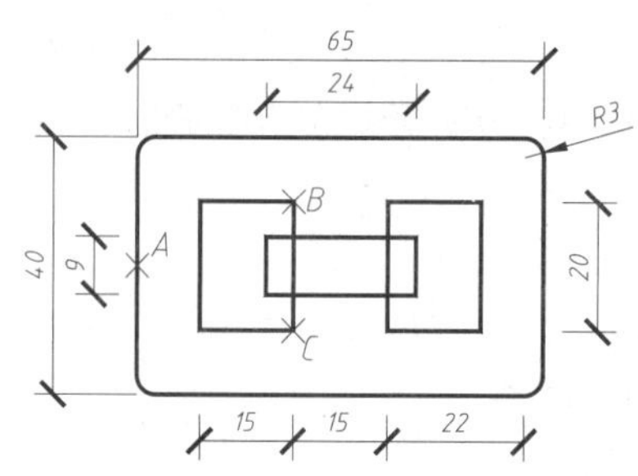

图 5－5　矩形应用实例

矩形。

第三步：以图 5－5 所示 B 点为基点偏移捕捉，偏移距离为(－4.5，－7)，绘制中间中部的小矩形。

第四步：以图 5－5 所示 C 点为基点偏移捕捉，偏移距离为(15，0)，绘制中间右侧的小矩形。

正多边形

5.3　正多边形

使用正多边形命令可以绘制等边、等角的多边几何图形。创建正多边形时，可选用“内接圆”或“外切圆”或“边”三种方式来进行绘制，如图 5－6 所示。

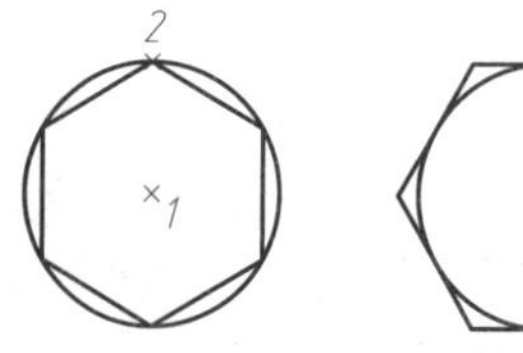

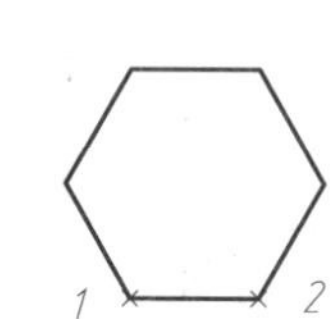

图 5－6　正多边形的创建

(1)调用方法

菜单法：单击“绘图”→“正多边形”菜单。

命令按钮法：单击“绘图”工具栏→⬠(正多边形)按钮。

键盘输入法：输入 polygon 或 POL。

(2)命令及提示

命令: POL

polygon 输入侧面数 <4> :

指定正多边形的中心点或 [边(E)]:

输入选项 [内接于圆(I)/外切于圆(C)] <I> :

指定圆的半径:

(3)参数说明

【输入侧面数】：用户可以输入边的数目范围是 3～1024，命令行中显示的为最近一次的设置。

【正多边形的中心点】：指定多边形的中心点的位置，以及新对象是内接还是外切。

【边(E)】：通过指定第一条边的端点来定义正多边形。

【内接于圆(I)】：指定外接圆的半径，正多边形的所有顶点都在此圆周上。

【外切于圆(C)】：指定从正多边形圆心到各边中点的距离。

(4)实例应用

实例：请绘制图形，如图 5－7 所示。

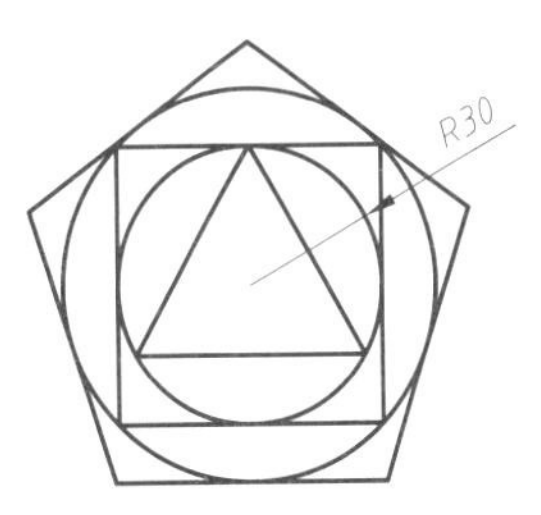

图 5－7　正多边形实例应用

操作步骤：

第一步：绘制内部半径为 30 的圆。

第二步：绘制内接正三边形。

第三步：绘制半径为 30 的圆的外切正四边形。

第四步：绘制同心圆，其半径为圆心到正四边形定点的距离。

第五步：绘制外切正五边形，捕捉正五边形的边与圆的切点。

5.4　圆

圆

在 AutoCAD 中，默认用指定圆心和半径的方法绘制圆。也可以用圆心和直径、直径上的两点、圆周上的三点等其他方法绘制圆。

(1)调用方法

菜单法：单击“绘图”→“圆”菜单。

命令按钮法：单击“绘图”工具栏→(圆)按钮。

键盘输入法：输入 circle 或 C。

在绘制圆时，若用菜单法进行绘制，则只需直接选择绘制的方式；若用命令或工具栏按钮法绘图时，则需要输入相应的命令参数才能进行下一步绘制。

(2)命令及提示

①“圆心、半径”方式(图 5－8)

命令: circle

指定圆的圆心或 [三点(3P)/两点(2P)/相切、相切、半径(T)]:　　//指定圆心的位置

指定圆的半径或 [直径(D)]:　　//给定圆的半径值

②“圆心、直径”方式(图 5－9)

命令: circle

指定圆的圆心或 [三点(3P)/两点(2P)/相切、相切、半径(T)]:　　//指定圆心的位置

指定圆的半径或 [直径(D)] <100. 0000> : d　　//选择用直径法来绘制圆

指定圆的直径<100.0000> : //给定圆的直径值

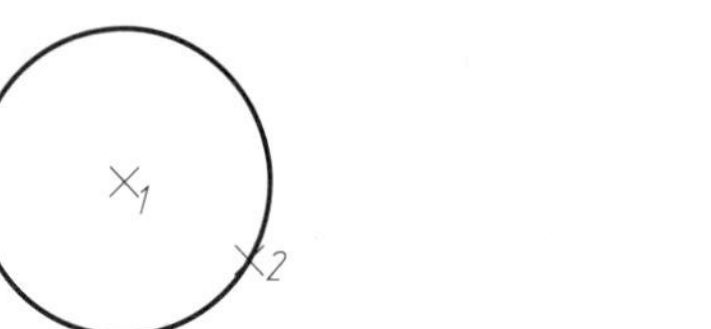

图 5 - 8 圆心、半径法画圆

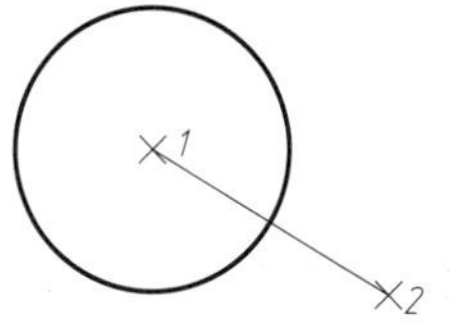

图 5 - 9 圆心、直径法画圆

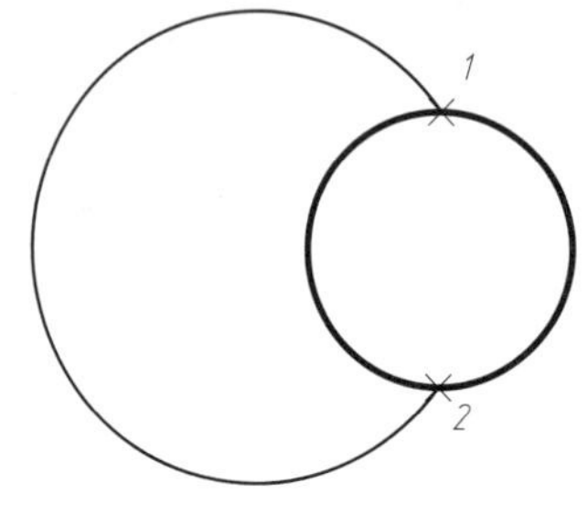

图 5 - 10 两点法画圆

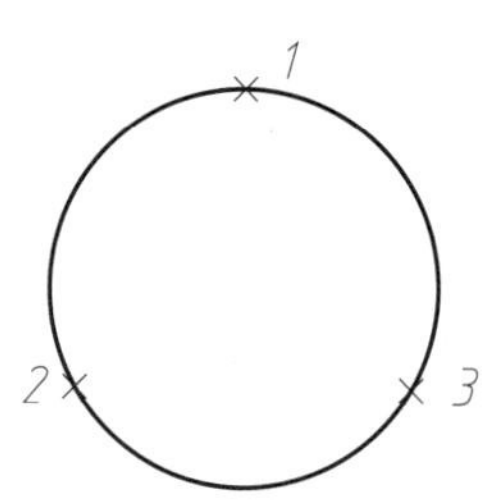

图 5 - 11 三点法画圆

③ 两点法画圆(图 5 - 10)

命令: circle

指定圆的圆心或 [三点(3P)/两点(2P)/相切、相切、半径(T)]: _2p //选择用两点法画圆

指定圆直径的第一个端点: //确定直径的一个端点

指定圆直径的第二个端点: //确定直径的另一个端点

④ 三点法画圆(图 5 - 11)

命令: circle

指定圆的圆心或 [三点(3P)/两点(2P)/相切、相切、半径(T)]: _3p

//选择用三点法画圆

指定圆上的第一个点: //确定圆周上的第一个点的位置

指定圆上的第二个点: //确定圆周上的第二个点的位置

指定圆上的第三个点: //确定圆周上的第三个点的位置

⑤ 相切、相切、半径法画圆(图 5 - 12)

命令: circle

指定圆的圆心或 [三点(3P)/两点(2P)/相切、相切、半径(T)]: _ttr

指定对象与直线的第一个切点: //单击选择与直线 l1 相切的第一个点

指定对象与直线的第二个切点: //单击选择与直线 l2 相切的第二个点

指定圆的半径<100> : //输入与上两个对象都相切的圆的半径

⑥ 相切、相切、相切法画圆(图 5 - 13)

命令: circle

指定圆的圆心或 [三点(3P)/两点(2P)/相切、相切、半径(T)]: _3p

指定圆上的第一个点: _tan 到 //单击选择与圆 1 相切的第一个点

指定圆上的第二个点：_tan 到　　　　　　　//单击选择与圆 2 相切的第二个点
指定圆上的第三个点：_tan 到　　　　　　　//单击选择与圆 3 相切的第三个点

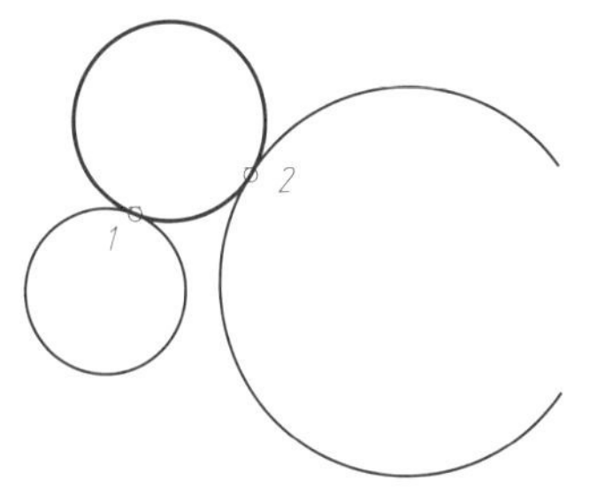

图 5－12　相切、相切、半径法画圆

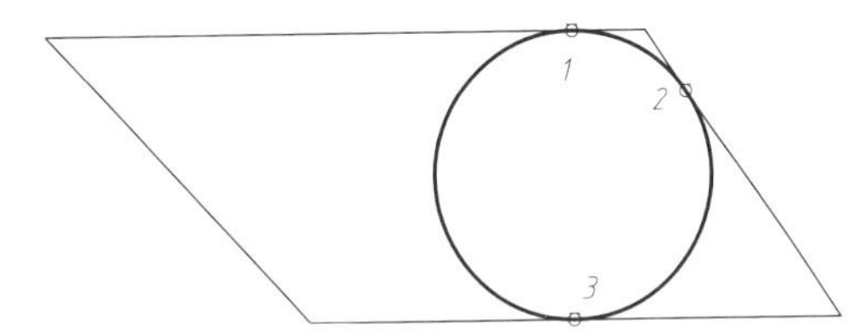

图 5－13　相切、相切、相切法画圆

(3)参数说明

【圆心】：基于圆心和直径(或半径)绘制圆。

【半径】：定义圆的半径。输入值或指定点。

【直径】：定义圆的直径。输入值或指定第二个点。

【两点(2P)】：基于圆直径上的两个端点绘制圆。

【三点(3P)】：基于圆周上的三点绘制圆。

【相切、相切、半径】：基于指定半径和两个相切对象绘制圆。

【相切、相切、相切】：创建相切于三个对象的圆。

(4)实例应用

实例：绘制下列各种复杂的圆，如图 5－14、图 5－15、图 5－16 所示。

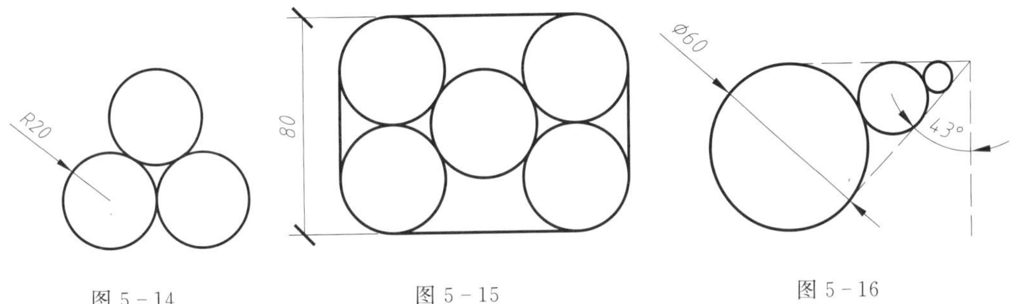

图 5－14　　图 5－15　　图 5－16

实例分析：该实例需要结合坐标知识、极轴捕捉知识来绘制。

以图 5－14 为例讲解操作步骤：

第一步：绘制水平方向边长等于 40 的正三角形。

第二步：以正三角形的顶点为圆心绘制半径等于 20 的圆。

第三步：删除正三角形。

圆　环

5.5　圆　环

圆环是由两个直径不相等的同心圆构成的一个整体图形。圆环的命令没有显示在“绘图”工具栏中，要通过“绘图”菜单来调用或者在命令行输入命令绘制圆环，如图 5－17 所示。

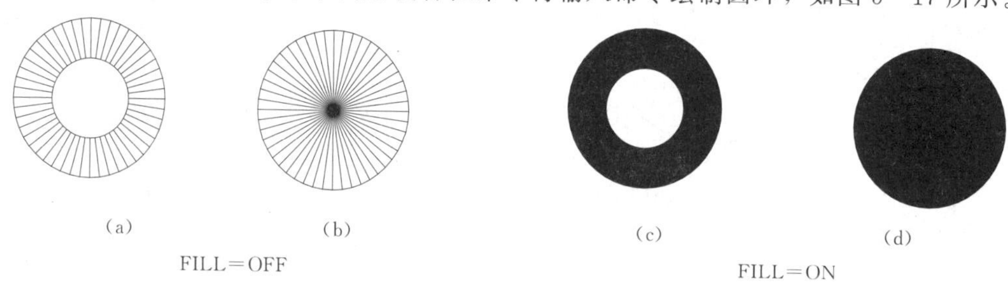

图 5－17　圆　环

(1)调用方法

菜单法：单击“绘图”→“圆环”菜单。

键盘输入法：输入 donut 或 DO。

(2)命令及提示

命令: donut

指定圆环的内径<0. 5000> :

指定圆环的外径<1. 0000> :

指定圆环的中心点或<退出> :

(3)参数说明

【圆环的内径】：指定圆环的内径值。

【圆环的外径】：指定圆环的外径值，外径值不能为 0。

【圆环的中心点】：指定绘制圆环的中心位置。

【Fillmode】：可设置圆环的填充模式，当 Fillmode＝0 时，不填充；当 Fillmode＝1 时，填充。

【Fill】：与 Fillmode 效果相同，当 Fill 设置为 OFF 时，不填充；当 Fill 设置为 ON 时，填充。

(4)实例应用

实例：设置 Fill 属性，绘制不同内外径的圆环，如图 5－17 所示。

操作步骤：

第一步：在命令行中输入 Fill 或 Fillmode 命令，设置 Fill 属性为“[开(ON)/关(OFF)]”，或设置 Fillmode 属性为“1 或 0：”。

第二步：按照内外径要求绘制圆环即可。

5.6 圆 弧

圆 弧

使用圆弧命令可以绘制弧形的轮廓线。AutoCAD 2014 中提供了 11 种绘制圆弧的方式，这些绘制方式根据起点、圆心、终点、方向、包含角、弦长等控制点或具体数据来决定圆弧的大小和方向。在默认情况下，按照逆时针方向绘制圆弧。按住 Ctrl 键的同时移动鼠标，以顺时针方向绘制圆弧。

(1)调用方法

菜单法：单击"绘图"→"圆弧"菜单。

命令按钮法：单击"绘图"工具栏→ （圆弧）按钮。

键盘输入法：输入 arc 或 A。

(2)命令及提示

① 三点法绘制圆弧，如图 5-18 所示。

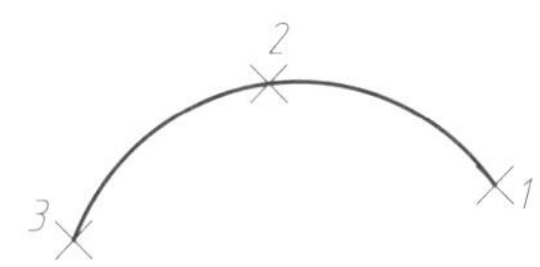

图 5-18 三点法绘制圆弧

命令: arc
指定圆弧的起点或 [圆心(C)]: //指定圆弧的起点为起点
指定圆弧的第二个点或 [圆心(C)/端点(E)]: //指定圆弧的经过点为第二点
指定圆弧的端点: //指定圆弧的端点为最后端点

② 起点、圆心法绘制圆弧，如图 5-19 所示。

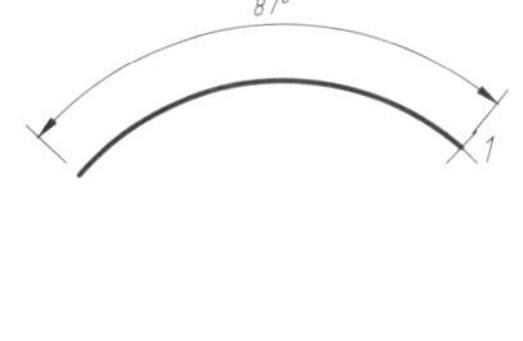

(a)起点、圆心、角度

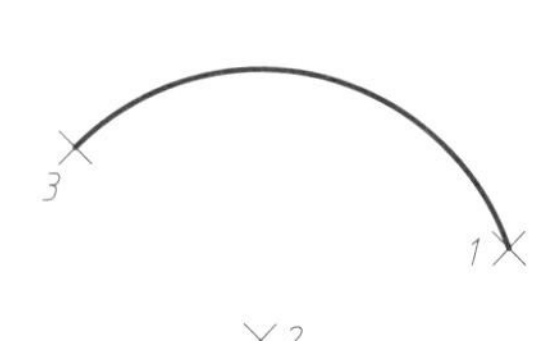

(b)起点、圆心、端点

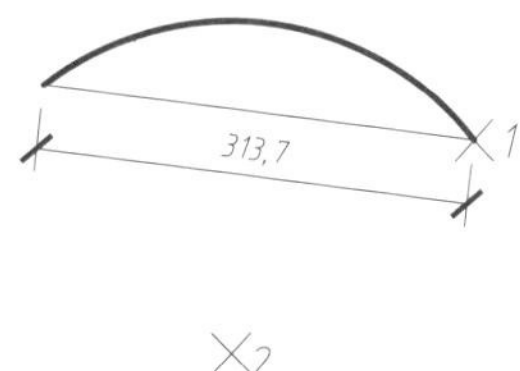

(c)起点、圆心、长度

图 5-19 起点、圆心法绘制圆弧

命令: arc
指定圆弧的起点或 [圆心(C)]: //指定圆弧的起点
指定圆弧的第二个点或 [圆心(C)/端点(E)]:c
指定圆弧的圆心: //指定圆弧的圆心
指定圆弧的端点或 [角度(A)/弦长(L)]: //指定圆弧的端点或角度或弦长

③ 起点、端点法绘制圆弧，如图 5-20 所示。

命令: arc

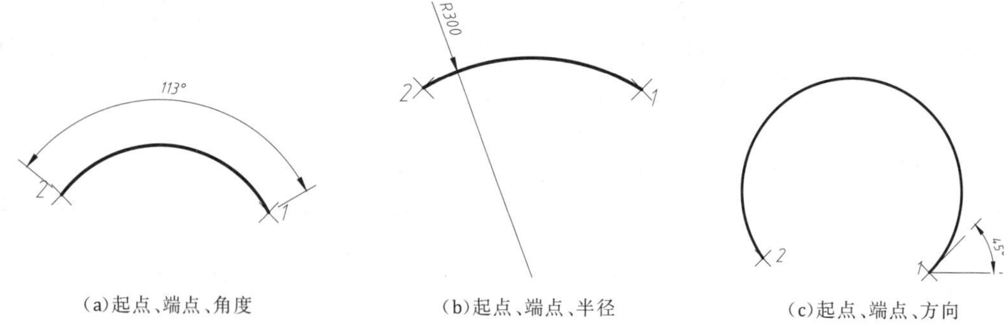

(a)起点、端点、角度　(b)起点、端点、半径　(c)起点、端点、方向

图 5-20　起点、端点法绘制圆弧

指定圆弧的起点或 [圆心(C)]:　//指定圆弧的起点

指定圆弧的第二个点或 [圆心(C)/端点(E)]: _e　//选择捕捉圆弧的端点的方式进行绘制

指定圆弧的端点:　//指定圆弧的端点

指定圆弧的圆心或 [角度(A)/方向(D)/半径(R)]:　//指定圆心或圆弧所对的圆心角的度数或起点的切线方向或圆弧的半径

④ 圆心、起点法绘制圆弧，如图 5-21 所示。

命令: arc

指定圆弧的起点或 [圆心(C)]: _c 指定圆弧的圆心:　//指定圆弧的圆心

指定圆弧的起点:　//指定圆弧的起点

指定圆弧的端点或 [角度(A)/弦长(L)]:　//指定圆弧的端点或角度或弦长

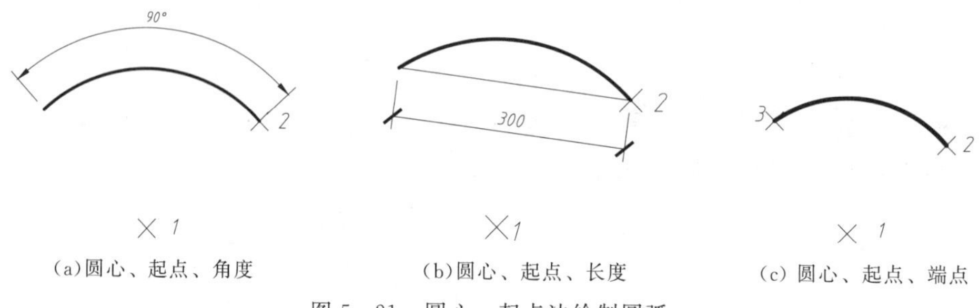

(a)圆心、起点、角度　(b)圆心、起点、长度　(c) 圆心、起点、端点

图 5-21　圆心、起点法绘制圆弧

⑤ 继续绘制圆弧

命令: arc

指定圆弧的起点或 [圆心(C)]:

指定圆弧的端点:　//自动以上段弧的终点为本段弧的起点)(指定圆弧的端点

(3)参数说明

【角度】: 圆弧所对的圆心角，默认按逆时针绘制为正角度，顺时针绘制为负角度。

【方向】: 圆弧起点的切线方向。

【弦长】: 圆弧所对应的弦长。

【半径】: 圆弧的半径值。若半径值为正，绘制的是从起点到端点处的劣弧；若半径值为负，绘制的是优弧。

(4)实例应用

实例：请绘制如图 5－22、图 5－23、图 5－24 所示的图形。

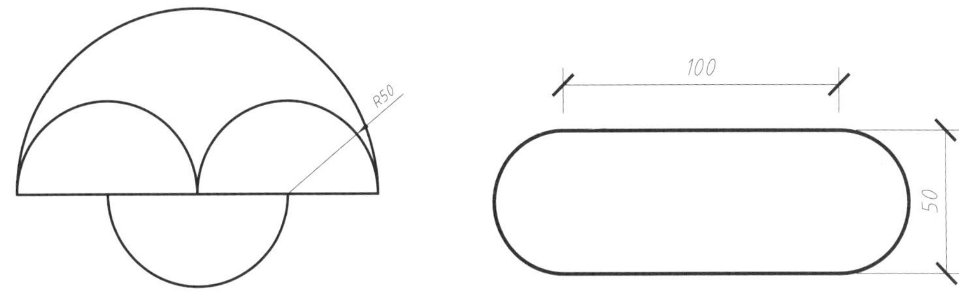

图 5－22　圆弧实例应用 1

图 5－23　圆弧实例应用 2

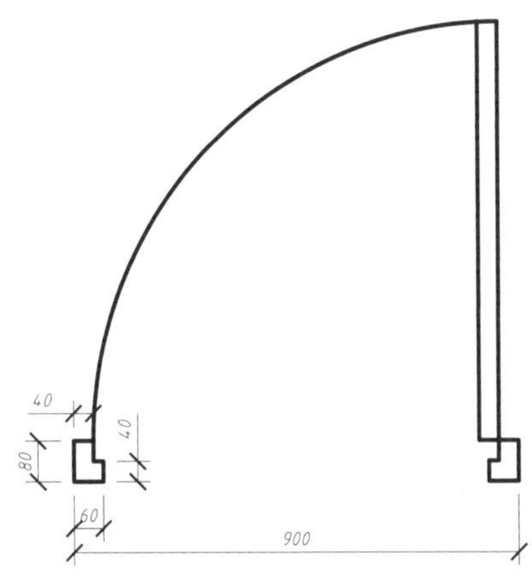

图 5－24　圆弧实例应用 3

实例分析：上述三幅图可使用圆弧命令进行绘制，方法灵活多变，需掌握好以下绘制圆弧的技巧：

① 圆弧绘制的角度始终是从起点向端点方向按照逆正顺负的原则绘制。

② 当圆弧的半径值为正，绘制的是从起点到端点处的劣弧；若半径值为负，绘制的是优弧。

5.7　椭　圆

椭　圆

椭圆命令用于绘制椭圆或椭圆弧。

(1)调用方法

菜单法：单击“绘图”→“椭圆”菜单。

命令按钮法：单击“绘图”工具栏→ （椭圆）按钮或 （椭圆弧）按钮。

键盘输入法：输入 ellipse 或 EL。

(2)命令及提示

命令: ellipse

指定椭圆的轴端点或 [圆弧(A)/中心点(C)]:

指定椭圆的中心点:　　//在绘制区域指定椭圆中心点 P,单击以 C 命令指定椭圆中心点

指定轴的端点:　　//指定椭圆第一条半轴的长度

指定另一条半轴长度或 [旋转(R)]:　　//指定另一条半轴的长度或输入 R 对椭圆旋转

(3)参数说明

【中心点】：椭圆的几何中心，也是轴的交点。

【轴端点】：根据两个端点定义椭圆的第一条轴。第一条轴的角度确定了整个椭圆的角度。第一条轴既可定义椭圆的长轴也可定义短轴。

【另一条半轴长度】：从椭圆弧圆心(即第一条轴的中点)到指定点的距离。

【旋转】：通过绕第一条轴旋转圆来创建椭圆。绕椭圆中心移动十字光标并单击，输入值越大，椭圆的离心率就越大。输入 0 将定义圆。

【等轴测圆】：在当前等轴测绘图平面绘制一个等轴测圆。“等轴测圆”选项仅在 SNAP 的“样式”选项设置为“等轴测”时才可用。

(4)实例应用

实例：请绘制两个椭圆，如图 5－25 所示。

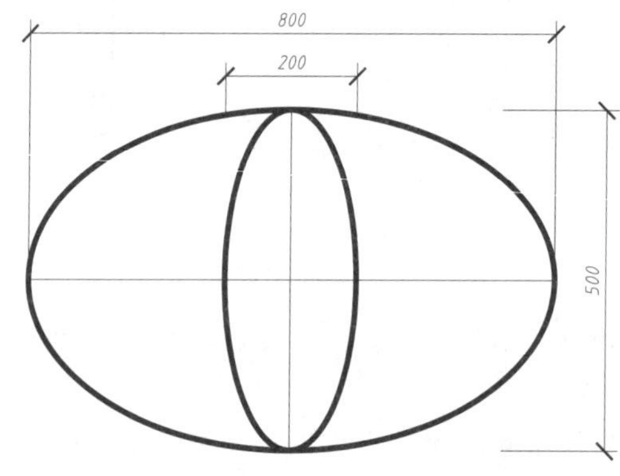

图 5－25　椭圆实例应用

操作步骤：

第一步：首先绘制两条相交的直线，长度分别为 800 mm 和 500 mm。

第二步：绘制椭圆。调用椭圆命令，采用轴端点的方法分别绘制两个椭圆即可。

椭圆弧

5.8　椭圆弧

(1)调用方法

菜单法：单击“绘图”→“椭圆弧”菜单。

命令按钮法：单击“绘图”工具栏→ (椭圆)按钮或 (椭圆弧)按钮。

键盘输入法：输入 ellipse 或 EL。

(2)命令及提示

命令: ellipse

指定椭圆的轴端点或 [圆弧(A)/中心点(C)]: _a

指定椭圆弧的轴端点或 [中心点(C)]:

指定椭圆弧的中心点(C)]:

指定轴的端点:

指定另一条半轴长度或 [旋转(R)]:

指定起始角度或 [参数(P)]:

指定终止角度或 [参数(P)/包含角度(I)]:

(3)参数说明

【圆弧(A)】：选择后可绘制椭圆弧。

【轴端点】：定义第一条轴的起点。

【中心点(C)】：使用中心点、第一个轴的端点和第二个轴的长度来创建椭圆。可以通过单击所需距离处的某个位置或输入长度值来指定距离。

【旋转(R)】：通过绕第一条轴旋转定义椭圆的长轴、短轴比例。该值(0°～89.4°)越大，短轴对长轴的比例越大。89.4°到 90.6°之间的值无效，因为此时椭圆将显示为一条直线。这些角度值的倍数将每隔 90°产生一次镜像效果。

【起点角度】：定义椭圆弧的第一端点。“起点角度”选项用于从参数模式切换到角度模式。模式用于控制计算椭圆的方法。

【参数(P)】：以矢量参数方程式来计算椭圆弧的端点角度。

【包含角度(I)】：指所创建的椭圆弧从起始角度开始的包含角度值。

(4)实例应用

实例：绘制椭圆弧，如图 5－26 所示。

操作步骤：

第一步：绘制外侧矩形。

第二步：绘制其中的一个椭圆弧。

第三步：调用镜像命令绘制其余三条椭圆弧。

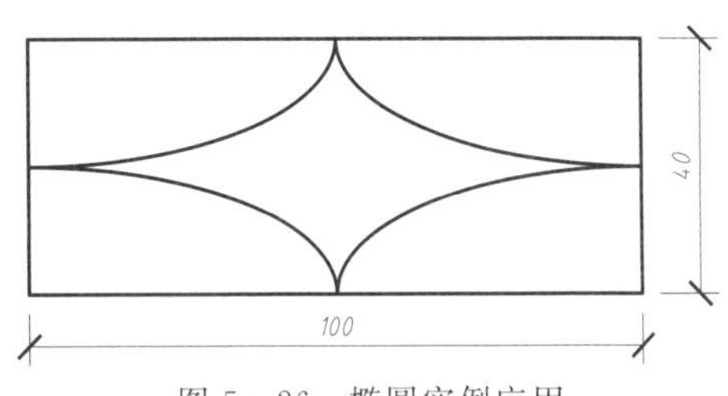

图 5－26　椭圆实例应用

5.9 复　制

复　制

复制命令的功能是对已有对象创建一个或多个副本。复制的对象与原对象大小、形状完全一致，复制的图形如图 5－27 所示。

(1)调用方法

菜单法：单击“修改”→“复制”菜单。

图 5－27　复制图形

命令按钮法：单击“修改”工具栏→(复制)按钮。

键盘输入法：输入 copy 或 CO 或 CP。

(2)命令及提示

命令: copy

选择对象: 找到 1 个

选择对象:

当前设置: 复制模式= 多个

指定基点或 [位移(D)/模式(O)]<位移> :

指定第二个点或 [阵列(A)] <使用第一个点作为位移> :

指定第二个点或 [阵列(A)/退出(E)/放弃(U)] <退出> :

(3)参数说明

【选择对象】：选择要复制的对象。

【模式(O)】：控制命令是否自动重复(CopyMode 系统变量)。

【位移(D)】：复制对象距离源对象的距离，使用坐标指定相对距离和方向。

【阵列(A)】：指定在线性阵列中排列的副本数量。

【退出(E)】：退出复制命令。

【放弃(U)】：放弃前面的操作。

(4)实例应用

实例：利用复制命令，按照图中给定点的位置进行复制，如图 5－27 所示。

操作步骤：

第一步：调用复制命令。

第二步：选择要复制的对象，指定复制的基点和端点即可。

镜　像

5.10　镜　像

使用镜像命令可以将当前选定的对象在平面上进行对称。像我们生活中站在镜前看到的自己一样，图形和文本都可以镜像，如图 5－28 所示。

(1)调用方法

菜单法：单击“修改”→“镜像”菜单。

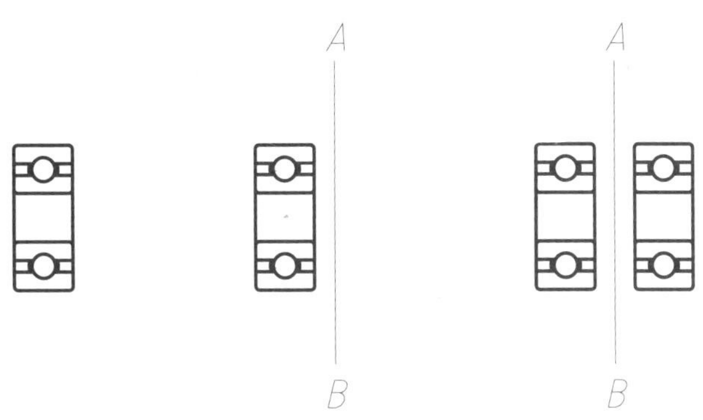

图 5-28　图形关于 *AB* 直线做镜像

命令按钮法：单击“修改”工具栏→ (镜像)按钮。

键盘输入法：输入 mirror 或 MI。

(2)命令及提示

命令: mirror

选择对象: 指定对角点: 找到 1 个　　　　　　　　//选择要镜像的对象

选择对象:　　　　　　　　　　　　　　　　　　//对所选择的对象按回车键确认

指定镜像线的第一点: 指定镜像线的第二点:　　　//指定镜像的镜面所在直线

要删除源对象吗? [是(Y)/否(N)] <N> :　　　　　//选择是否删除源对象

(3)参数说明

【选择对象】：用鼠标点选或框选要镜像的对象，按回车键确认。

【指定镜像线】：指定镜像镜面所在直线。

【是否删除源对象】：选择是，则删除源对象，保留镜像后的图形；选择否，保留源对象和镜像后的图形。

当镜像的对象中含有文本时，系统变量 mirrtext=1 时，文本关于对称面为镜面对称图形，当 mirrtext=0 时，文本内容不做镜像，只是源文本与镜像后的文本到镜面的距离相等。

(4)实例应用

实例：按照如图 5-29 所示，设置 mirrtext 数值对图形进行镜像。

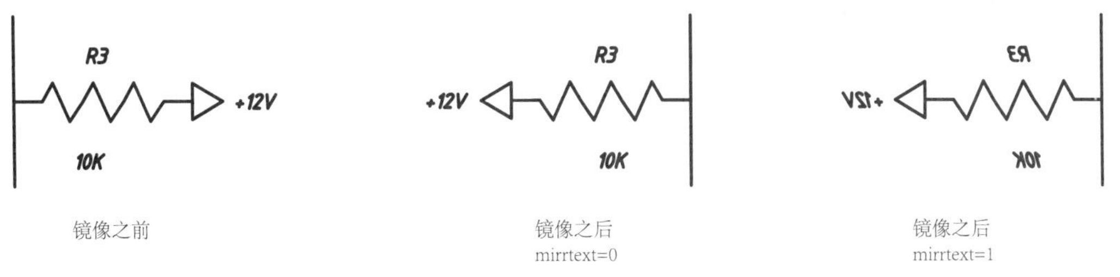

图 5-29　镜像实例应用

操作步骤：

第一步：调用镜像命令。

第二步：选择镜像的对象，确定镜像的对称点，确认是否删除源对象后回车即可。

移 动

5.11 移 动

移动命令可改变所选定对象的位置。移动时，利用坐标、栅格捕捉、对象捕捉和其他工具可以精确移动对象，如图 5－30 所示。

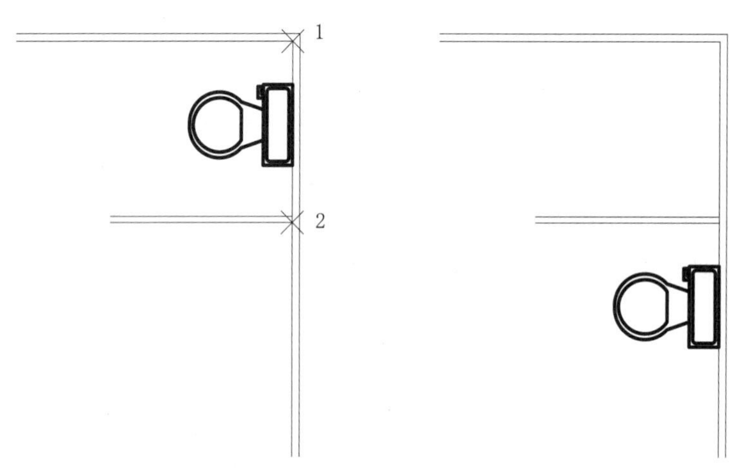

图 5－30 移动对象

(1)调用方法

菜单法：单击“修改”→“移动”菜单。

命令按钮法：单击“修改”工具栏→ (移动)按钮。

键盘输入法：输入 move 或 M。

(2)命令及提示

命令: move

选择对象: 指定对角点: 找到 1 个 //选择对象

选择对象: //选择完毕,按回车键确认

指定基点或 [位移(D)] <位移> : 指定第二个点或<使用第一个点作为位移> :

//指定位移

(3)参数说明

【选择对象】：选择要移动的对象。

【基点】：指定移动的起点。

【第二点】：结合使用第一个点来指定一个矢量，以指明选定对象要移动的距离和方向。

【位移(D)】：指定相对距离和方向。指定的两点定义一个矢量，指示复制对象的放置离原位置有多远以及以哪个方向放置。

(4)实例应用

实例：如图 5－30 所示，将左图通过移动操作，变成右图所示。

操作步骤：

第一步：调用移动命令。

第二步：从左向右将所有的对象拉框选定。

第三步：指定移动的基点为图中点 1 的位置，终点为点 2 的位置即可。

【任务实施】

任务：绘制圆角沙发与茶几(图 5－31、图 5－32)

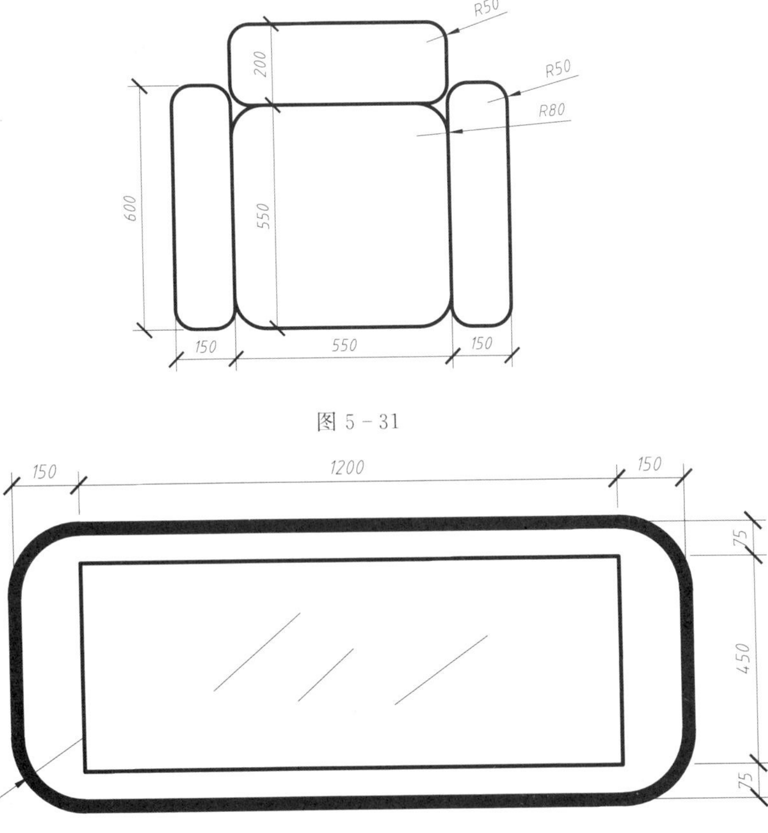

图 5－31

茶几外边框线宽为30

图 5－32

1. 绘制沙发

第一步：绘制沙发座。

调用矩形命令，设置圆角半径为 80 mm，单击鼠标确定矩形第一个角点后，按照尺寸的方法绘制该沙发座，如图 5－33 所示。

第二步：绘制两侧扶手圆角矩形。

调用矩形命令，设置矩形圆角半径为 50 mm，调用偏移捕捉命令捕捉沙发座左下角的角点 A(图 5－35)，绘制左侧沙发扶手，而后调用镜像命令，以沙发座中线为镜面绘制右侧沙发扶手，如图 5－34 所示。

第三步：绘制靠背圆角矩形，如图 5－35 所示。

调用矩形命令，设置矩形圆角半径为 50 mm，调用偏移捕捉命令捕捉沙发座左上角的角点 B（图 5－35），绘制沙发靠背矩形。

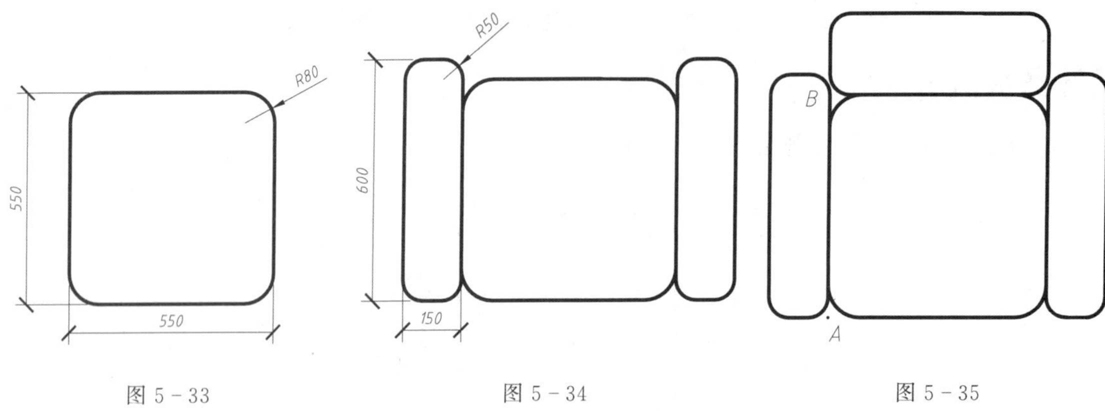

图 5－33　　图 5－34　　图 5－35

2. 绘制茶几

第一步：绘制茶几外侧造型。

调用矩形命令，设置矩形线宽为 30 mm，设置矩形圆角半径为 150 mm，以任意点为起点，用尺寸法绘制边长为 1500 mm×600 mm 的矩形。

第二步：绘制茶几中间造型线。

调用矩形命令，设置矩形线宽为 0，设置圆角半径为 0。调用偏移捕捉命令捕捉茶几内部矩形的左上角点坐标，用尺寸法绘制即可。

【任务巩固与提高】

一、单选题

1. 下面（　　）命令用于把对象从它们的当前位置移至新位置，且不改变对象的尺寸和方位。

A. array　　B. copy　　C. move　　D. rotatr

2. 在 AutoCAD 中，圆弧快捷键是（　　）。

A. tr　　B. a　　C. rec　　D. pl

3. 在 AutoCAD 中，绘制圆的直径按（　　）键。

A. b　　B. w　　C. p　　D. D

4. 在 AutoCAD 中，绘制弧形的快捷键是（　　）。

A. D　　B. I　　C. A　　D. K

5. 在 AutoCAD 中，用 line 命令画出一个矩形，该矩形中有（　　）个图元实体。

A. 1　　B. 4　　C. 5　　D. 不确定

6. 在 AutoCAD 中，用 polygon 命令画成一个正六边形，它包含（　　）个图元。

A. 1　　B. 6　　C. 2　　D. 不确定

7. 默认状态下圆弧为(　　)绘制。

A. 逆时针方向　　B. 顺时针方向　　C. 参照圆心　　D. 参照半径

8. 用两点法绘制圆时，两点之间的距离等于(　　)。

A. 直径　　B. 半径　　C. 周长　　D. 圆周

二、思考题

1. 根据起点、端点、半径如何绘制大半个圆弧？
2. 可以按指定长度将对象等分吗？哪段与指定长度不符？
3. 可以控制点的显示样式和大小吗？
4. 绘制矩形时可以设置哪些参数？
5. 哪些命令可以复制对象？
6. 哪些命令可以修改对象？

三、绘图题

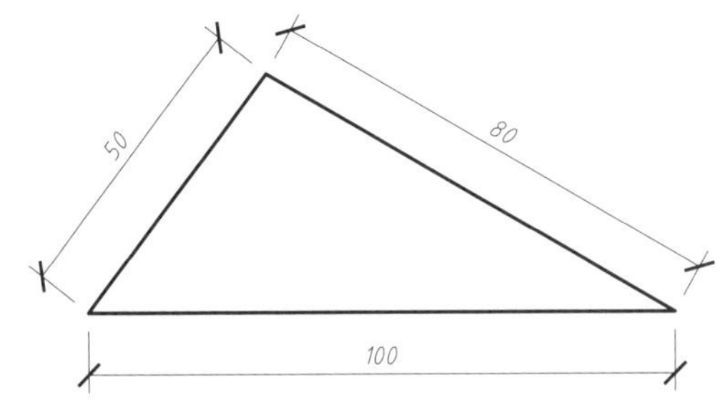

图 5-36

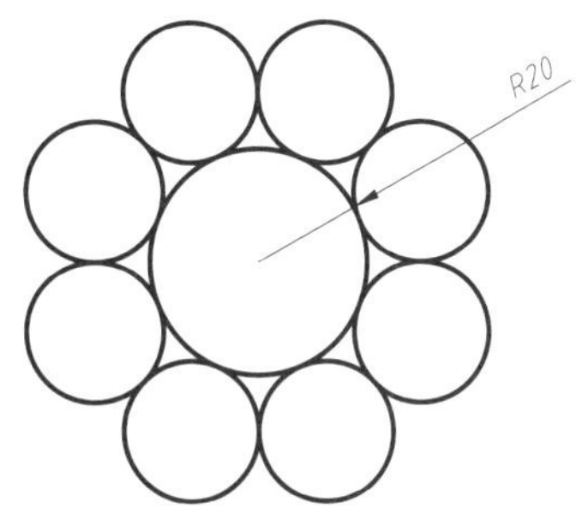

图 5-37

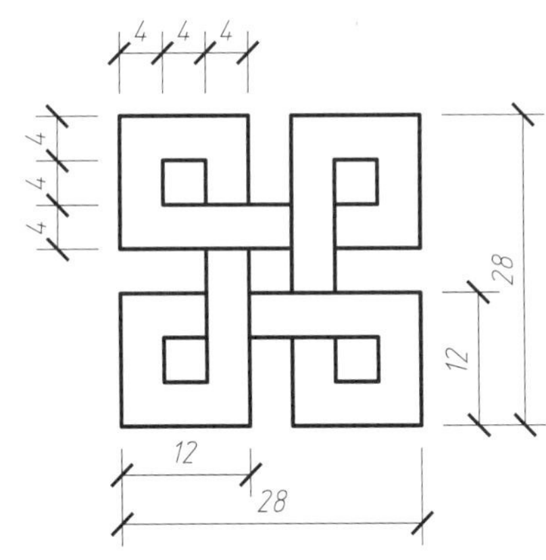

图 5-38

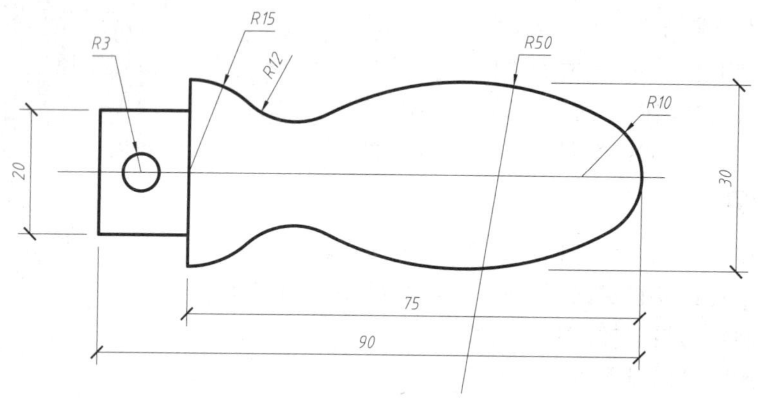

图 5 - 39

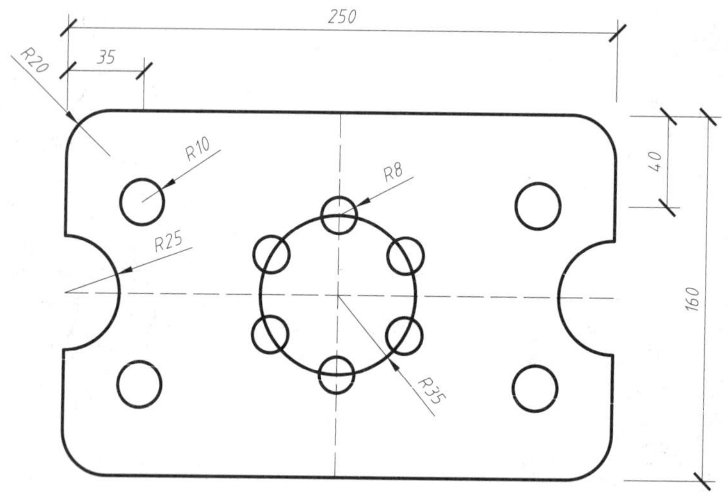

图 5 - 40

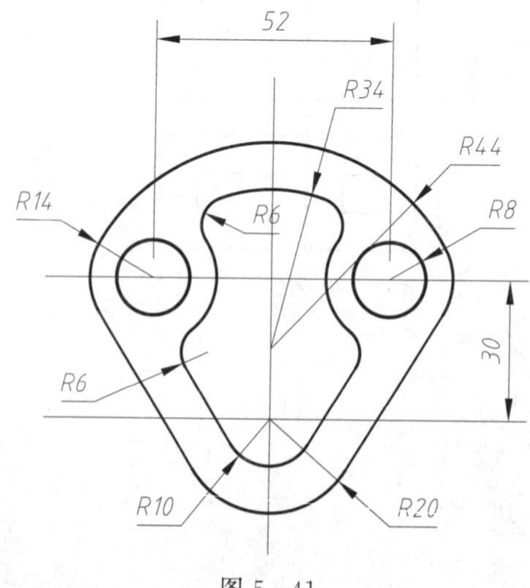

图 5 - 41

6 客厅 TV 墙立面图的绘制

【任务描述】

AutoCAD 2014 中除了有一些简单的绘图命令可以绘制基本的图形外，还设置了一些编辑命令，帮助我们快速绘制出一些简单绘图命令完成不了的图形。本任务将以复杂图形的绘制为例，对这些命令进行应用，体验 AutoCAD 2014 软件辅助绘图的快速性与准确性。

【任务目标】

灵活应用样条曲线、云线等绘图命令和旋转、偏移、阵列等编辑命令绘制并编辑图形。

【任务评价】

客厅 TV 墙立面图在绘制时需要灵活运用编辑命令对图形进行绘制，本任务以具体图形的绘制为切入点，对编辑命令进行应用。在学习过程中，我们应该灵活使用多种方法，并选择最适合的方法绘制图形。

【知识链接及操作】

样条曲线

6.1 样条曲线

利用样条曲线可以绘制一些不规则的曲线，只要给定一组点，让这条曲线经过或靠近这些拟合点或控制框的顶点，即可形成一条光滑的曲线，这就是样条曲线。

在 AutoCAD 2014 中分为样条曲线拟合和样条曲线控制点，它们是定义样条曲线的两种不同的方式。一般在默认情况下，用拟合方式定义时，拟合点与样条曲线重合，如图 6-1 中的左图所示；用控制点方式定义时，控制点会定义出控制框，控制框会用一种简便快捷的方式去定义样条曲线的形状，如图 6-1 中的右图所示。

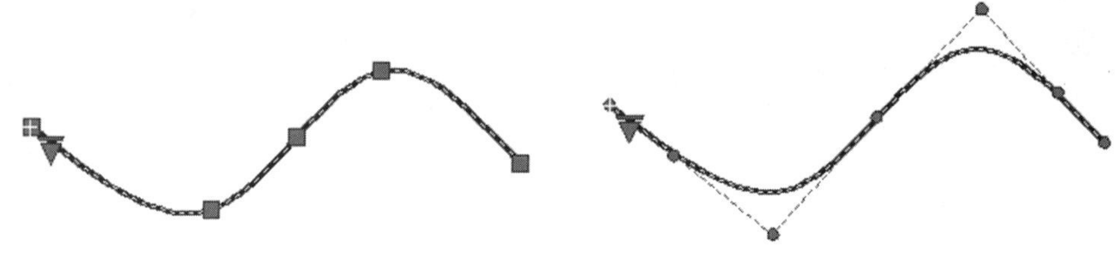

图 6-1 样条曲线拟合与控制点

(1)调用方法

① 样条曲线拟合点

菜单法：单击“绘图”→“样条曲线”→“拟合点”菜单。

命令按钮法：单击“绘图”工具栏→(样条曲线拟合)按钮。

键盘输入法：输入 spline 或 SPL。

② 样条曲线控制点

菜单法：单击“绘图”→“样条曲线”→“控制点”菜单。

命令按钮法：单击“绘图”工具栏→(样条曲线控制)按钮。

键盘输入法：输入 spline 或 SPL。

(2)命令及提示

① 样条曲线拟合

命令: spline

当前设置: 方式= 拟合 节点= 弦

指定第一个点或 [方式(M)/节点(K)/对象(O)]:

输入下一个点或 [起点切向(T)/公差(L)]:

输入下一个点或 [端点相切(T)/公差(L)/放弃(U)]:

输入下一个点或 [端点相切(T)/公差(L)/放弃(U)/闭合(C)]:

② 样条曲线控制点

命令: spline

当前设置: 方式= 控制点　阶数= 3

指定第一个点或 [方式(M)/阶数(D)/对象(O)]:

输入下一个点:

输入下一个点或 [放弃(U)]:

输入下一个点或 [闭合(C)/放弃(U)]:

(3)参数说明

执行 spline 命令后，层层递进的命令行会有嵌套的提示，各提示参数说明如下：

【节点(K)】：它是一种计算方法，用来确定样条曲线中连续拟合点之间的零部件，使样条曲线如何过渡。

【阶数(D)】：设置生成样条曲线的多阶式阶数。

【方式(M)】：用来选择用拟合还是控制点定义样条曲线。

【对象(O)】：将二维或三维的二次或三次样条曲线拟合多段线转换成等效的样条曲线。

【指定第一点】：确定曲线第一点的位置，是拟合点还是控制点，要看当前选择的方式。

【指定下一点】：创建曲线上其他点及其他样条曲线。

【拟合公差】：用于控制样条曲线到拟合点的距离。

【起点切向】：指定样条曲线起点的切向。

【端点切向】：指定样条曲线端点的切向。

【放弃(U)】：删除最后一个指定点。

【闭合(C)】：将端点与起点连接起来，形成一条闭合的样条曲线。

(4)实例应用

实例：用样条曲线命令完成如图 6－2 所示的绘制。

实例分析：本实例只需要一步即可完成，启动样条曲线命令后，按照命令提示一步一步完成即可。

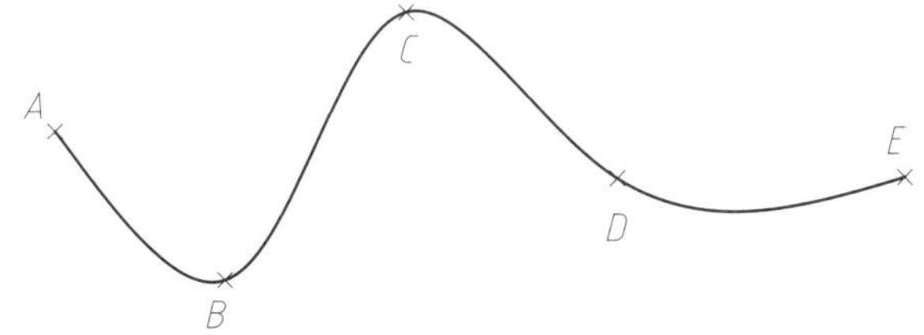

图 6－2　样条曲线

操作步骤：

调用样条曲线命令，按照 *ABCDE* 的顺序依次点击，形成曲线轨迹。

云 线

6.2 云 线

常利用云线来绘制一些树状或云状的物体，在建筑制图中，园林专业的学生在绘制景观图中的花草树木等用得较多，在建筑装饰中也常用来绘制艺术造型或绘制云彩。

(1)调用方法

菜单法：单击“绘图”→“修订云线”菜单。

命令按钮法：单击“绘图”工具栏→（修订云线）按钮。

键盘输入法：输入 revcloud。

(2)命令及提示

命令：revcloud

指定起点或[弧长(A)对象(O)样式(S)]<对象> ：

(3)参数说明

【弧长(A)】：最小和最大圆弧长度的默认值为 0.5000，最大弧长不能大于最小弧长的三倍。

【对象(O)】：指定要转换为云线的对象，转变后可以选择是否将其反转。

【样式(S)】：指定修订云线的样式，用于选择云线图形对象为手绘还是普通。

(4)实例应用

实例：绘制如图 6－3 所示的云线。

图 6－3　云线实例应用

操作步骤：

调用绘制云线命令，设置弧长，在屏幕上按照图 6－3 所示轨迹移动鼠标，最后将首尾点闭合即可。

旋 转

6.3 旋 转

在 AutoCAD 软件中，不论是图形对象，还是文字、标注等，都可以进行旋转的编辑。AutoCAD 软件中的旋转，是指绕基点旋转对象的意思。

(1)调用方法

菜单法：单击“修改”→“旋转”菜单。

命令按钮法：单击“修改”工具栏→（旋转）按钮。

键盘输入法：输入 rotate 或 RO。

(2)命令及提示

命令：rotate

选择对象： //选择要旋转的对象
指定基点： //确定以哪个基点开始旋转
指定旋转角度,或[复制(C)参照(R)]<0> ： //输入绝对旋转角度

(3)参数说明

【复制(C)】：将要旋转的对象复制一份出来，在复制的对象上旋转，源对象保留原状。

【参照(R)】：将要旋转的对象从指定的角度旋转到新的绝对角度。

【旋转角度】：这里的旋转角度有正负之分，如果输入的角度为正值，对象按照逆时针方向旋转；如果输入的角度为负值，对象按照顺时针的方向旋转。

(4)实例应用

实例：将如图 6－4 所示的餐桌由左图中的方向变为右图中的方向。

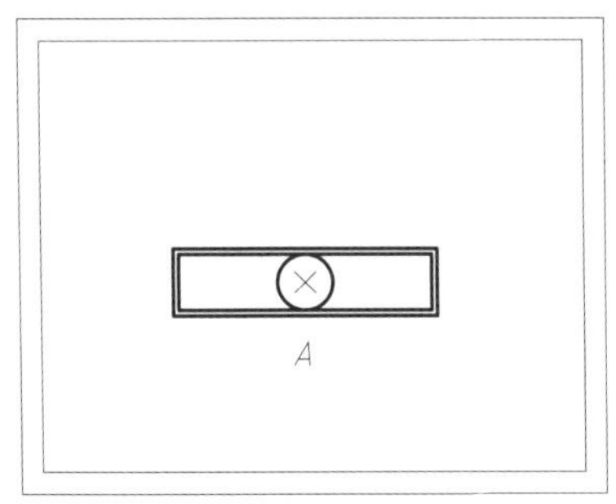

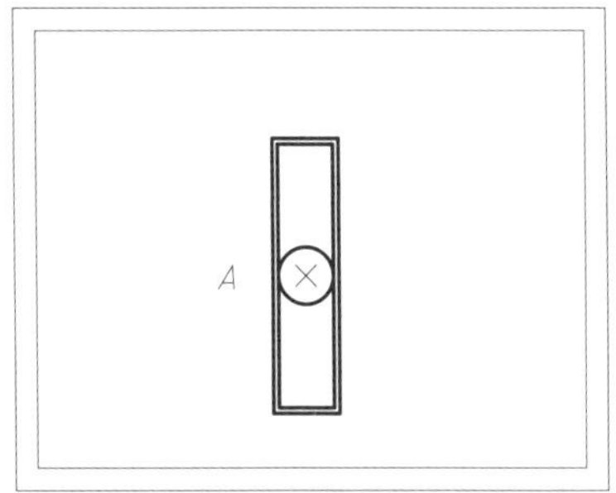

图 6－4　变换餐桌的方向

操作步骤：

第一步：调用旋转命令。

第二步：选择要旋转的对象——餐桌。

第三步：指定旋转的基点 A 点，并输入旋转的角度 90°即可。

6.4　偏　移

偏　移

在建筑工程制图过程中，当我们看到出现位置不同但形状相同或相似的对象时，就可以使用偏移命令了。偏移是一种特殊的复制种类，它是把相同的图形对象(线、曲线、圆弧或圆)做一定距离的平行复制或同心复制，从而得到一个新对象。

(1)调用方法

菜单法：单击"修改"→"偏移"菜单。

命令按钮法：单击"修改"工具栏→(偏移)按钮。

键盘输入法：输入 offset 或 O。

(2)命令及提示

命令：offset

指定偏移距离或[通过(T)/删除(E)/图层(L)]<通过> ：

指定要偏移的对象,或[退出(E)/放弃(U)]<退出>：

指定要偏移的那一侧上的点,或[退出(E)/多个(M)/放弃(U)]<退出>：

(3)参数说明

【通过(T)】：创建通过指定点的对象。

【删除(E)】：偏移得到新对象后，将源对象去除。

【图层(L)】：选择要把偏移后的新对象放在源对象所在的图层上还是当前图层上。

【退出(E)】：结束 offset 命令。

【放弃(U)】：放弃当前的偏移操作，恢复到前一个偏移。

【多个(M)】：选择了多个偏移方式后，将按当前的偏移距离多次重复进行偏移操作。

(4)实例应用

实例：如图 6－5 所示，用偏移命令将左图修改为右图的样子。

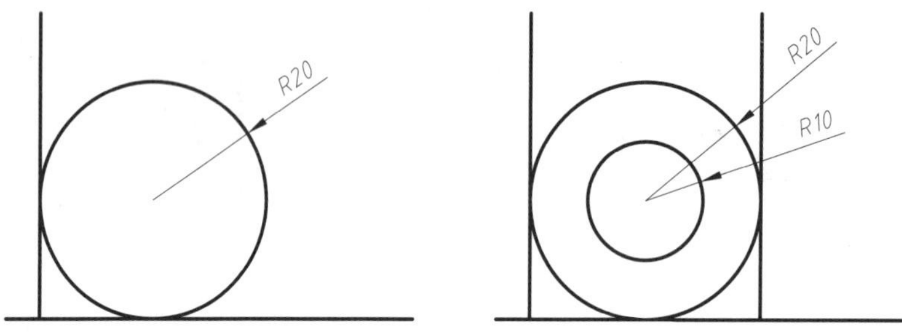

图 6－5　偏移实例应用

操作步骤：

第一步：将图中的直线从圆的左侧用偏移命令偏移到圆的右侧，偏移的距离刚好是圆的直径的长度 40。

第二步：将半径为 20 的圆向内偏移出一个半径为 10 的圆，用偏移命令做同心复制的时候，两圆的半径差即为它们之间的偏移距离。

阵　列

6.5　阵　列

在绘制图形的过程中，经常有一些图形将同一图形元素按照一定的顺序排列，这种情况我们就可以使用阵列命令对其进行操作。阵列可以实现对图形的快速复制。

在低版本 AutoCAD 软件中，调用阵列命令后就可弹出窗口进行编辑操作，如图 6－6 所示。但是，在 AutoCAD 2014 软件中，我们必须输入 arrayclassic，才能弹出该窗口。在 AutoCAD 2014 软件中，系统给出了矩形阵列、路径阵列、环形阵列三种阵列方式。矩形阵列是按行、列和标高的方式复制出图形元素的新组合方式；环形阵列是将图形元素围绕中心点或指定轴按旋转的方式复制后，均匀分布新图形；路径阵列是将复制后得到的新图形沿路径或部分路径均匀分布，如图 6－7 所示。

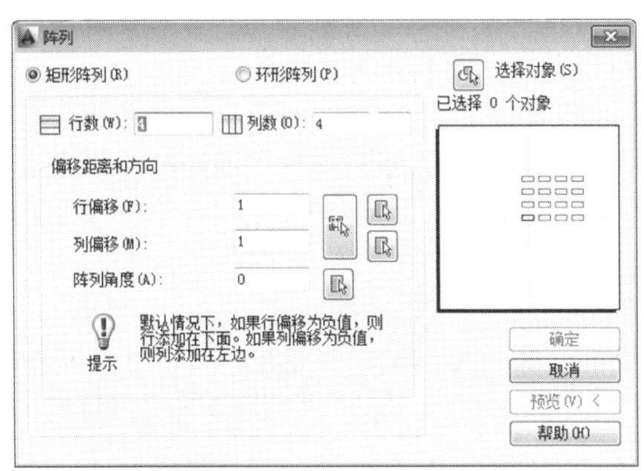

(a)矩形阵列

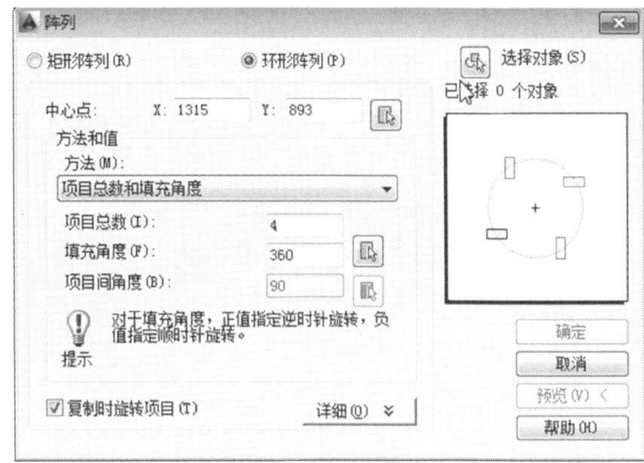

(b)环形阵列

图 6－6　低版本 AutoCAD 软件的阵列

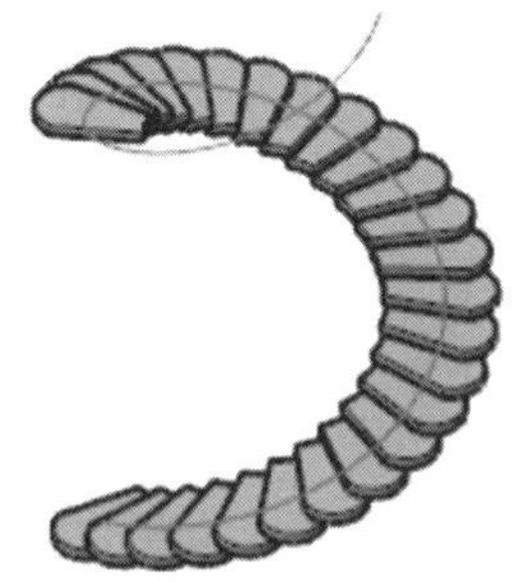

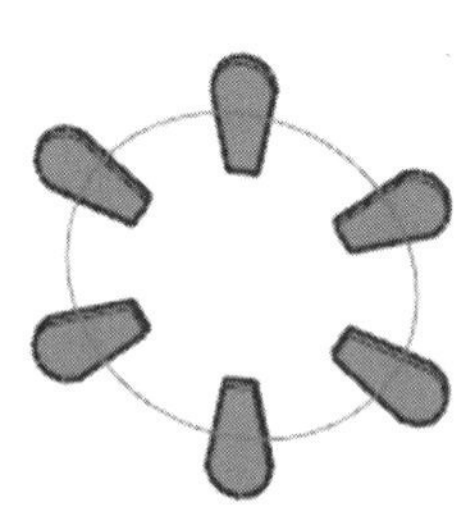

图 6－7　高版本 AutoCAD 软件的阵列效果

1. 矩形阵列

(1)调用方法

菜单法：单击“修改”菜单→“阵列”→“矩形阵列”。

命令按钮法：单击“修改”工具栏→（矩形阵列）按钮。

键盘输入法：输入 arrayrect。

(2)命令及提示

命令：arrayrect

选择夹点以编辑阵列或[关联(AS)/基点(B)/计数(COU)/间距(S)/列数(COL)/行数(R)/层数(L)/退出(X)]<退出>：

(3)参数说明

【关联(AS)】：指定阵列后的图形每个个体之间是关联的还是独立的。若选“是”，则阵列后的图形中每个个体之间有联系，对源对象进行特性编辑和修改时，其他复制后的个体也会随之发生改变；若选“否”，则新图形中的每个个体都是独立的，源对象的修改不会影响到其他个体。

【基点(B)】：指定阵列后得到的新对象以哪个基点放置。关键点只针对关联阵列，是指如果对阵列后得到的新图形的源对象进行编辑，则阵列后的新图形的基点与源对象的关键点重合。

【计数(COU)】：是一种比“行和列”选项更方便快捷的方法，它也能指定行数和列数，并使绘图者在移动光标时直接观察结果；表达式是基于数学公式或方程式导出值。

【间距(S)】：指定行间距和列间距，行间距是在竖直方向上相邻两个个体之间的间距，列间距是在水平方向上相邻两个个体之间的间距，单位单元是通过设置等同于间距的矩形区域的每个角点来同时指定行间距和列间距。

【列数(COL)】：编辑列的数量和列间距。

【行数(R)】：编辑行的数量和行间距。

【层数(L)】：在三维阵列中使用，指定阵列中的层数和层间距，层间距是指在 Z 坐标值中指定每个对象等效位置之间的差值。

【退出(X)】：退出阵列命令。

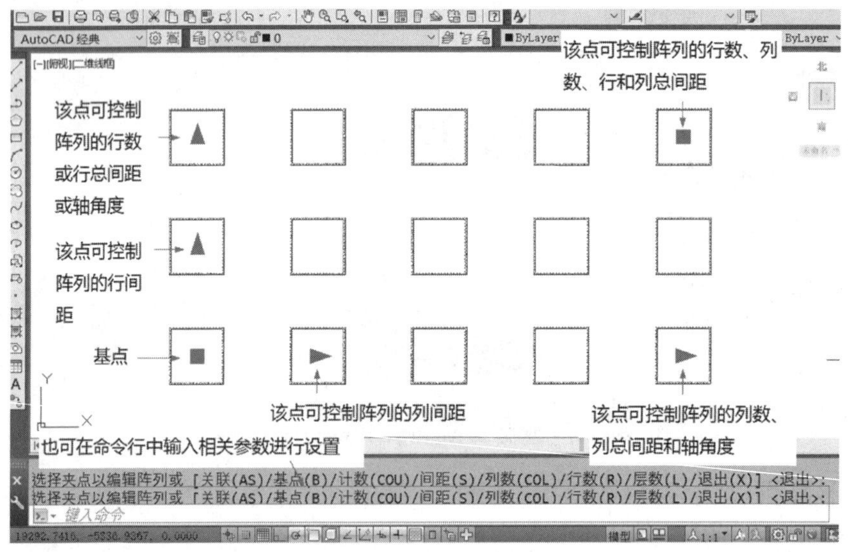

图 6-8　矩形阵列各夹点含义

(4)实例应用

实例：用矩形阵列命令完成如图 6-9 所示的绘制。

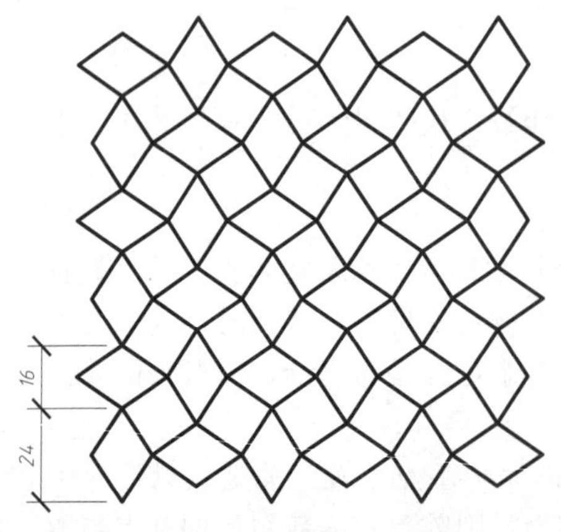

图 6-9　矩形阵列实例应用

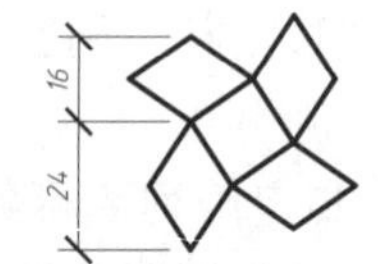

图 6-10　基本图元

操作步骤：

第一步：调用直线命令，绘制基本图元，如图 6－10 所示。

第二步：用矩形阵列命令完成 3 列 3 行图形的绘制，设置行偏移和列偏移均为 40 mm。

2. 环形阵列

(1)调用方法

菜单法：单击“修改”→“阵列”→“环形阵列”菜单(图 6－11)。

命令按钮法：单击“常用”选项卡→“修改”面板→ (环形阵列)按钮。

键盘输入法：输入 arraypolar。

(2)命令及提示

命令：arraypolar

指定阵列的中心点或[基点(B)/旋转轴(A)]:

选择夹点以编辑阵列或[关联(AS)/基点(B)/项目(I)/项目间角度(A)/填充角度(F)/行(ROW)/层(L)/旋转项目(ROT)/退出(X)]<退出> ：

(3)参数说明

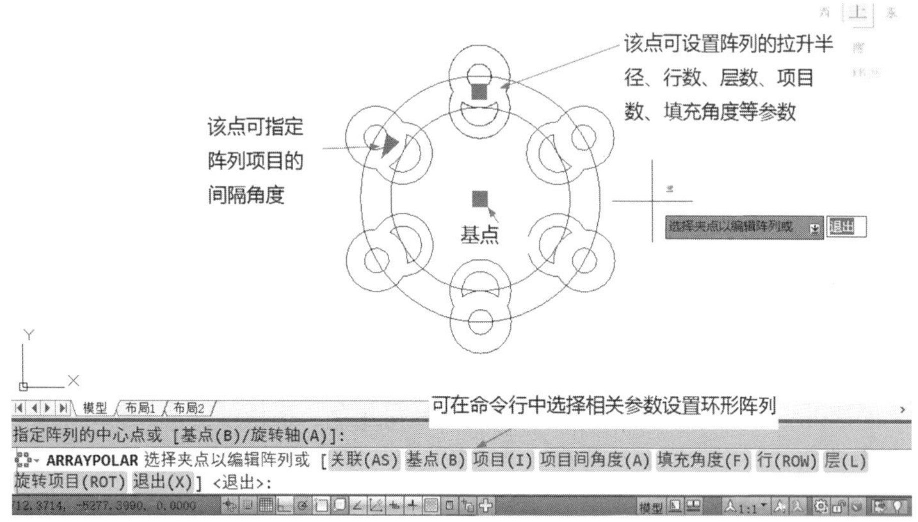

图 6－11 “环形阵列”对话框

【基点(B)】：指定阵列后得到的新对象以哪个基点放置。关键点只针对关联阵列，是指如果对阵列后得到的新图形的源对象进行编辑，则阵列后的新图形的基点与源对象的关键点重合。

【旋转轴(A)】：即阵列按照那两个指定点形成的轴线来旋转。

【关联(AS)】：指定阵列后的图形每个个体之间是关联的还是独立的。若选“是”，则阵列后的图形中每个个体之间有联系，对源对象进行特性编辑和修改时，其他复制后的个体也会随之发生改变；若选“否”，则新图形中的每个个体都是独立的，源对象的修改不会影响到其他个体。

【项目(I)】：指使用值或表达式来确定环形阵列后将源对象复制的数目。

【项目间角度(A)】：指使用值或者表达式来确定相邻项目之间的角度。

【填充角度(F)】：指使用值或者表达式来确定第一个项目和最后一个项目之间的角度。

【行(ROW)】：指定阵列中的行数，以及各行之间的距离和增高标量。

【层(L)】：在三维阵列中使用，指定阵列中的层数和层间距，层间距是指在Z坐标值中指定每个对象等效位置之间的差值。

【旋转项目(ROT)】：指用来控制阵列项目时，各个项目自身是否有旋转角度。

【退出(X)】：退出阵列命令。

(4)实例应用

实例：用环形阵列命令完成图6-12中酒店房间的布置，即将左图修改成右图的样子。

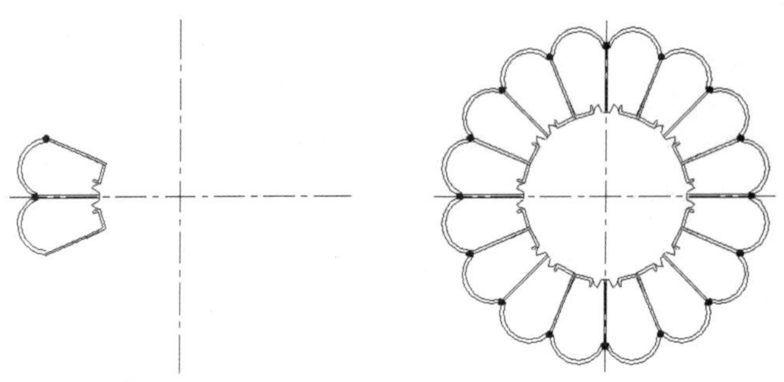

图6-12　酒店房间的布置

实例分析：我们以左图的图形作为源对象，用环形阵列命令即可得到右图。

操作步骤：

第一步：用基本绘图命令绘制出左图内容。

第二步：用环形阵列命令完成右图的绘制。

3. 路径阵列

在路径阵列中，项目将均匀地沿路径或部分路径分布。路径可以是直线、多段线、三维多段线、样条曲线、螺旋、圆弧、圆或椭圆，如图6-13所示。

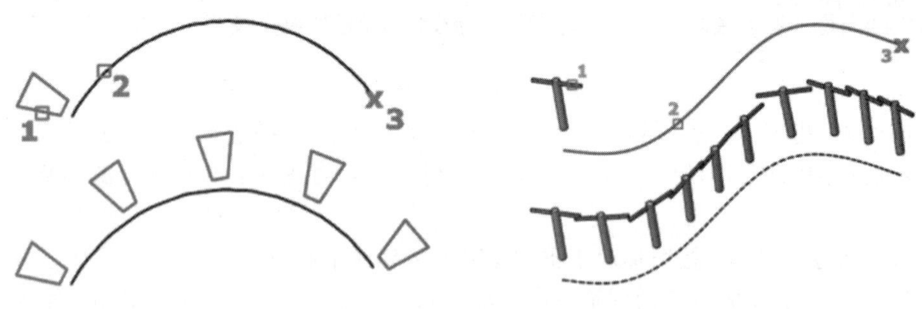

(a)二维路径阵列　　(b)三维路径阵列

图6-13　路径阵列

(1)调用方法

菜单法：单击“修改”菜单→“阵列”→“路径阵列”。

命令按钮法：单击"常用"选项卡→"修改"面板→（路径阵列）按钮。

键盘输入法：输入 arraypath。

(2)命令及提示

命令：arraypath

选择夹点以编辑阵列或[关联(AS)/方法(M)/基点(B)/切向(T)/项目(I)/行(R)/层(L)/对齐项目(A)/方向(Z)/退出(X)]<退出> ：

(3)参数说明

【关联(AS)】：含义和矩形阵列、环形阵列的一样，指定阵列后的图形每个个体之间是关联的还是独立的。如果选"是"，则阵列后的图形中每个个体之间有联系，对源对象进行特性编辑和修改时，其他复制后的个体也会随之发生改变；如果选"否"，则新图形中的每个个体都是独立的，源对象的修改不会影响到其他个体。

【方法(M)】：用来控制如何沿路径均匀分布项目，包括定距等分和定数等分两种方法，定距等分指沿指定的间隔距离均匀分布项目，定数等分指将指定数量的项目沿路径均匀分布。

【基点(B)】：用于指定在路径曲线的起点上放置项目的基点。

【切向(T)】：指路径阵列中的项目如何相对于路径的起始方向对齐。

【项目(I)】：指根据定数等分和定距等分两种方法的设置，指定项目数或项目之间的距离。在定数等分的方法下，指定的是项目数；在定距等分的方法下，指定的是项目之间的距离。

【行(R)】：指定阵列中的行数，以及各行之间的距离和增高标量。

【层(L)】：在三维阵列中使用，指定阵列中的层数和层间距，层间距是指在 Z 坐标值中指定每个对象等效位置之间的差值。

【对齐项目(A)】：指定是否相对于第一个项目的方向，每个项目都以路径的方向相切。如图 6-14 所示。

【方向(Z)】：在三维状态下，是否保持项目的原始 Z 方向。

【退出(X)】：退出阵列命令。

(4)实例应用

实例：绘制图 6-14 中的图形，并用路径阵列的方法对其进行阵列。

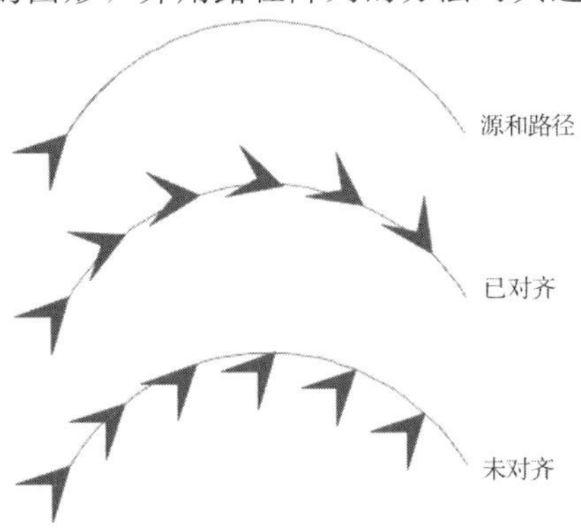

图 6-14　路径阵列中的对齐项目

操作步骤：

第一步：绘制源图形和路径。

第二步：将源图形存储成图块。

第三步：插入图块。插入的过程中，若选择对齐图块，则为图 6-14 中间图形所示；若选择不对齐图块，则为图 6-14 下方图形所示。

【任务实施】

任务：完成图 6-15 中的客厅 TV 墙立面图的绘制。

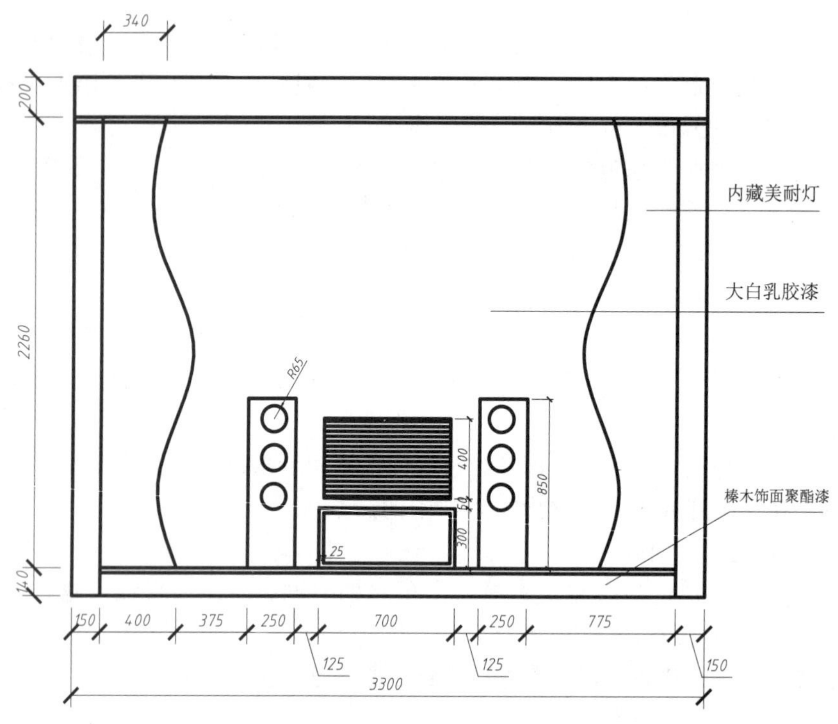

图 6-15　客厅 TV 墙立面图

任务分析：完成此任务，需要使用直线命令绘制一些直线做辅助，帮助我们找到客厅中电视墙的外框造型、曲线造型、音箱、电视机和电视柜的位置；需要使用直线命令绘制外框造型，用样条曲线命令绘制曲线造型，用矩形命令绘制音箱、电视机和电视柜，用圆命令绘制音箱中的喇叭。为了快速准确地完成其他直线辅助线的绘制，我们需要用到偏移命令；为了使两边的曲线造型对称，我们要用镜像命令；为了使电视柜的内边框造型与外围平行，我们要用偏移命令；为了能快速、准确地绘制出大小、距离相等的音响喇叭和电视机中的直线造型，我们要用阵列命令。

操作步骤：

第一步：用直线命令和偏移命令绘制所有辅助线，如图 6-16 所示。

第二步：用直线命令完成客厅电视墙的外框造型的绘制，如图 6-17 所示。

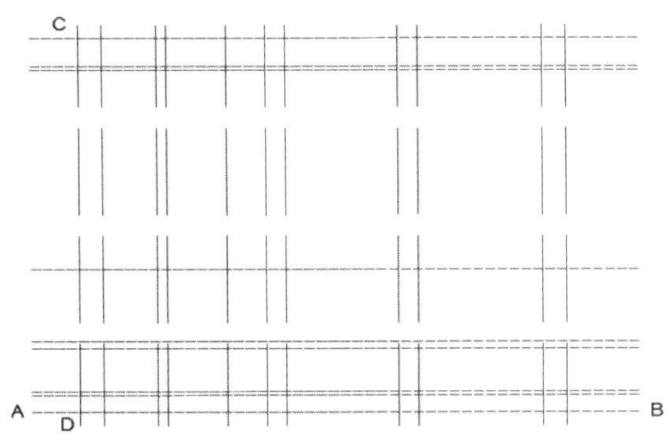

图 6-16 客厅 TV 墙立面图辅助线

图 6-17 客厅 TV 墙外侧造型

第三步：用样条曲线命令和镜像命令完成曲线造型，如图 6-18 所示。

第四步：用矩形命令完成音箱、电视机、电视柜的绘制，如图 6-19 所示。

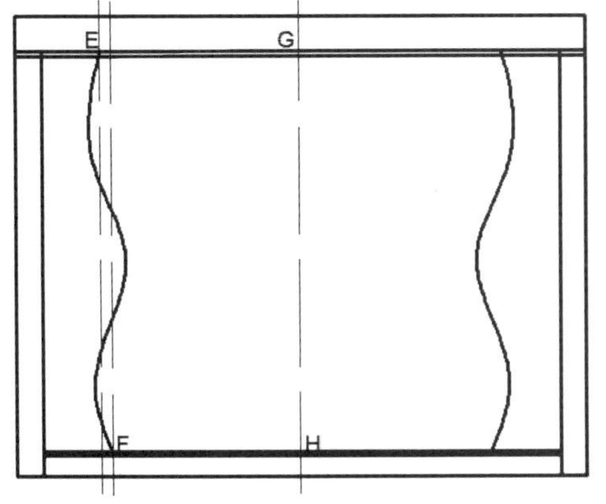

图 6-18 客厅 TV 墙曲线造型

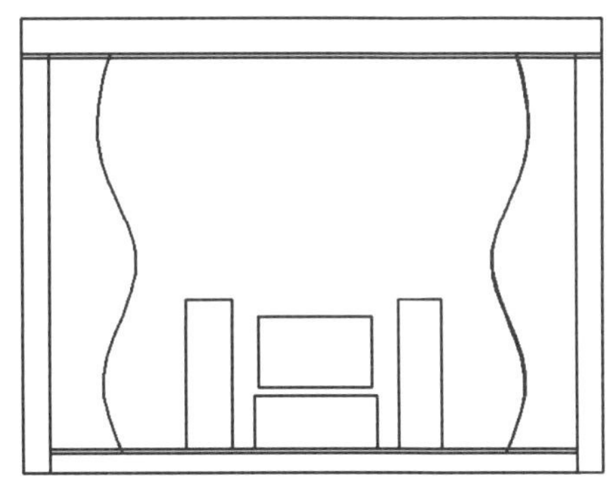

图 6-19 电视柜、电视机、音箱的绘制

第五步：用偏移命令完成电视柜内侧造型的绘制，如图 6-20 所示。

第六步：用矩形阵列命令完成电视机的直线造型，如图 6-21 所示。

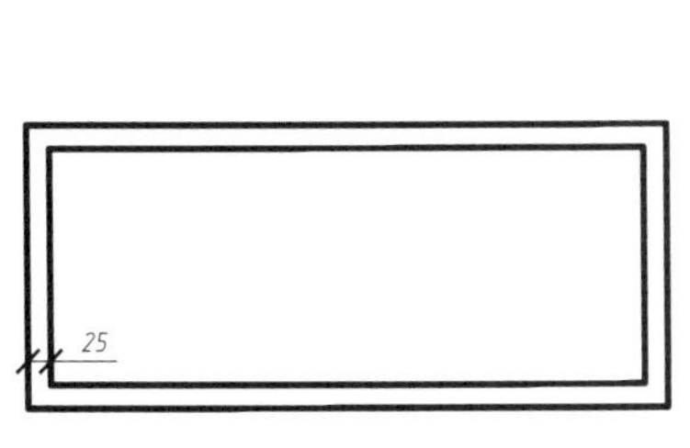

图 6-20 电视柜

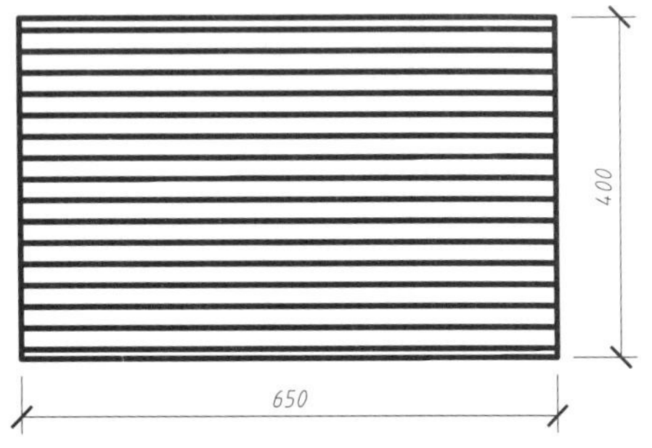

图 6-21 电视机

第七步：用圆命令完成音箱中一个喇叭的绘制，用矩形阵列命令和复制命令完成音箱中其他喇叭的复制，如图 6-22 所示。

图 6－22　喇　叭

【任务巩固与提高】

1. 绘制如图 6－23 所示的墙体展开图。

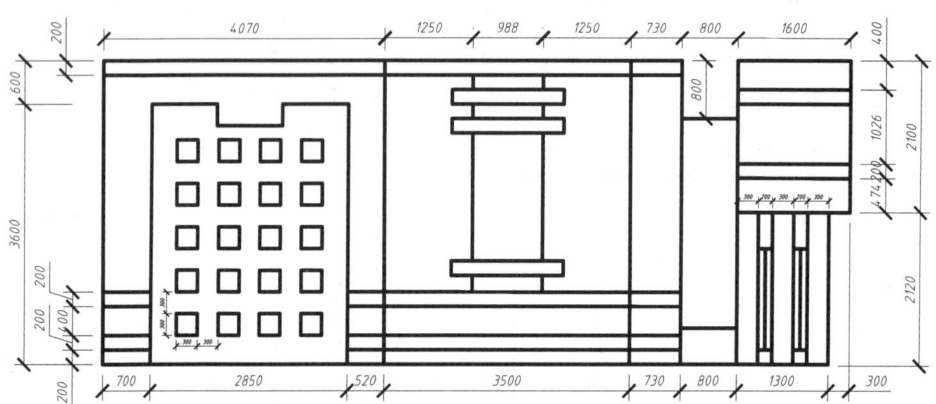

图 6－23

2. 绘制如图 6－24 所示的天花板平面图。

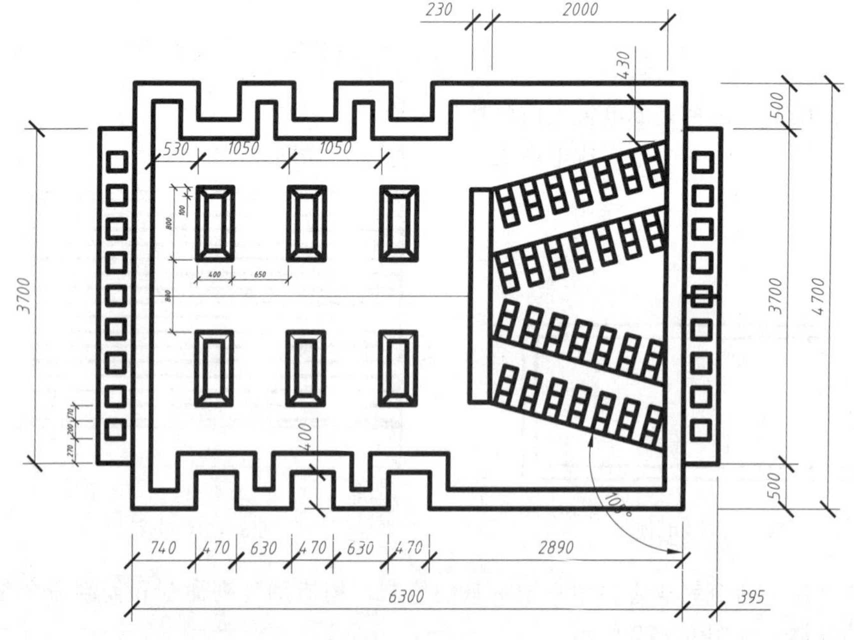

图 6－24

3. 绘制如图 6－25、图 6－26 所示的装饰图案。

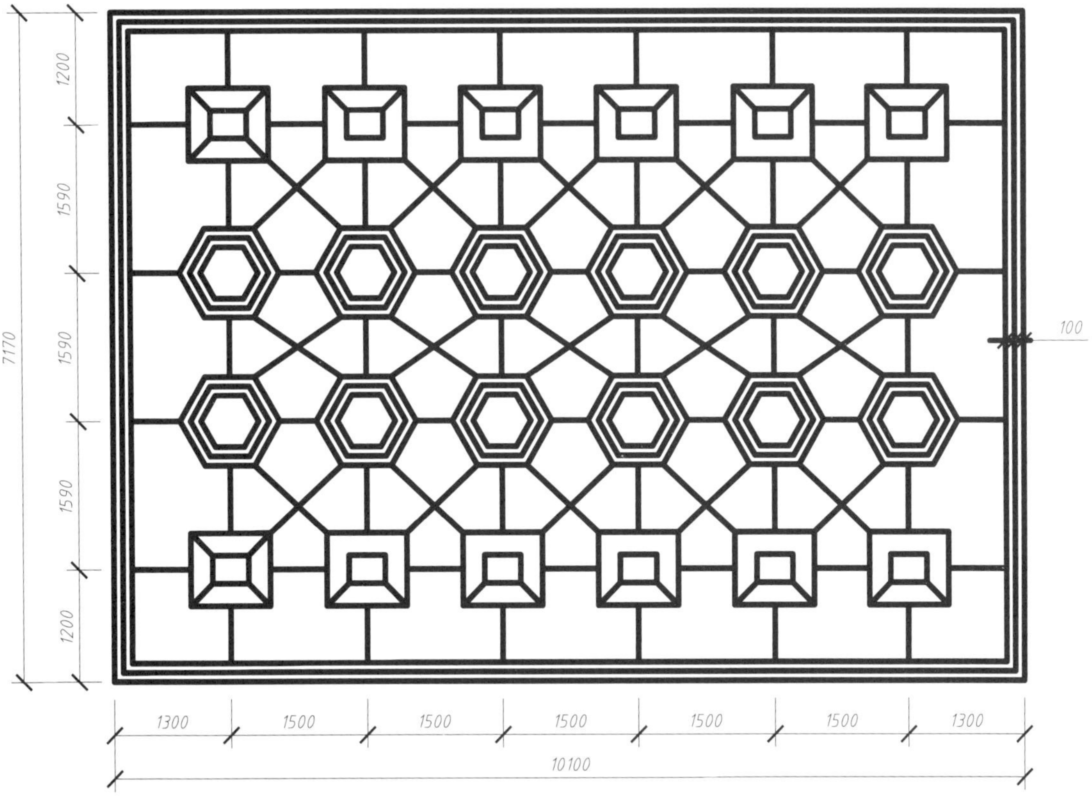

1200
1590
1590
1590
1200
7170
100
1300
1500
1500
1500
1500
1500
1300
10100

图 6－25

100
1100
880
240
780
240

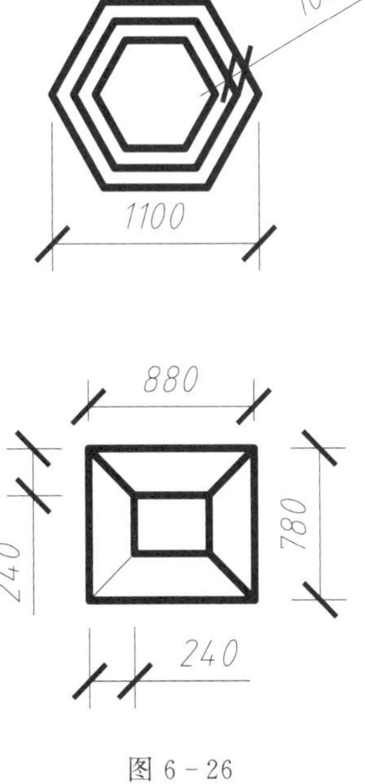

图 6－26

4. 绘制建筑立面图，如图 6 - 27 所示。

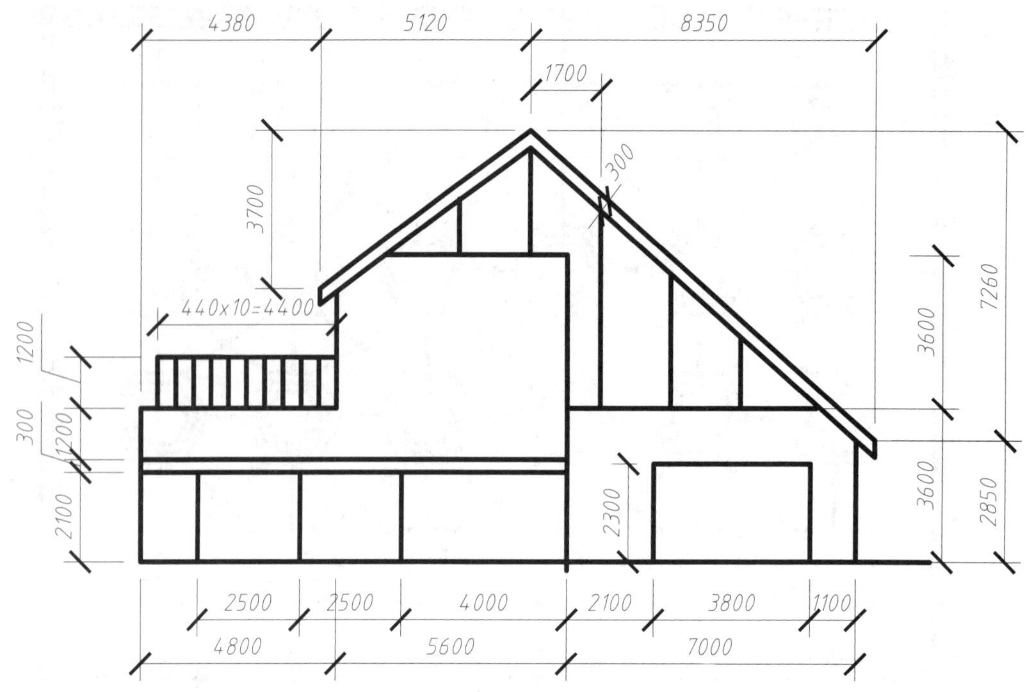

图 6 - 27

7 图例及复杂图形的绘制

【任务描述】

在建筑工程图中经常会见到一些用来表示设备或器具的图形，我们把它称为图例。本任务我们将以图例及复杂图形的绘制为切入点进行讲解，从而熟悉绘图命令的应用。

【任务目标】

能够使用多段线、拉长、拉伸、延伸、比例缩放、倒角、圆角、打断、打断于点等命令绘制各种图例和复杂图形。

【任务评价】

本任务继续介绍基本图形绘制过程中使用的绘图命令和编辑命令。在绘制同一个图例或复杂图形时，可使用多种绘图或编辑命令，且方法多样，希望大家能够灵活掌握。

【知识链接及操作】

多段线

7.1 多段线

前面学习过的直线或者曲线都是独立的、相等宽度的对象，而多段线是由直线和曲线灵活交替出现在一个对象中的图形对象，它们是一个整体。因此，当我们需要将具有线宽的直线和曲线组合在一起显示的时候，就可以使用多段线命令。

(1)调用方法

菜单法：单击“绘图”→“多段线”菜单。

命令按钮法：单击“绘图”工具栏→(多段线)按钮。

键盘输入法：输入 pline 或 PL。

(2)命令及提示

命令：pline

指定起点：

指定下一点或[圆弧(A)/半宽(H)/长度(L)/放弃(U)/宽度(W)]：

输入 A,选择绘制有宽度的圆弧

[角度(A)/圆心(CE)/方向(D)/半宽(H)/直线(L)/半径(R)/第二个点(S)/放弃(U)/宽度(W)]:

(3)参数说明

【圆弧(A)】：该选项用来绘制弧线段，输入 A 后，会进入绘制弧线段的提示。

【角度(A)】：指定圆弧段从起点开始的包含角。输入正数将按逆时针方向创建圆弧段，输入负数将按顺时针方向创建圆弧段。

【圆心(E)】：基于其圆心指定圆弧段。

【方向(D)】：指定圆弧段的切线。

【直线(L)】：从图形圆弧段切换到图形直线段。

【半径(R)】：指定圆弧段的半径。

【第二个点(S)】：指定三点圆弧的第二点和端点。

【长度(L)】：在与上一线段相同的角度方向上绘制指定长度的直线段。如果上一线段是圆弧，将绘制与该圆弧段相切的新直线段。

【半宽(H)】：指定多段线线段宽度的一半。

【放弃(U)】：删除最近一次添加到多段线上的圆弧段。

【宽度(W)】：指定下一圆弧段的宽度。

(4)实例应用

实例 1：绘制如图 7－1 所示的图形，线宽分别为 10 mm 和 0。

操作步骤：

第一步：绘制直线 AE，长度为 200 mm。

第二步：调用多段线命令，绘制圆弧，设置多段线起始线宽为 0，终止线宽为 10 mm，绘制 AB 段多段线。

第三步：用上述方法绘制多段线 AC、AD、AE(逆时针方向、顺时针方向)。

第四步：以 C 点为基点，将多段线 AB、AC、AD180°旋转复制，完成绘制。

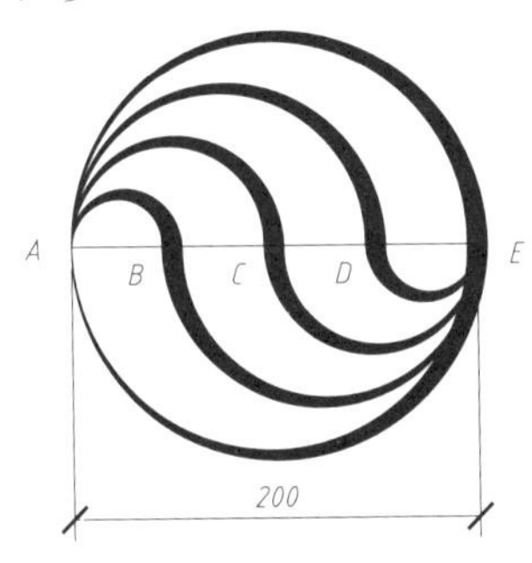

图 7-1　多段线绘制实例

图 7-2　双管荧光灯

实例 2：绘制双管荧光灯，线宽均为 1.5 mm，如图 7-2 所示。

操作步骤：

第一步：调用多段线命令，定任意点为起点，设置线宽为 1.5 mm。

第二步：绘制长度为 60 mm 的多段线。

第三步：偏移第二步绘制的多段线，偏移距离为 10 mm。

第四步：调用多段线命令绘制左右两边的辅助线，线宽同上，长度为 20 mm。

7.2 拉　长

拉　长

拉长命令用来更改对象的长度和圆弧的包含角。

(1)调用方法

菜单法：单击“修改”→“拉长”菜单。

键盘输入法：lengthen 或 LEN。

(2)命令及提示

命令：lengthen

选择对象或[增量(DE)/百分数(P)/全部(T)/动态(DY)]：

(3)参数说明

【增量(DE)】：为对象增加指定的增量长度，该增量从距离近的端点处开始测量。差值还以指定的增量修改圆弧的角度，该增量从距离选择点最近的端点处开始测量。正值扩展对象，负值修剪对象，如图 7-3 所示。

【百分数(P)】：通过指定对象总长度的百分数设定对象长度。

【全部(T)】：通过指定从固定端点测量的总长度的绝对值来设定选定对象的长度。“全部”选项也按照指定的总角度设置选定圆弧的包含角。

【动态(DY)】：打开动态拖动模式。通过拖动选定对象的端点之一来更改其长度。其他端点保持不变。

(4)实例应用

实例：用拉长命令将图 7－3 中的左图通过修改增量值变为右侧的两个图形。

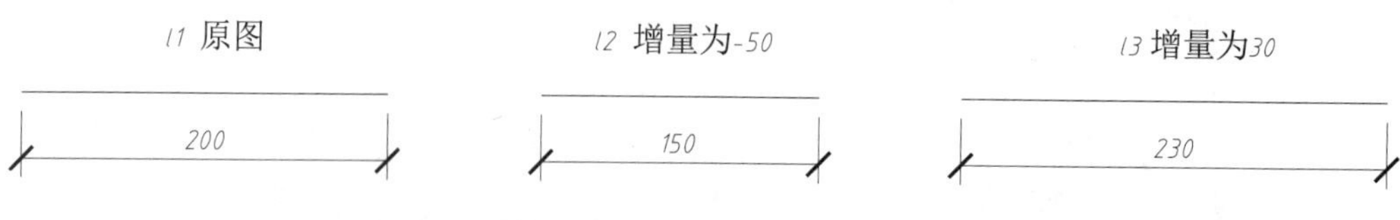

图 7－3 拉长命令实例应用

操作步骤：

第一步：绘制两条长度为 200 的线段。

第二步：调用拉长命令，选择拉长方式为“增量”，设置增量为－50，在需要增加的线段端点附近点击即可。

第三步：调用拉长命令，选择拉长方式为“增量”，设置增量为 30，在需要增加的线段端点附近点击即可。

拉 伸

7.3 拉 伸

拉伸命令可以将图形对象拉长或缩短一定的值。要想此命令成功实现自身的功能，一定要采用交叉选择对象的方式，否则无法对对象进行拉长或缩短的操作。

用交叉方式选择的对象，被选中的部分若和交叉选择的窗口相交则被拉伸或缩短，而在窗口内的对象将被移动。注意：椭圆、圆、块是无法拉伸的。

如图 7－4 所示，实线绘制的矩形为源对象，虚线为选择对象的窗口。当用户用交叉选择的方式选择了矩形后，上下边均与交叉选择的窗口相交，拉伸后的图形中上下边长会被拉长或缩短；而右边的边在交叉选择的窗口内，拉伸后则右边只会被移动，不会被拉长或缩短。

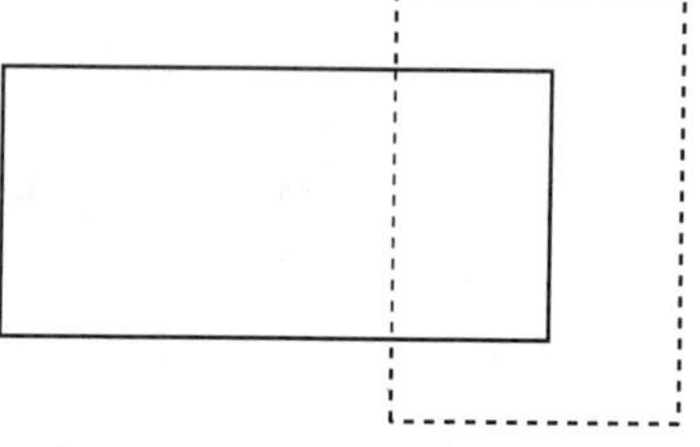

图 7－4 拉伸交叉选择解释图

(1)调用方法

菜单法：单击“修改”→“拉伸点”菜单。

命令按钮法：单击“修改”工具栏→ (拉伸)按钮。

键盘输入法：输入 stretch 或 STR。

(2)命令及提示

命令：stretch

选择对象：

指定基点或[位移(D)]<位移>：

指定第二个点或<使用第一个点作为位移> ：

(3)参数说明

【基点】：指定基点，将计算自该基点的拉伸的偏移。此基点可以位于拉伸的区域外部。

【第二个点】：指定第二个点，该点定义拉伸的距离和方向。从基点到此点的距离和方向将定义对象的选定部分拉伸的距离和方向。

【位移(D)】：指定拉伸的相对距离和方向。

(4)实例应用

实例：用拉伸命令将图7-5中的窗户右侧进行拉伸。

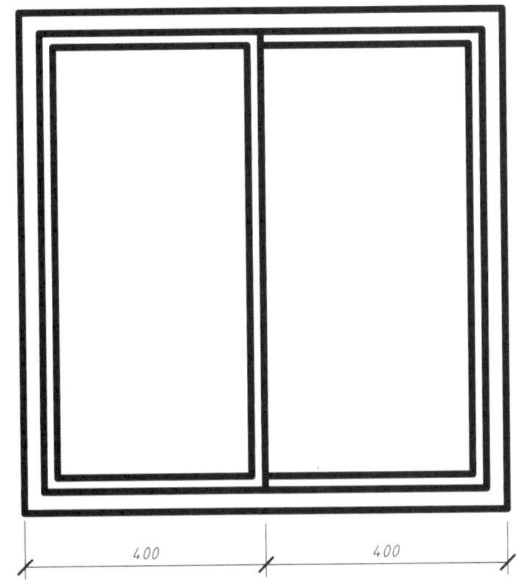

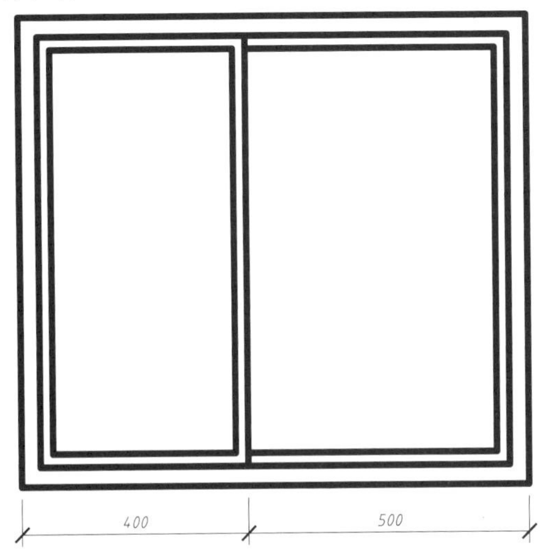

图7-5　拉伸实例应用

操作步骤：

第一步：调用拉伸命令。

第二步：从右向左拉框选择窗框右侧，输入拉伸的距离100即可。

7.4　延　伸

延伸命令可以将指定的图形对象延长到指定的边界上。在延伸图形对象时，要先选择边界，也称即将要延伸到的对象，然后按回车键确认，再选择要被延伸的对象。

(1)调用方法

菜单法：单击“修改”→“延伸”菜单。

命令按钮法：单击“修改”工具栏→--/(延伸)按钮。

键盘输入法：输入extend或EX。

(2)命令及提示

命令：extend

选择对象或<全部选择> :

[栏选(F)/窗交(C)/投影(P)/边(E)/放弃(U)]:

(3)参数说明

【栏选(F)】：选择与选择栏相交的所有对象。

【窗交(C)】：选择矩形区域(由两点确定)内部或与之相交的对象。

【投影(P)】：指定延伸对象时使用的投影方法。

【边(E)】：将对象延伸到另一个对象的隐含边，或仅延伸到三维空间中与其相交的对象。

【放弃(E)】：放弃最近由延伸命令所做的更改。

(4)实例应用

实例：用延伸命令将直线 A、直线 B 延伸到直线 C，如图 7－6 所示。

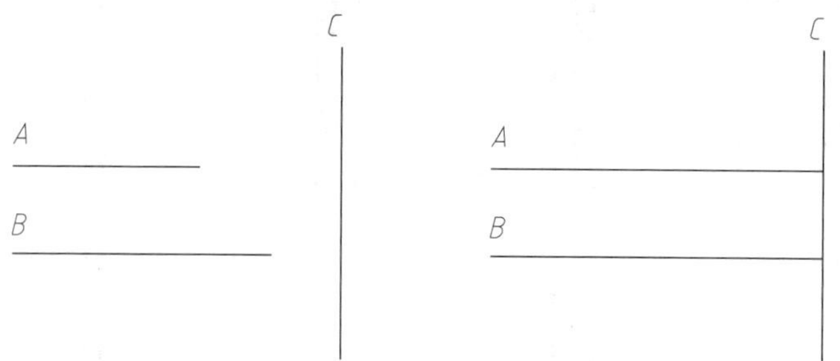

图 7－6　延伸实例应用

操作步骤：

第一步：调用延伸命令。

第二步：选择延伸到的对象。

第三步：选择需要延伸的对象。

注意：在使用延伸命令时，圆和矩形不能延伸，因为被延伸的对象必须是没有封闭的；射线可以往一个方向延伸，而构造线本身已向两边无限延伸，故不能再延伸；选择延伸对象时，应从靠近要延伸到的对象边界的那一端来选择延伸对象。

比例缩放

7.5　比例缩放

比例缩放用来放大或缩小图形对象，但缩放后的对象的高宽比仍然保持不变。

(1)调用方法

菜单法：单击“修改”→“缩放”菜单。

命令按钮法：单击“修改”工具栏→ (缩放)按钮。

键盘输入法：输入 scale 或 SC。

(2)命令及提示

命令:scale

选择对象：

指定基点：

指定比例因子或[复制(C)/参照(R)]:

(3)参数说明

【比例因子】：按指定的比例放大选定对象的尺寸，大于1的比例因子使对象放大，介于0和1之间的比例因子使对象缩小。比例因子可以为整数、分数或小数，或拖动光标使对象变大或变小。

【复制(C)】：创建要缩放的选定对象的副本。

【参照(R)】：按参照长度和指定的新长度缩放所选对象。

(4)实例应用

实例：用比例缩放命令将图7-7中的图形绘制出来。

操作步骤：

第一步：调用矩形命令，绘制长宽比为2∶1的矩形，例如长为50 mm，宽为25 mm。

第二步：调用三点画圆命令，绘制矩形的外接圆。

第三步：调用比例缩放命令，使用参数R方式，对原图进行缩放，设置缩放后的半径为35即可。

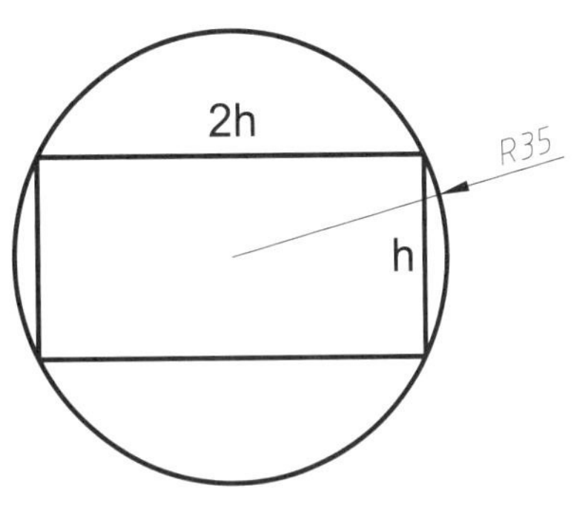

图7-7　比例缩放实例应用

7.6 倒　角

倒　角

倒角命令用于将两条非平行直线(包括直线、多段线、射线和构造线等)作出有倾斜的倒角。倒角命令也可以用于修剪和延伸所选对象。

(1)调用方法

菜单法：单击“修改”→“倒角”菜单。

命令按钮法：单击“修改”工具栏→(倒角)按钮。

键盘输入法：输入chamfer或CHA。

(2)命令及提示

命令：chamfer

选择第一条直线或[放弃(U)/多段线(P)/距离(D)/角度(A)/修剪(T)/方式(E)/多个(M)]:

选择第二条直线，或按住Shift键选择直线以应用角点或[距离(D)/角度(A)/方法(M)]:

(3)参数说明

执行倒角命令后，各参数提示如下：

【放弃(U)】：恢复在命令中执行的上一个操作。

【多段线(P)】：对整个二维多段线倒角，相交多段线线段在每个多段线顶点被倒角，倒角成为多段线的新线段；如多段线包含的线段过短以至于无法容纳倒角距离，则不对这些线段倒角。

【距离(D)】：设定倒角至选定边端点的距离，如果将两个距离均设定为零，chamfer 将延伸或修剪两条直线，以使它们终止于同一点。

【角度(A)】：用第一条线的倒角距离和第二条线的角度设定倒角距离。

【修剪(T)】：控制 chamfer 是否将选定的边修剪到倒角直线的端点。

【方式(E)】：控制 chamfer 使用两个距离还是一个距离和一个角度来创建倒角。

【多个(M)】：为多组对象的边倒角。

(4)实例应用

实例：将图 7－8 中的左图用倒角命令修改为右图的样子。

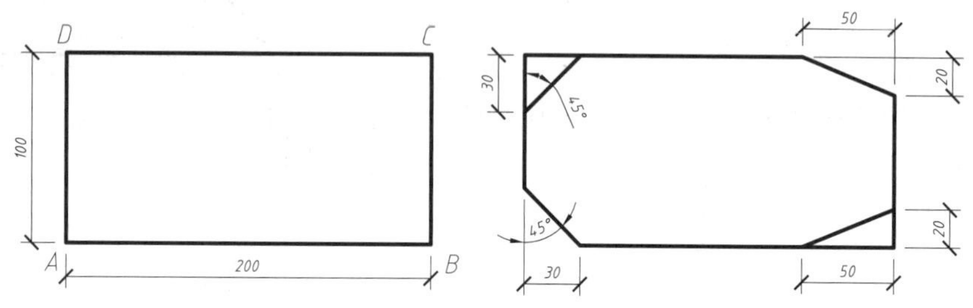

图 7－8　倒角实例应用

操作步骤：

第一步：绘制 200 mm×100 mm 的矩形。

第二步：调用倒角命令，按照距离方式倒角 B 和角 C，设置倒角距离分别为 20 mm 和 50 mm，按照倒角边的顺序点击边。其中角 B 的倒角模式为不修剪，角 C 的倒角模式为修剪。

第三步：调用倒角命令，按照角度方式倒角 A 和角 D，设置倒角距离为 30 mm，倒角角度为 45°，按照倒角边的顺序点击边。其中角 D 的倒角模式为不修剪，角 A 的倒角模式为修剪。

圆　角

7.7　圆　角

圆角命令用于将两条非平行直线(包括圆、椭圆、圆弧、椭圆弧、直线、多段线、射线、样条曲线和构造线等)作出圆角。

(1)调用方法

菜单法：单击“修改”→“圆角”菜单。

命令按钮法：单击“修改”工具栏→(圆角)按钮。

键盘输入法：输入 fillet 或 FIL。

(2)命令及提示

命令：fillet

选择第一个对象[放弃(U)/多段线(P)/半径(R)/修剪(T)/多个(M)]:

选择第二条直线,或按住 Shift 键选择对象角点或[半径(R)]:

(3)参数说明

【放弃(U)】：恢复在命令中执行的上一个操作。

【多段线(P)】：在二维多段线中两条直线段相交的每个顶点处插入圆角圆弧。还可以在指定此选项之前，通过选择多段线线段为开放多段线的端点创建圆角。

【半径(R)】：定义圆角圆弧的半径，输入的值将成为后续 fillet 命令的当前半径，修改此值并不影响现有的圆角圆弧。

【修剪(T)】：控制 fillet 是否将选定的边修剪到圆角圆弧的端点。

【多个(M)】：给多个对象添加圆角。

(4)实例应用

实例：将图 7-9 中的上图用圆角命令修改为下图的样子。

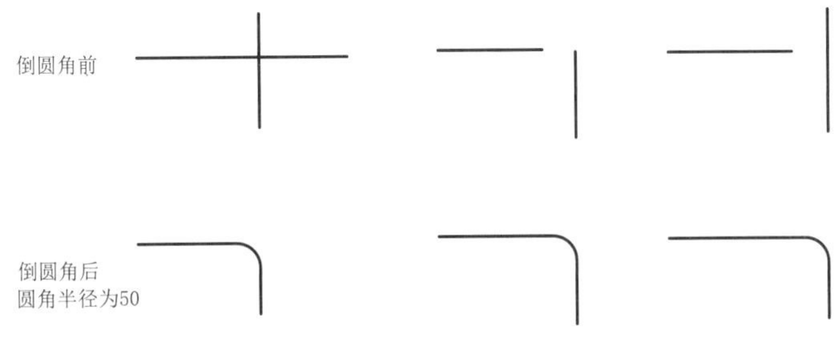

图 7-9　圆角实例

操作步骤：

第一步：调用倒圆角命令。

第二步：输入倒圆角半径。

第三步：在需要倒圆角的两条边附近点击即可。

7.8　打　断

打　断

打断是在两点之间打断选定对象，可以在对象上的两个指定点之间创建间隔，从而将对象打断为两个对象。如果这些点不在对象上，则会自动投影到该对象上。

(1)调用方法

菜单法：单击“修改”→“打断”菜单。

命令按钮法：单击“修改”工具栏→□(打断)按钮。

键盘输入法：输入 break 或 BR。

(2)命令及提示

命令:break

选择对象:

指定第二个打断点或[第一点(F)]:

(3)参数说明

【第一点(F)】：用指定的新点替换原来的第一个打断点。

【第二个打断点】：指定用于打断对象的第二个点。

【指定第二个打断点或第一个点】：指定第二个打断点或输入“f”指定第一个点。

(4)实例应用

实例：将图 7－10 中的左图用打断命令修改为右图的样子。

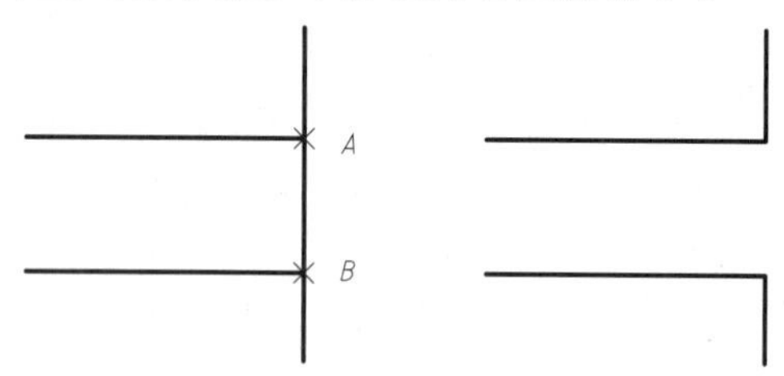

图 7－10　打断实例应用

操作步骤：

第一步：调用打断命令。

第二步：重新修改第一个打断点，输入“f”。

第三步：用鼠标点击选择两个打断点 A 和 B。

打断于点

7.9　打断于点

打断于点和打断的区别在于，打断可以将两点之间的部分减掉，将对象分为三分，将中间的部分去掉；而打断于点，只是将对象用一个点分开成两份，并不删除任何一部分。

(1)调用方法

命令按钮法：单击“修改”工具栏→(打断于点)按钮。

键盘输入法：输入 break 或 BR。

(2)命令及提示

命令:break

选择对象：

指定第一个打断点：

(3)实例应用

实例：将图 7－11 中的直线从中点开始分出两段。

图 7－11　打断于点实例应用

操作步骤：

第一步：调用打断于点命令。

第二步：点击需要打断的点的位置即可。

【任务实施】

任务 1：请绘制箭头，箭头的线宽分别为 10 mm、30 mm、0，如图 7－12 所示。

任务分析：该图为多段线绘制，需要分段设置多段线线宽。

操作步骤：

第一步：调用多段线命令，定任意点为起点，设置多段线起始线宽和终止线宽均为 10 mm，在水平向右方向上输入向量长度为 100 mm，回车。

第二步：再次定义多段线线宽，设置起始线宽为 30 mm，终止线宽为 0，在水平向右方向上输入向量长度 100 mm，回车。箭头绘制完毕。

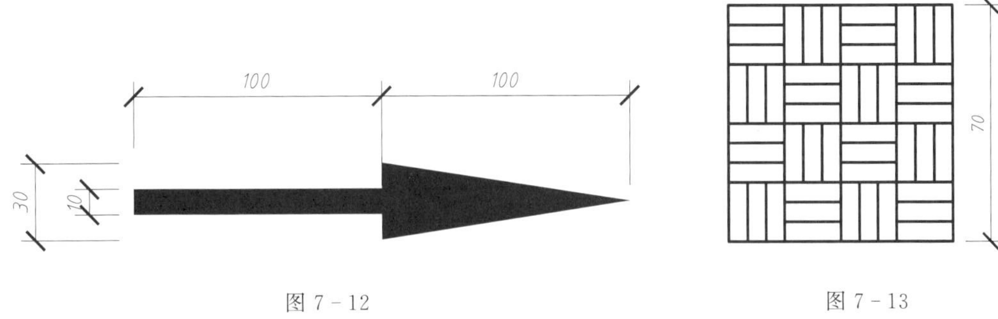

图 7－12　　图 7－13

任务 2：请绘制如图 7－13 所示的图形。

任务分析：该图由环形阵列命令绘制后进行缩放即可。

操作步骤：

第一步：打开正交，调用直线命令，绘制长度为 30 mm 的线段，对其进行偏移，偏移的距离为 10 mm，如图 7－14 所示。

第二步：将第一步绘制好的图形作为一个基本图元进行环形阵列，阵列的角度为 360°，数目为 4，如图 7－15 所示。

第三步：分解该图形，并连接部分线条，如图 7－16 所示。

第四步：对绘制好的图 7－16 进行二次环形阵列，角度和数目同前，如图 7－17 所示。

第五步：对图形进行比例缩放，选择"参数"项，缩放成边长为 70 mm 即可。

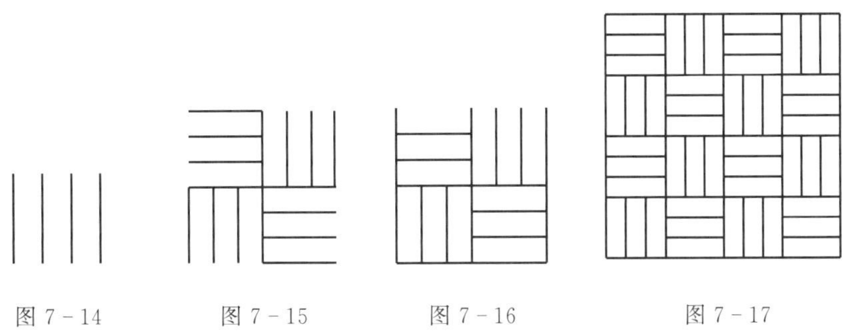

图 7－14　　图 7－15　　图 7－16　　图 7－17

【任务巩固与提高】

绘图题

请绘制图 7 - 18～图 7 - 27 中的对象。

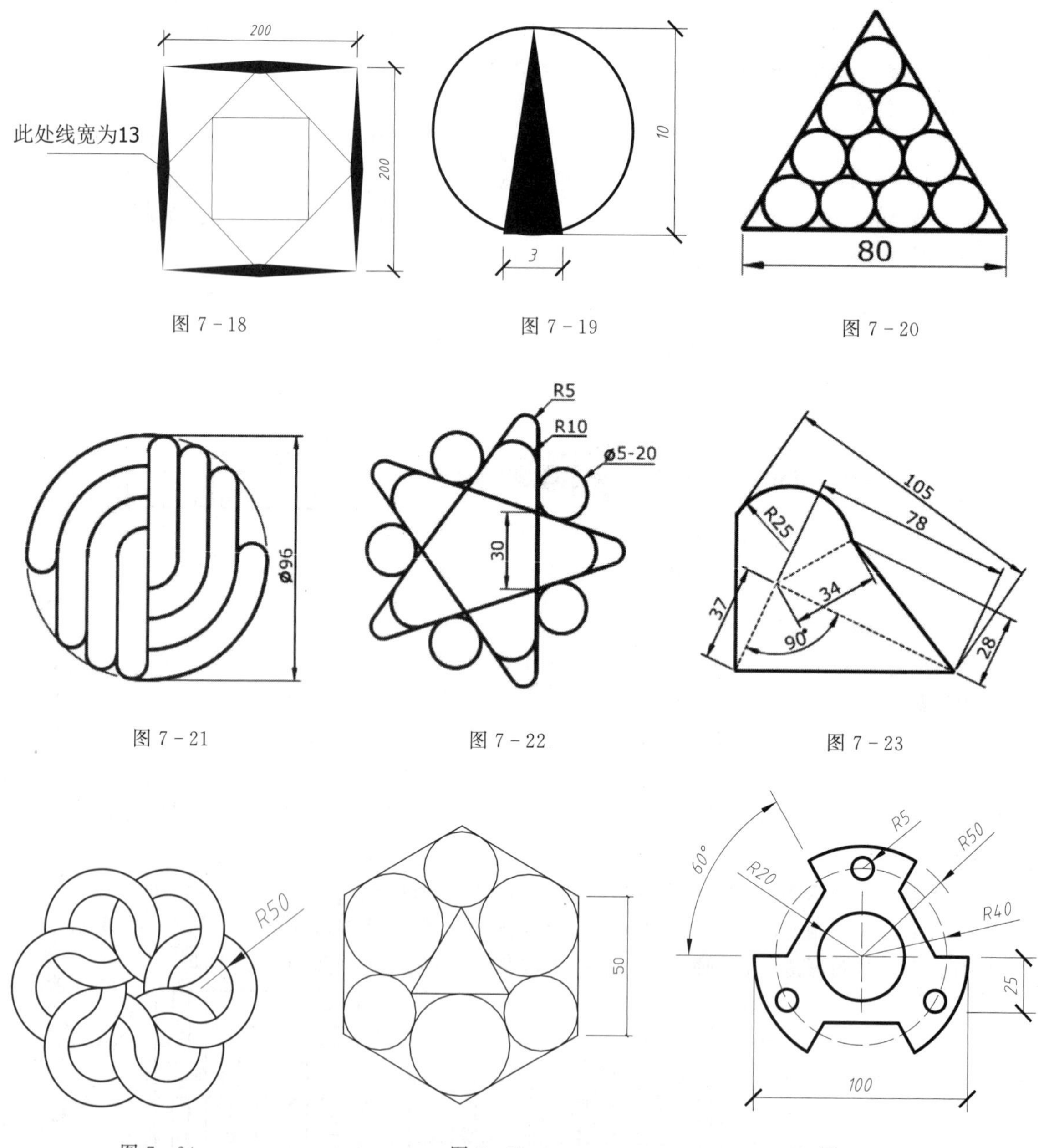

图 7 - 18

图 7 - 19

图 7 - 20

图 7 - 21

图 7 - 22

图 7 - 23

图 7 - 24

图 7 - 25

图 7 - 26

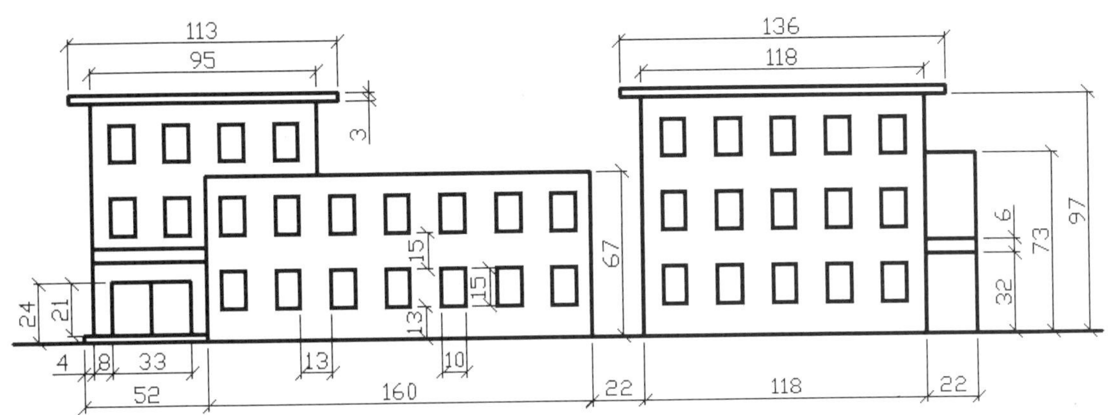
113
95
3
136
118
97
67
6
73
32
15
15
13
24
21
4
8
33
13
10
52
160
22
118
22

图 7-27

8 简单户型图的绘制

【任务描述】

户型图的绘制是学习 AutoCAD 2014 软件、学习建筑绘图必须掌握的一项图形类型，此任务中将选取“三室两厅一卫一厨”的户型图为例，详细介绍构造线、多线在复杂图形的绘制与编辑中的作用。

【任务目标】

学会使用构造线绘制轴线，使用多线命令绘制墙体，利用之前学习过的编辑命令对图形进行编辑和修改，具备灵活应用编辑命令编辑图形的能力。

【任务评价】

在如图 8-1 所示的户型图中，房间的墙体要用多线来完成，墙体位置的确定要用构造线来辅助完成，图中的家具要用矩形命令和样条曲线、圆弧等来完成。但是沙发大小、形状都是一样的，只不过摆放的方向发生了变化，我们不需要一个一个都绘制出来，可以通过复制命令和旋转命令来完成。此任务将围绕构造线、多线和旋转的学习，来完成户型图的绘制。

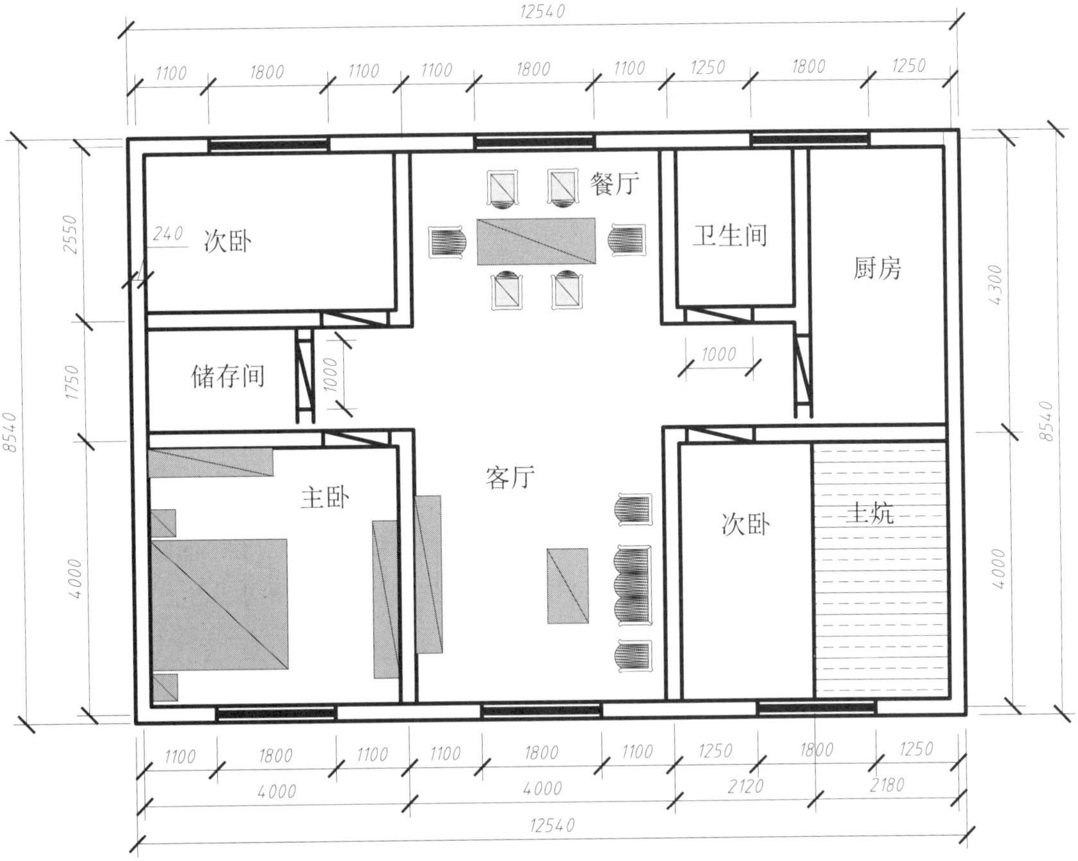

图 8-1　“三室两厅一卫一厨”户型图

【知识链接及操作】

8.1　构造线

构造线

构造线可以绘制向两边无限延长的直线。由于构造线具有这样的特性，因此在使用 AutoCAD 软件绘制工程图时，我们可以用构造线绘制辅助线。

(1)调用方法

菜单法：单击“绘图”→“构造线”菜单。

命令按钮法：单击“绘图”工具栏→(构造线)按钮。

键盘输入法：输入 xline 或 XL。

(2)命令及提示

命令：xline

指定点或[水平(H)/垂直(V)/角度(A)/二等分(B)/偏移(O)]:

(3)参数说明

【水平(H)】：将绘制一条通过选定点的水平参照线。

【垂直(V)】：将绘制一条通过选定点的垂直参照线。

【角度(A)】：将绘制一条给定角度的参照线。

【二等分(B)】：将绘制一条以指定角的顶点为通过点，将指定角平分成两份的参照线。

【偏移(O)】：按照给定的距离，绘制一条与指定对象平行的参照线。

(4)实例应用

① 用构造线命令绘制图 8-3 中的水平平行构造线。

命令：输入"xline"并回车　　//启动构造线命令

指定点或[水平(H)/垂直(V)/角度(A)/二等分(B)/偏移(O)]：h　　//指定绘制水平构造线

指定通过点：　　//确定每条构造线通过点的位置

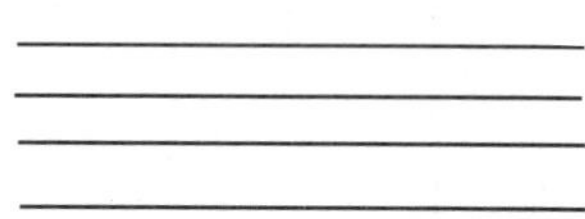

图 8-2　水平平行构造线

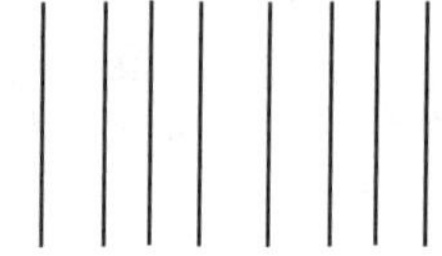

图 8-3　垂直平行构造线

② 用构造线命令绘制图 8-3 中的垂直平行构造线。

命令：输入"xline"并回车　　//启动构造线命令

指定点或[水平(H)/垂直(V)/角度(A)/二等分(B)/偏移(O)]：v　　//指定绘制垂直构造线

指定通过点：在绘图区单击八次　　//确定每条构造线通过点的位置

③ 用构造线命令绘制图 8-4 中的具有角度的构造线。

操作步骤：

调用构造线命令，指定以角度方式绘制构造线，输入构造线角度 27°，确定构造线的通过点。

④ 用构造线命令绘制图 8-5 中的二等分构造线。

操作步骤：

调用构造线命令，指定以二等分的方式绘制构造线，再指定要等分角的顶点 A、起点 L1 上的点和端点 L2 上的点即可。

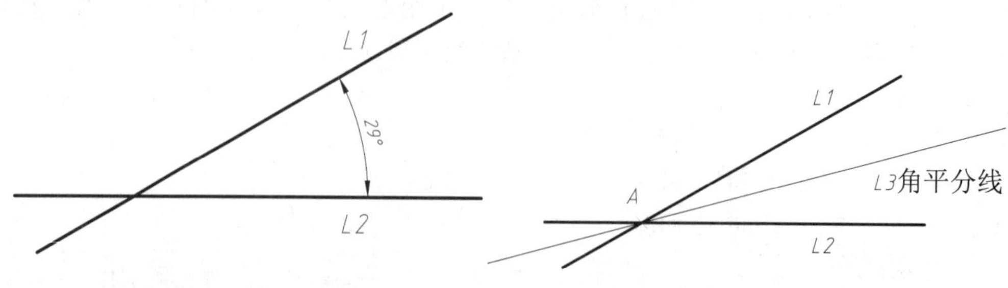

图 8-4　有角度的构造线

图 8-5　二等分构造线

⑤ 用构造线命令绘制图 8-6 中的 L1、L2、L3、L4 构造线。

操作步骤：

调用构造线命令，选择以偏移距离的方式绘制构造线，输入距离 20，选择构造线 L1，指定偏移的方向，重复该操作即可。

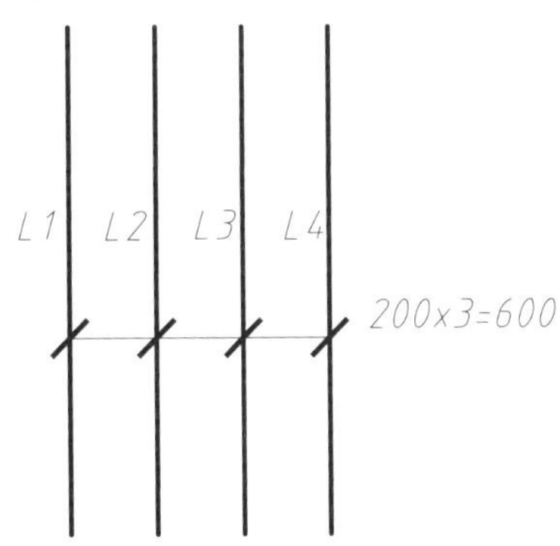

图 8-6 用构造命令绘制图

8.2 多 线

多 线

在 AutoCAD 软件中，多线可以绘制工程图中的墙体。为了正确绘制我们需要的多线，首先要对多线的样式进行设置，其次绘制多线，最后对多线进行编辑。

1. 设置多线样式

(1)调用方式

菜单法：单击“格式”→“多线样式”菜单(图 8-7)。

键盘输入法：输入 mlstyle。

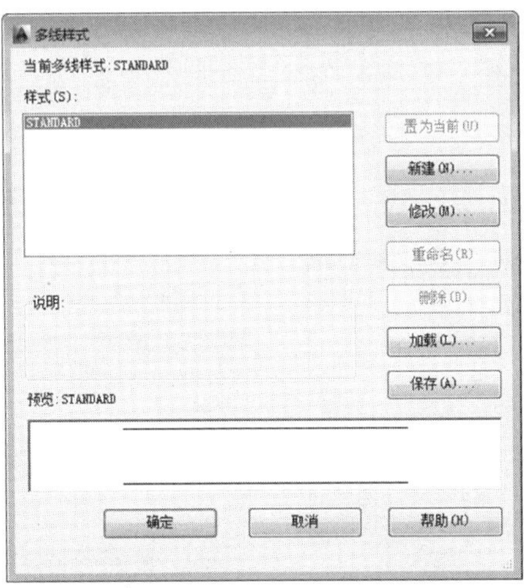

图 8-7 “多线样式”对话框

(2)命令及提示

在调用设置多线样式命令后，弹出如图 8－7 所示窗口。

(3)参数说明

【置为当前】：单击该按钮，可将被选定的多线样式设置为即将要使用的样式。

【新建】：会显示“创建新的多线样式”对话框，用来创建新的多线样式，如图 8－8、图 8－9 所示。

【修改】：会显示“修改多线样式”对话框，用来修改选定的多线样式中的参数，如图8－10 所示。

【重命名】：可以在样式列表中选择一个想改名字的样式，将其改成一个新的名字，但是不能改为默认的 Standard。

【删除】：可以从样式列表中将选中的样式删除，但不会删除多线库中的样式。

【加载】：会显示“加载多线样式”对话框，用来从指定的多线库中添加样式，如图 8－11 所示。

【保存】：会显示“保存多线样式”对话框，可以保存新建的多线样式。

当在图 8－9 中输入了新的样式名称并点击“继续”按钮后，同样会出现如图 8－10 所示的和“修改多线样式”一模一样的对话框。其中，“封口”用来设置多线起点和重点的封闭显示，若在起点端点下方的小方框中点选，则为封口，不选则为开口；在图元中，我们可以添加或减少多线的条数，并设置相邻多线之间的偏移量，以及多线的颜色和线型。

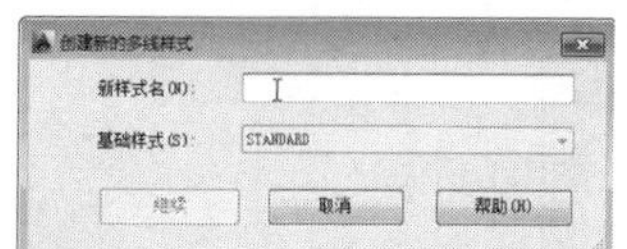

图 8－8 输入新建多线样式名称

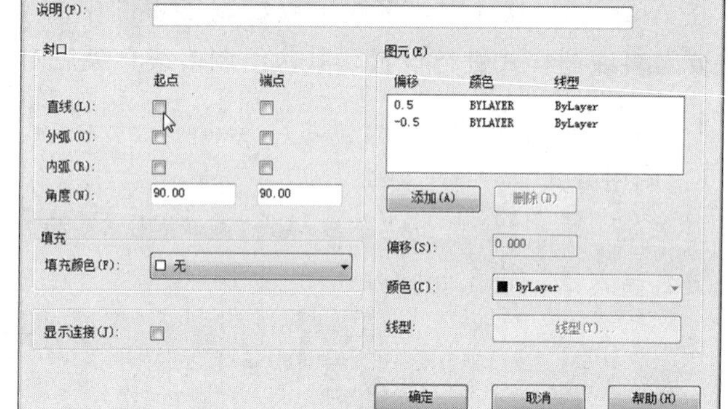

图 8－9 “创建多线样式”对话框

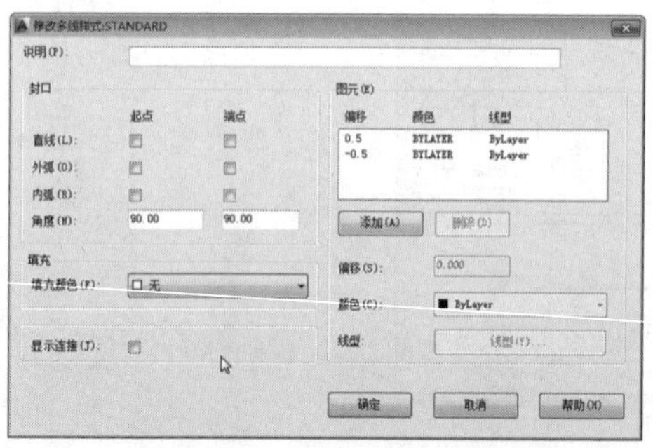

图 8－10 “修改多线样式”对话框

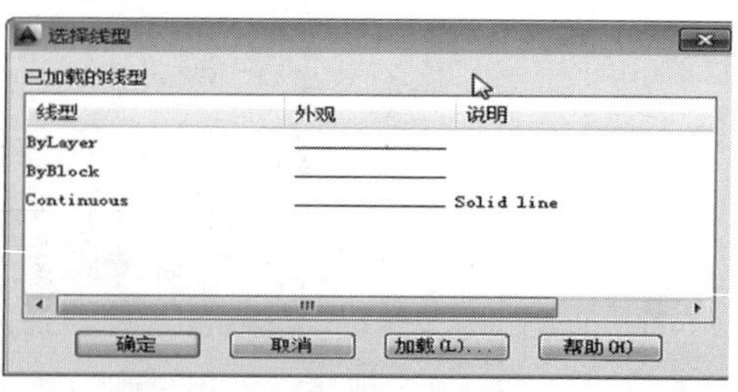

图 8－11 “加载多线样式”对话框

2. 绘制多线

(1)调用方法

菜单法：单击“绘图”→“多线”菜单。

键盘输入法：输入 mline 或 ML。

(2)命令及提示

命令：mline

指定起点或[对正(J)/比例(S)/样式(ST)]：

(3)参数说明

【对正(J)】：此参数是用来控制绘制出来的多线相对于十字光标的位置。有三种对正方式：上(T)、无(Z)和下(B)，系统默认的是上(T)，如图 8-12 所示。

【比例(S)】：此参数用来决定绘制出来的多线的宽度是样式中设置的宽度的多少倍。

【样式(ST)】：此参数用来选择用哪种样式绘制多线。

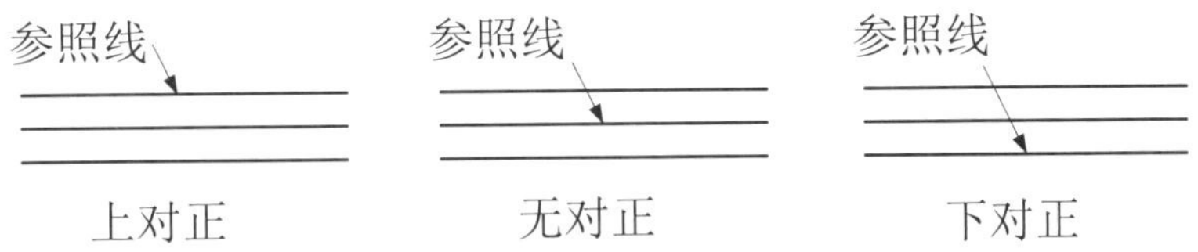

图 8-12 多线对正方式

3. 编辑多线

通常情况下，直接绘制出来的多线会有相交的情况，因此需要编辑后才能满足建筑制图的要求。

(1)调用方法

菜单法：单击“修改”→“对象”→“多线”菜单。

键盘输入法：输入 mledit。

快捷键法：在需要修改的多线上双击鼠标左键。

(2)命令及提示

调用编辑多线命令后，弹出如图 8-13 所示对话框。

(3)参数说明

【十字闭合】：在两条多线之间创建闭合的十字交点。

【十字打开】：在两条多线之间创建打开的十字交点，打断将插入第一条多线的所有元素和第二条多线的外部元素。

【十字合并】：在两条多线之间创建合并的十字交点，选择多线的次序并不重要。

【T 形闭合】：在两条多线之间创建闭合的 T 形交点，将第一条多线修剪或延伸到与第二条多线的交点处。

【T 形打开】：在两条多线之间创建打开的 T 形交点，将第一条多线修剪或延伸到与第二条多线的交点处。

【T 形合并】：在两条多线之间创建合并的 T 形交点，将多线修剪或延伸到与另一条多线

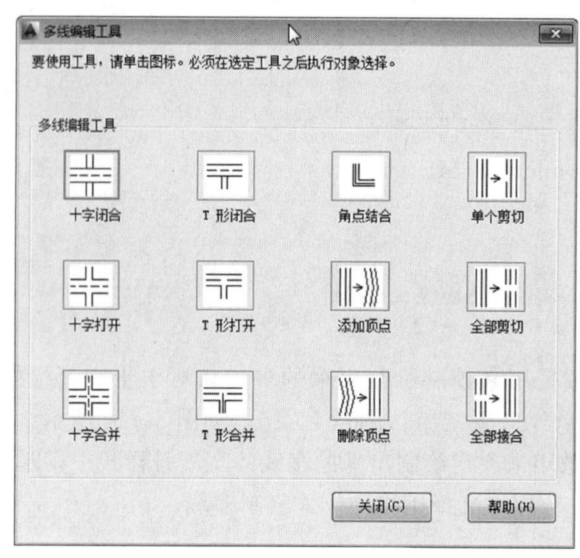

图 8－13　“多线编辑工具”对话框

的交点处。

【角点结合】：在多线之间创建角点结合，将多线修剪或延伸到它们的交点处。

【添加顶点】：向多线上添加一个顶点。

【删除顶点】：从多线上删除一个顶点。

【单个剪切】：在选定多线元素中创建可见打断。

【全部剪切】：创建穿过整条多线的可见打断。

【全部接合】：将已被剪切的多线线段重新接合起来。

(4)实例应用

实例：完成图 8－14 中的房间墙体的绘制。

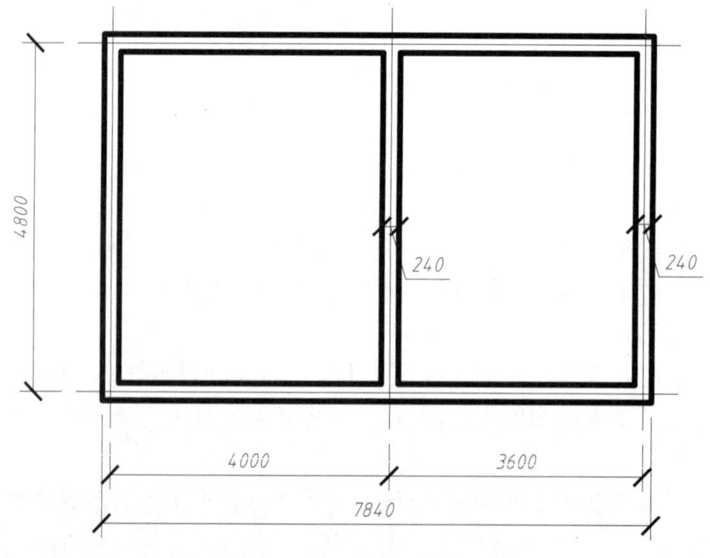

图 8－14　房间墙体的绘制

操作步骤：

第一步：设置绘图环境。

第二步：绘制构造线，纵向定位轴线之间的间隔分别为 4000 mm、3600 mm，横向定位轴线之间的间隔为 4800 mm，如图 8－15 所示。

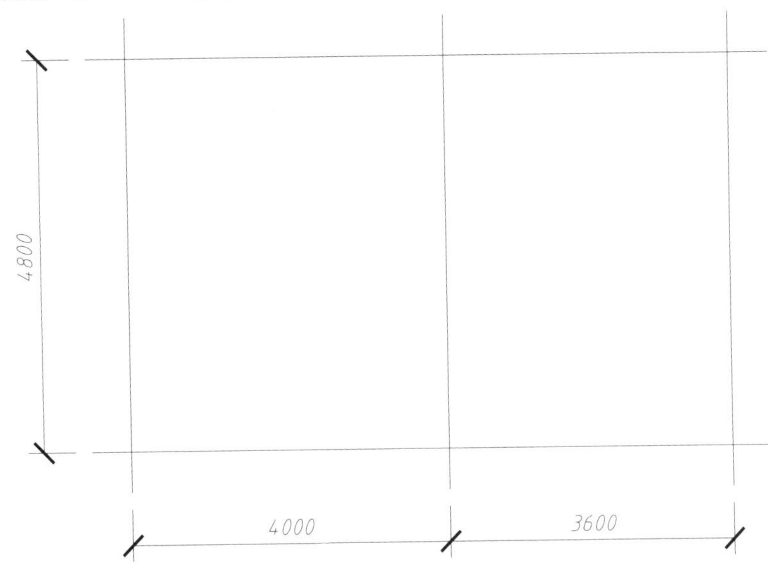

图 8－15　房间墙体的辅助构造线

第三步：设置多线样式。打开“格式”菜单下的“多线样式”对话框，点击“新建”，输入新样式名为“240 墙”，点击“继续”按钮，在“新建多线样式”对话框中进行如图 8－16 所示的参数的设置。

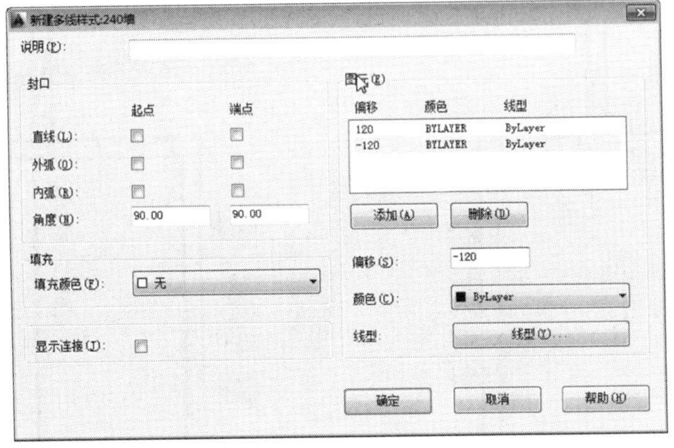

图 8－16　房间墙体中 240 墙体的多线样式设置

第四步：绘制墙体。将新建好的“240 墙”置为当前，设置对正位置为“无”，比例为“1”，绘制即可，如图 8－17 所示。

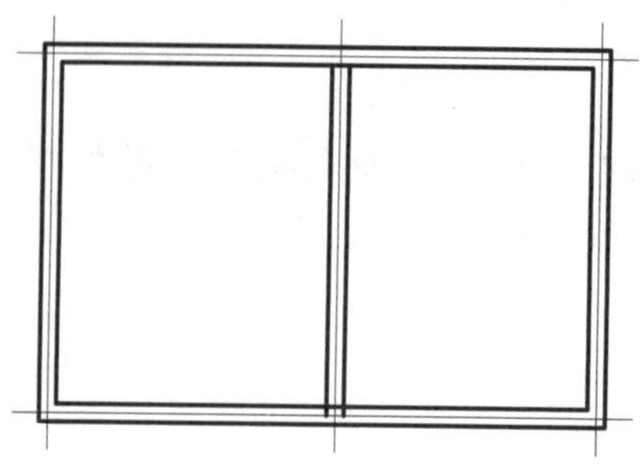

图 8－17　初步绘制的 240 墙体

第五步：编辑多线。在多线上双击鼠标，打开“多线编辑工具”对话框，或通过命令 mledit 进入编辑多线的状态，选择“角点结合”后，单击需要结合的多线的两条边。再次编辑多线，选择“T 形打开”，编辑多线。

【任务实施】

任务：绘制如图 8－18 所示的“三室两厅一卫一厨”户型图。

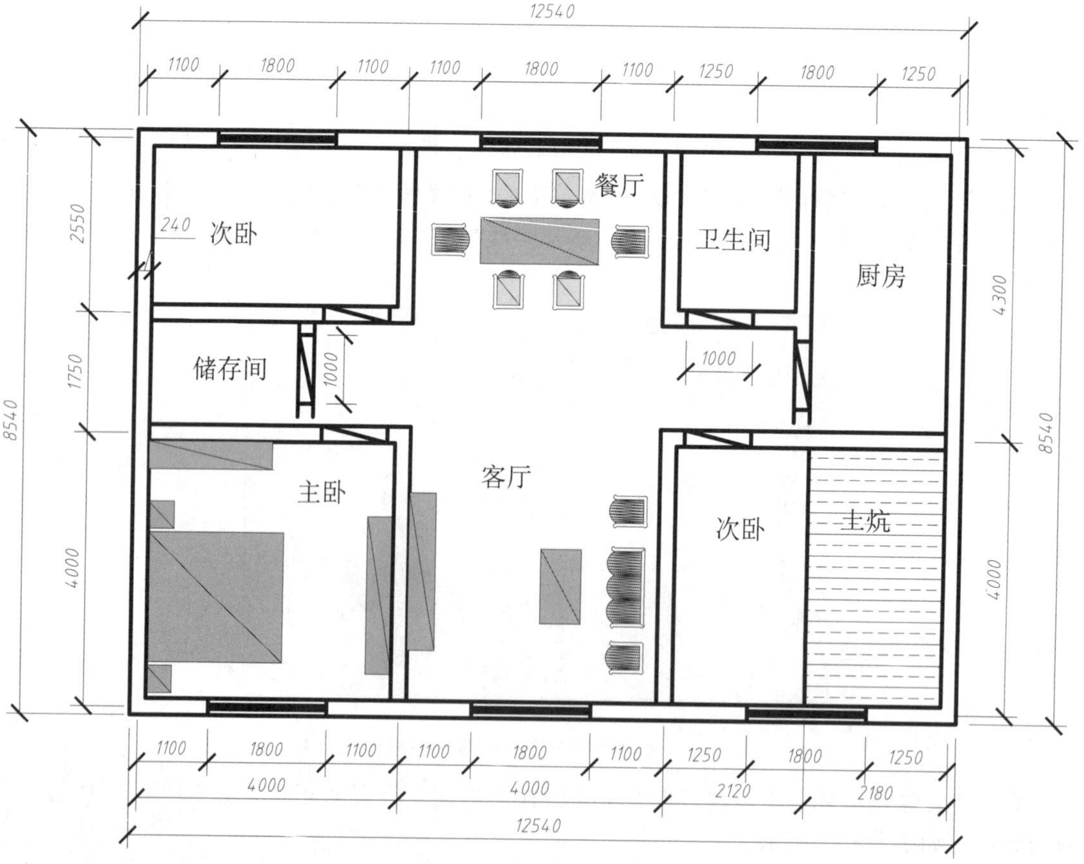

图 8－18　“三室两厅一卫一厨”户型图

任务分析：根据图中所示，要想绘制这个户型图，首先，我们先要进行图形环境的设置及图形界限和缩放。其次，要给出构造线，确定房间墙体的位置。再次，绘制墙体。绘制墙体时，要先对多线的样式进行设置，从图中我们看到，本实例中的墙体是240的墙。绘制完墙体，两个房间中间的墙体可能不会是图中T形打开的样子，所以还需要进行多线的编辑；再绘制家具和餐桌餐椅，从图中我们可以看出，餐椅和沙发大小、形状是一样的，我们需要绘制一个，其他的通过旋转得到。

操作步骤：

第一步：设置绘图环境。调用绘图界限命令，设置绘图界限的左下角为(0，0)，右上角为(15000，12000)。设置相关图层。

第二步：绘制轴线。调用构造线命令，按照开间进深尺寸绘制轴线，绘制结果如图8－19所示。

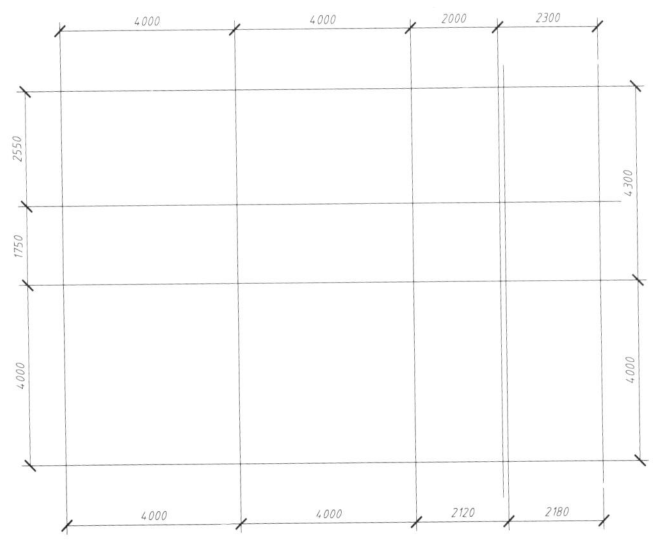

图8－19　户型图的构造线

第三步：设置多线样式。打开"格式"菜单下的"多线"样式对话框，点击"新建"，输入新样式名为"240墙"，点击"继续"按钮，在"新建多线样式"对话框中，做如图8－20所示的参数设置。

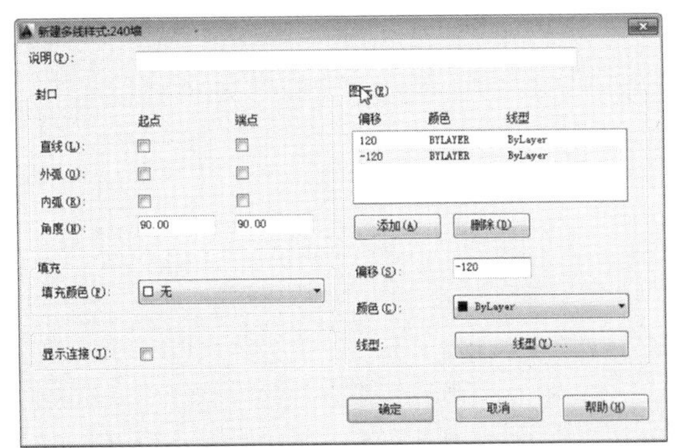

图8－20　户型图中240墙体的多线样式设置

第四步：绘制墙体。调用绘制多线命令，用设置好的多线样式绘制墙线，如图 8－21 所示。

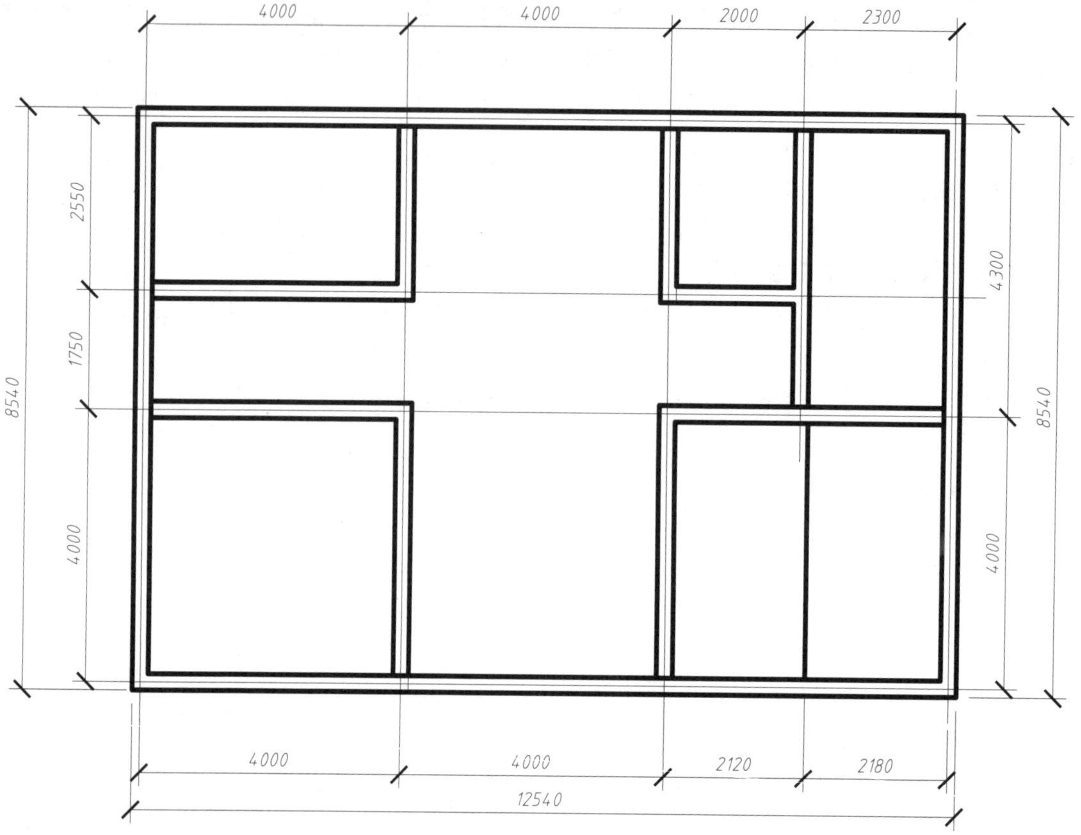

图 8－21　户型图中的墙体部分

第五步：绘制门窗。用构造线给定位置，用矩形和直线命令来完成门窗的绘制。

第六步：绘制床、床头柜、电视柜、茶几、餐桌等家具，用矩形框完成。

第七步：绘制餐椅和沙发，如图 8－22 所示。先绘制一个餐椅，然后用旋转命令在户型图外侧的空白处复制旋转出四个方向的餐椅，它们的旋转角度分别为 90°、－90°、180°，旋转后将它们移动到各自的位置上。

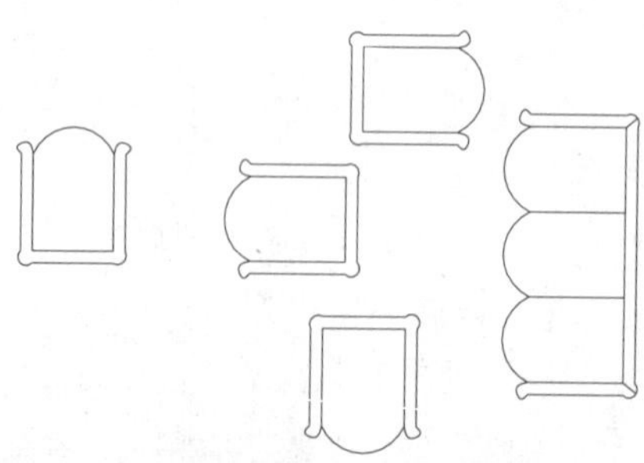

图 8－22　户型图中旋转的餐椅和沙发

【任务拓展与提高】

绘图题

请绘制图 8－23 和图 8－24 中的图。其中，图 8－23 的外墙为 240 mm，内墙为 120 mm；图 8－24 的外墙为 370 mm，内墙为 240 mm。

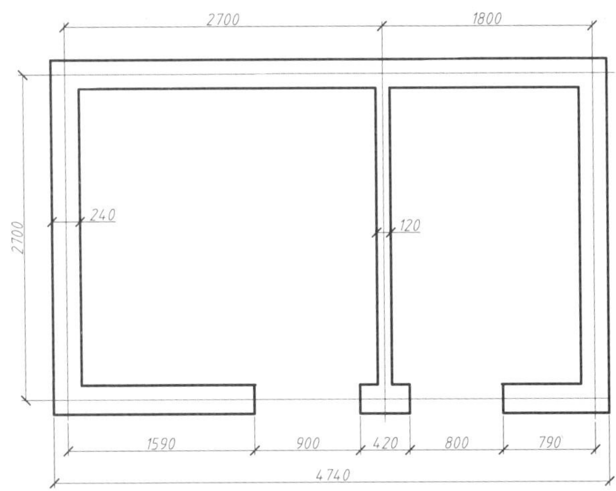

图 8－23

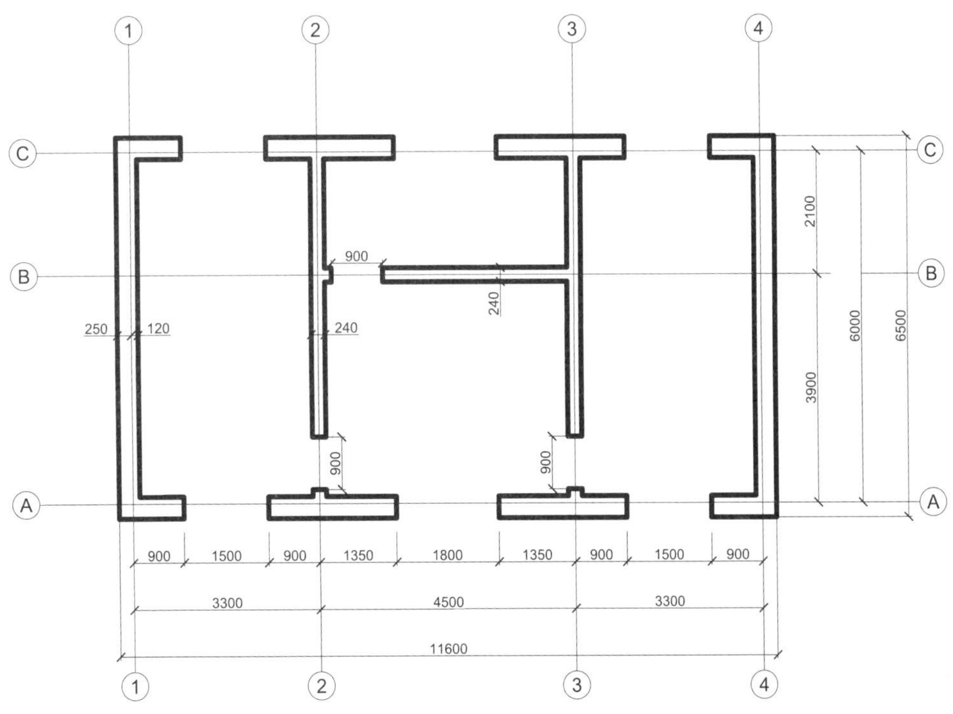

图 8－24

9 图案填充与编辑

【任务描述】

本任务从图案填充的概念、填充的方法及技巧入手，讲解如何对封闭的图案进行图案填充。

【任务目标】

了解各种图案填充的方法；掌握渐变色填充；掌握各种图案填充选项卡的含义，尤其是比例的选择，以及孤岛检测的几种使用方法及技巧。

【任务评价】

本任务要求用户使用 AutoCAD 软件在封闭的区域内进行图案填充，在绘制时必须使其填充比例与整体相协调，构图均衡。

【知识链接及操作】

9.1 图案填充概念

在图样绘制过程中，常常把某种图案填入某一指定的封闭区域，这就是图案填充。在建筑工程图中，用户可以用不同的图案表示不同材料，这在剖切面中十分常见。另外，在墙体、地面等对象上创建填充图案，以突出显示该部分。

AutoCAD 预定义了很多填充的图案样例，用户也可以自定义自己需要或喜欢的填充图案。除此之外，用户还可以建立渐变色填充。渐变色填充可用于增强简报图面，增加视觉效果，以及提供反射在对象上的光源效果。

9.2 创建图案填充

创建图案填充

图案填充命令能在指定的填充边界内填充一定样式的图案。图案填充命令以对话框设置填充方式，包括填充图案的样式、比例、角度、填充边界等。

在进行图案填充时，使用对话框的方式进行操作，非常直观和方便。

(1)调用方法

菜单法：单击“绘图”→“图案填充”菜单。

命令按钮法：单击“绘图”工具栏→ (图案填充)按钮。

键盘输入法：输入 bhatch 或 hatch 或(BH/H)。

(2)命令及操作

命令: BH

hatch 调出图 9－1“图案填充和渐变色”选项卡对话框,用户可在窗口中进行设置。

(3)参数说明

【预览】：使用当前图案填充或填充设置显示当前定义的边界。在绘图区域中，单击或按 Esc 键返回到对话框。单击鼠标右键或按 Enter 键接受图案填充或填充。

① 类型和图案

【预定义的图案填充】：从提供的 70 多种符合 ANSI、ISO 和其他行业标准的填充图案中进行选择，或添加由其他公司提供的填充图案库。

【用户定义的图案填充】：基于当前的线型及使用指定的间距、角度、颜色和其他特性来定义用户的填充图案。

【自定义填充图案】：填充图案在 acad. pat 和 acadiso. pat(对于 AutoCAD LT，则为 acadlt. pat 和 acadltiso. pat)文件中定义。可以将自定义填充图案定义添加到这些文件。

【样例】：用于显示当前选中的图案样式。单击所选的图案样式，也可以打开“填充图案选

图 9-1 “图案填充和渐变色”选项卡对话框

项板”对话框。具体样例如图 9-2 和图 9-3 所示。

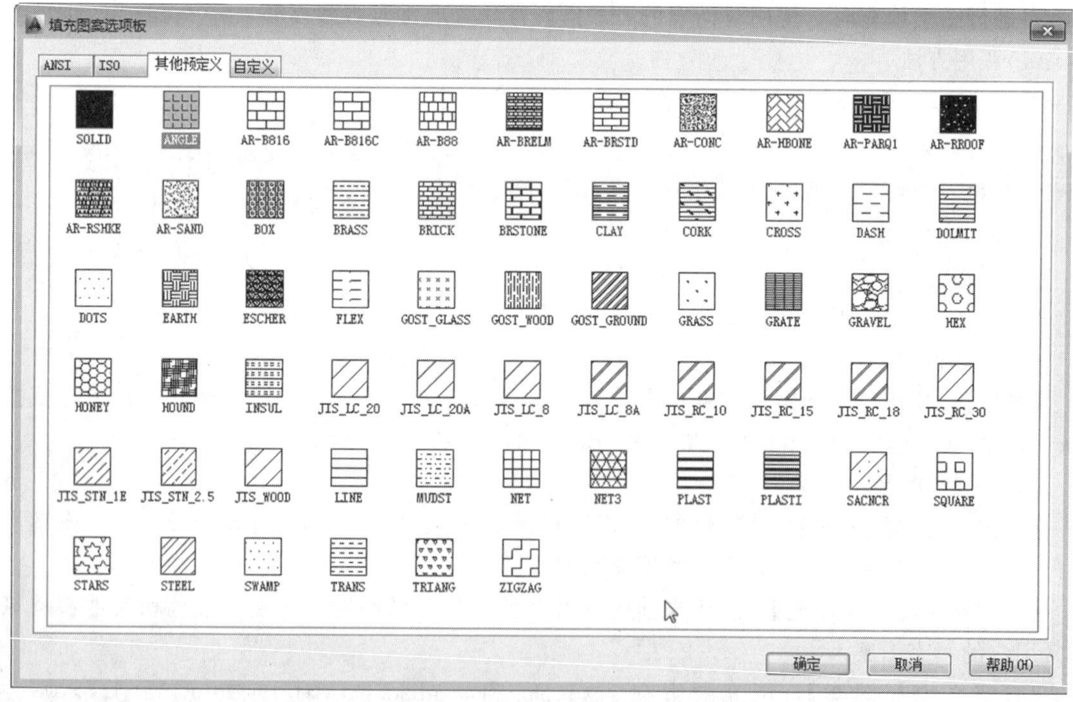

图 9-2

【颜色】：用某种颜色填充区域，实体填充就是使用纯色填充区域。

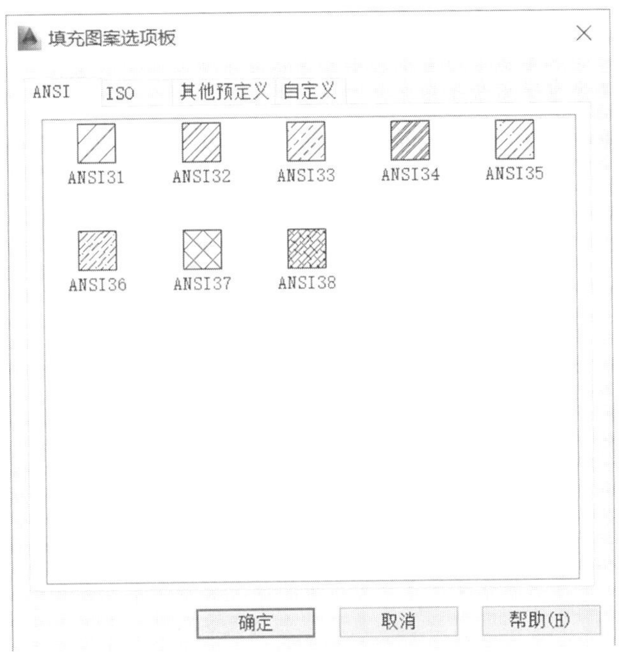

图 9-3

② 角度和比例

【角度】：图样中剖面线的倾斜角度。缺省值是 0，用户可以输入值改变角度。

【比例】：图样填充时的比例因子。软件提供的各图案都有缺省的比例，如果此比例不合适（太密或太稀），可以输入值，给出新比例。

③ 图案填充原点

【使用当前原点】：以当前原点为图案填充的起点，一般情况下，原点设置为"0，0"。

【指定的原点】：设置图案填充的新原点。还可以选择边界的原点以图案的左下、右下、左上、右上或正中为新原点。如图 9-4 所示。

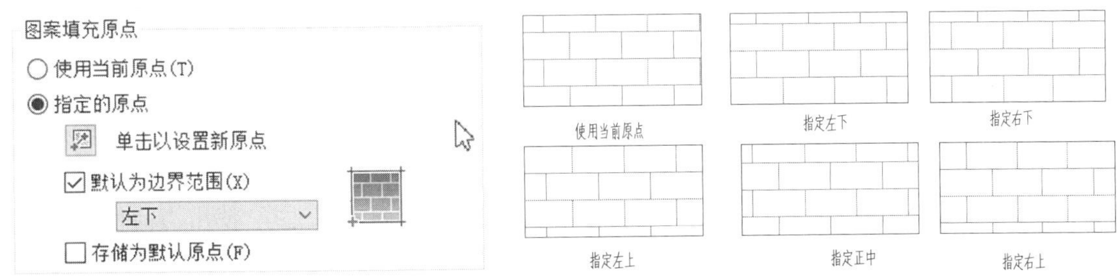

图 9-4　图案填充设置指定原点各种情况

④ 边界

【添加：拾取点】：根据围绕指定点构成封闭区域的现有对象来确定边界。其选择结果如图 9-5 所示。

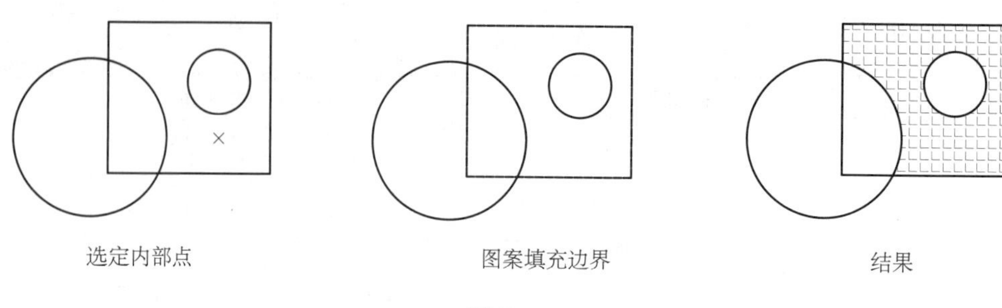

图 9－5

【选择：选择对象】：根据构成封闭区域的选定对象确定边界。其选择结果如图 9－6 所示。

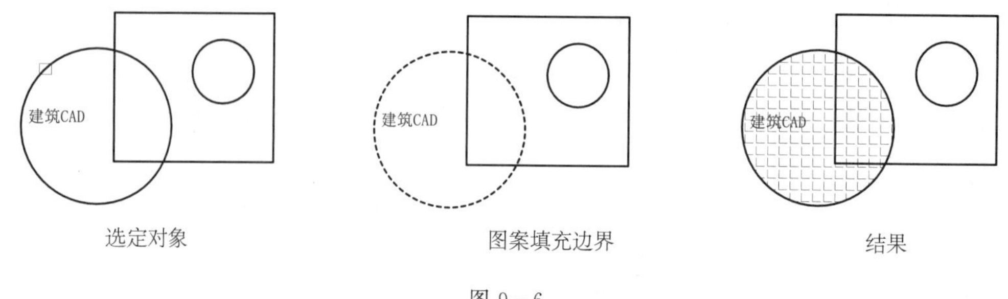

图 9－6

【删除边界】：从边界定义中删除之前添加的任何对象。

【重新创建边界】：围绕选定的图案填充或填充对象创建多段线或面域，并使其与图案填充对象相关联(可选)。

【查看选择集】：使用当前图案填充或填充设置显示当前定义的边界。仅当定义了边界时才可以使用此选项。

⑤ 选项

【注释性】：指定图案填充为注释性。此特性会自动完成缩放注释过程，从而使注释能够以正确的大小在图纸上打印或显示。

【关联】：指定图案填充或填充为关联图案填充。关联的图案填充或填充在用户修改其边界对象时将会更新。

【创建独立的图案填充】：控制当指定了几个单独的闭合边界时，是创建单个图案填充对象，还是创建多个图案填充对象。

【绘图次序】：为图案填充或填充指定绘图次序。图案填充可以放在所有其他对象之后、所有其他对象之前、图案填充边界之后或图案填充边界之前。

【图层】：为指定的图层指定新图案填充对象，替代当前图层。选择"使用当前值"，可使用当前图层。

【透明度】：设定新图案填充或填充的透明度，替代当前对象的透明度。选择"使用当前值"，可使用当前对象的透明度设置。

【继承特性】：使用选定图案填充对象的图案填充或填充特性对指定的边界进行图案填充或填充。

⑥ 孤岛

【孤岛】：指定用于在最外层边界内图案填充或边界填充的方法。

【孤岛检测】：控制是否检测内部闭合边界(称为孤岛)。

【普通】：从外部边界向内填充。如果遇到内部孤岛，填充将关闭，直到遇到孤岛中的另一个孤岛，如图 9-7(a)所示。

【外部】：从外部边界向内填充。此选项仅填充指定的区域，不会影响内部孤岛，如图 9-7(b)所示。

【忽略】：忽略所有内部的对象，填充图案时将通过这些对象，如图 9-7(c)所示。当指定点或选择对象定义填充边界时，在绘图区域单击鼠标右键，可以从快捷菜单中选择“普通”“外部”和“忽略”选项。

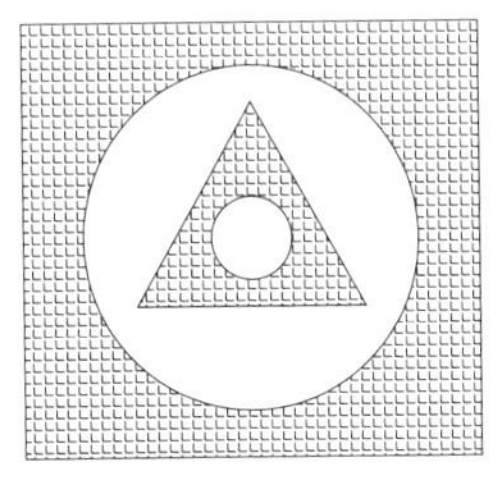
(a)普通

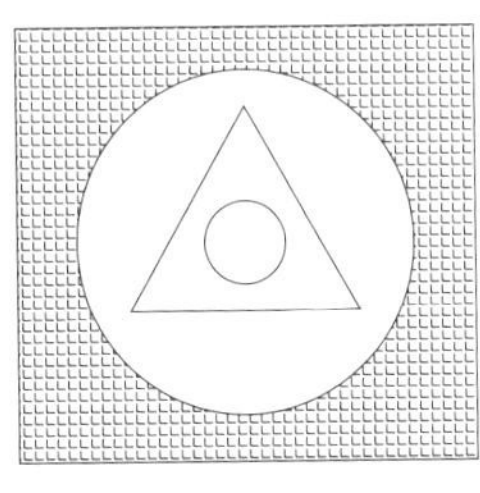
(b)外部

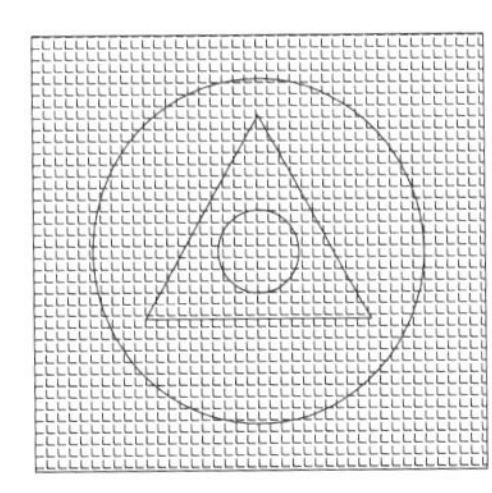
(c) 忽略

图 9-7

【边界保留】：指定是否创建封闭图案填充的对象。

【边界集】：定义当从指定点定义边界时要分析的对象集。当使用“选择对象”定义边界时，选定的边界集无效。

【允许的间隙】：设定将对象用作图案填充边界时可以忽略的最大间隙。默认值为 0，此值指定对象必须是封闭区域而没有间隙。

【继承选项】：控制当用户使用“继承特性”选项创建图案填充时是否继承图案填充原点。

⑦ 渐变色填充

【渐变填充】：以一种渐变色填充封闭区域。渐变填充可显示为明(一种与白色混合的颜色)、暗(一种与黑色混合的颜色)或两种颜色之间的平滑过渡。

(4)实例应用

实例：绘制长 500 mm、宽 300 mm 的矩形，并用图案填充命令对其进行图案填充，如图 9-8 所示。

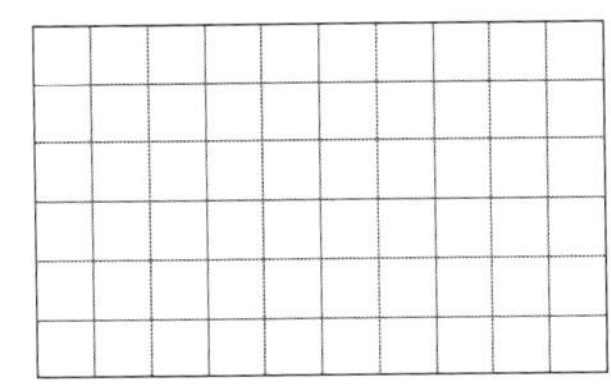
(a)用边长 50 红色方砖填充图案

(b)黄色实体填充图

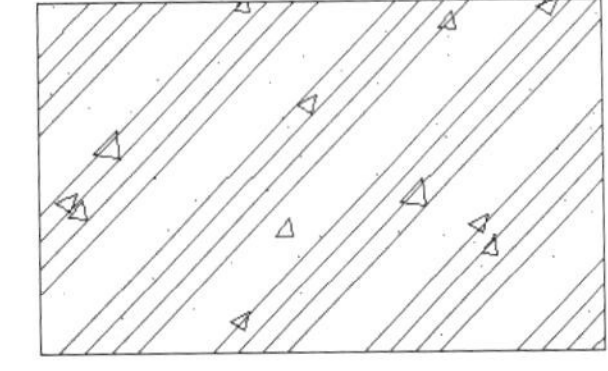
(c)用 ANSI34 和 AR－CONC 填充

图 9-8

操作步骤：

第一步：执行 Bhatch 命令，调出如图 9-9 所示的“图案填充和渐变色”选项卡对话框。

第二步：在“图案填充”选项卡的“类型和图案”选项组中，设置“类型”栏为“用户定义”，

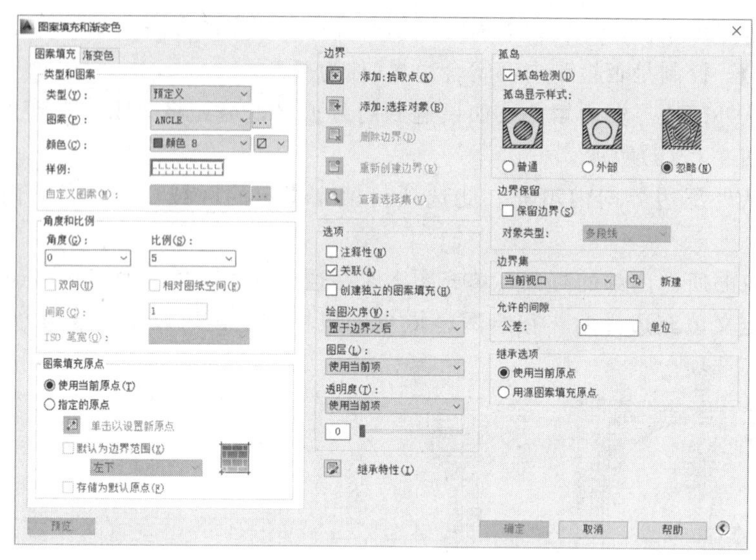

图 9－9　填充界面

间距为固定值 50，双向，角度为 0，指定原点为左下角，即可得到图 9－8(a)所示图形。设置“类型”栏为“预定义”，“图案”栏中选择“SOLID”，“颜色”选择“黄色”，即可得到图 9－8(b)。设置“类型”栏为“预定义”，“图案”栏中选择“ANSI34”和“AR－CONC”，即可得到图 9－8(c)。

第三步：在“角度和比例”选项组中，默认的设置“角度”为“0”，“比例”为“1”。

第四步：在“边界”选项组中，单击“添加：拾取点”按钮，在要填充的封闭区域内拾取一点来选取填充区域。单击“预览”按钮，如果满意效果，然后点“确定”按钮执行填充；不满意则按 Esc 键返回如图 9－9 所示的对话框重新设定比例。

第五步：在图 9－10 中，比例为“1”时出现(a)情况，说明比例太大；重新设定比例为“0.1”，出现(b)情况，说明比例太小；不断重复地改变比例，当比例为“0.5”时，出现(c)情况，说明此比例合适。满意效果后点“确定”按钮执行填充，矩形中就会填充如图 9－10(c)所示的效果。

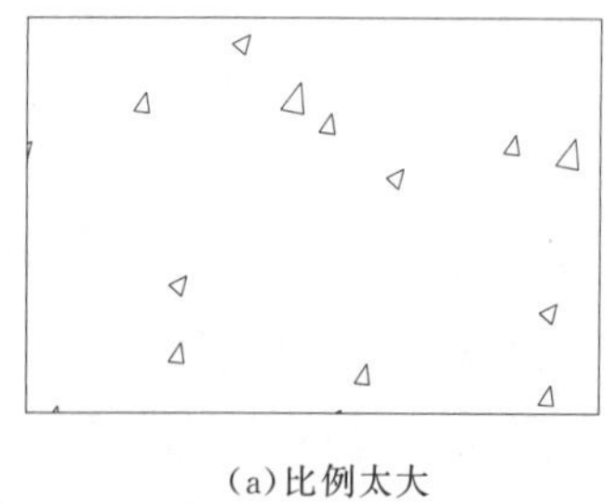

(a)比例太大

(b)比例太小

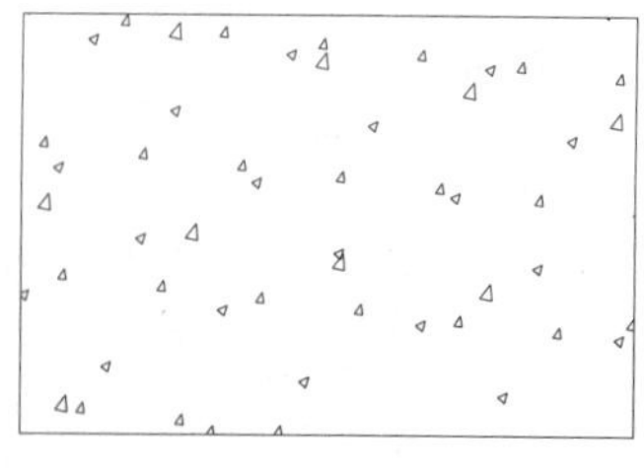

(c) 比例适中

图 9－10

9.3 图案填充的编辑与修改

当我们需要对绘制的填充图案进行更改时，可通过编辑图案填充的方法来修改当前图案填充样式。

(1)调用方式

菜单法：单击"修改"→"对象"→"图案填充"下拉菜单。

命令按钮法：单击"修改"工具栏→▧(图案填充)按钮。

键盘输入法：输入 hatchedit。

快捷键法：双击要编辑的图案填充对象。

(2)实例应用

实例：请绘制矩形，并按要求进行图案填充，并修改图案填充，如图 9-11 所示。

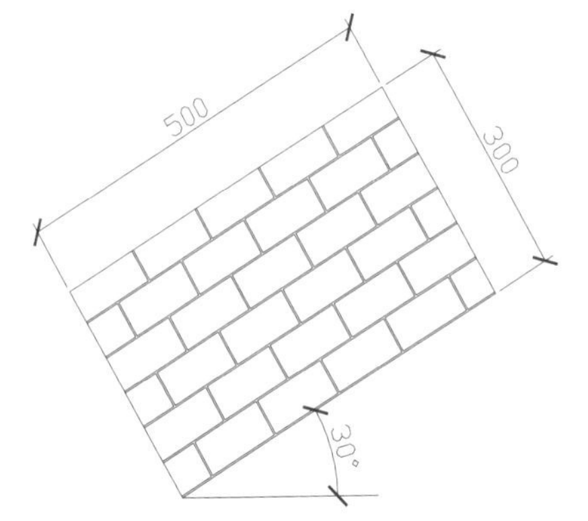

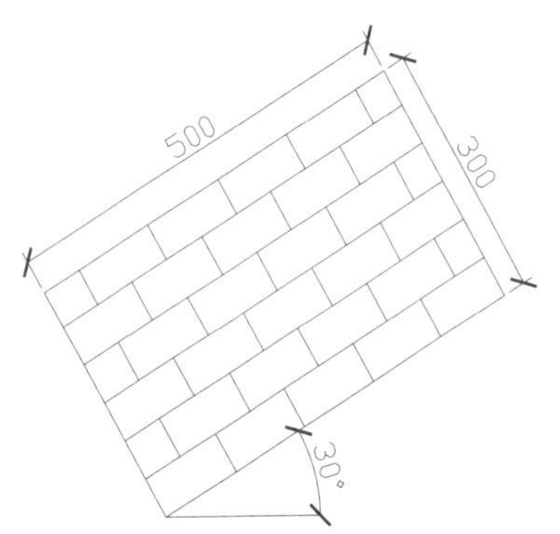

图 9-11

操作步骤：

第一步：绘制矩形。调用矩形命令，单击鼠标确认矩形的第一个角点，设置矩形的旋转角度为 30°，按照尺寸法绘制长 500 mm、宽 300 mm 的矩形。

第二步：图案填充。调用图案填充命令，弹出"图案填充和渐变色"选项卡对话框。在"图案填充"选项卡的"类型和图案"选项组中，设置"类型"栏为"预定义"，"图案"栏中选择"AR—B816"，"角度"栏输入 30，"比例"为 0.3，图案填充原点栏选择使用当前原点。拾取矩形图案确定，单击"预览"按钮，看效果合适回车确认，结果如图 9-11 左图所示。

第三步：编辑修改图案填充。鼠标双击刚才填充好的图案，出现"图案填充编辑"对话框，其他选项都不变，单击图案填充原点栏，选择"使用指定原点"选项。拾取基点选择"矩形的左下角"，随后可直接确认，也可单击预览按钮查看效果是否合适，随后再次确认。结果如图 9-11 右图所示。

【任务实施】

任务 1：填充地基图案，如图 9－12 所示。

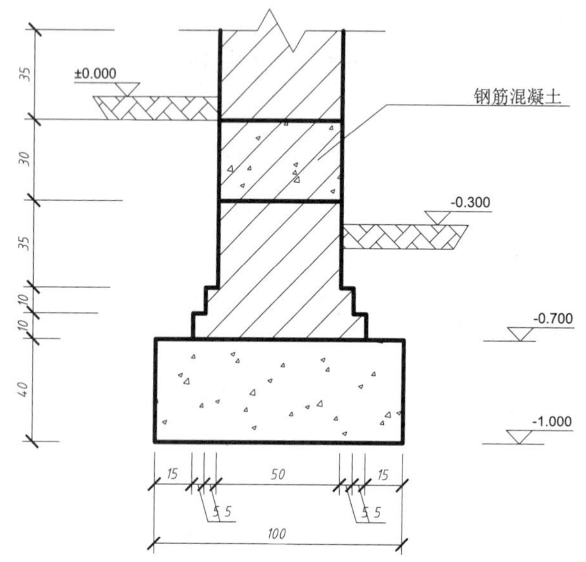

钢筋混凝土图例可用："AMSI31"和"AR-CONC"两种图案填充而成。
无封闭填充便捷的图案为：AR-HBONE

图 9－12 地 基

操作步骤：

第一步：按照图中尺寸绘制好地基图形的基本轮廓。

第二步：对地基底部剖面进行图案填充。

调用图案填充命令，在弹出的"图案填充和渐变色"选项卡对话框中进行设置：

① "类型和图案"选项组中，"类型"栏为"预定义"，"图案"栏中选择"AR－CONC"，"角度"为 0，"比例"为 0.1，指定填充原点为"矩形左下角"。

② 点击"添加拾取点"后，用鼠标单击填充图案的内部封闭区域，返回图案填充设置窗口。

③ 点击"预览"按钮，若比例合适，可按回车确认，否则按 Esc 键重新调整比例。

第三步：调用图案填充命令，对其余封闭区域进行图案填充。

第四步：非封闭区域的图案填充。在图中先把非封闭区域的边界用直线绘制成封闭区域，随后调用图案填充命令对其进行图案填充。在图案填充完毕后，删除添加的边界即可。

任务 2：太极图案填充，如图 9－13 所示。

操作步骤：

第一步：绘制太极基本图案，如图 9－14 所示。

第二步：选择渐变色对太极图案的上下部分进行图案填充，如图 9－13 所示。

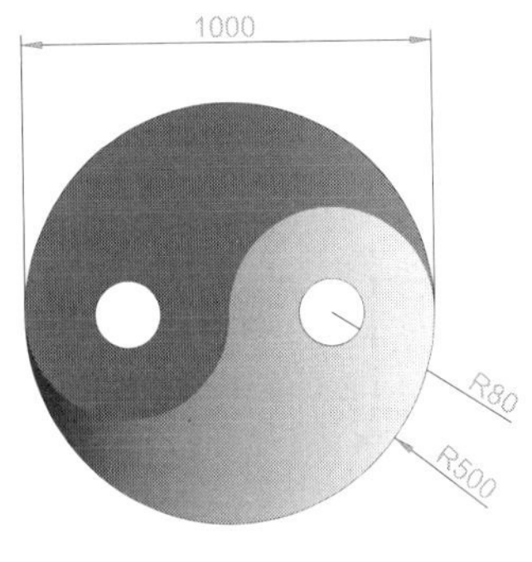

图 9－13

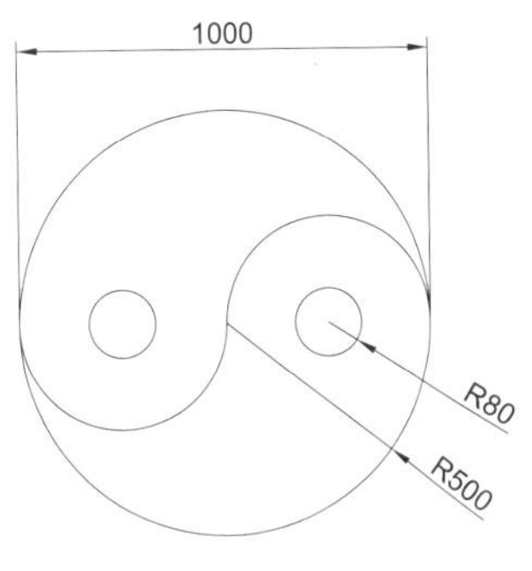

图 9－14

【任务巩固与提高】

一、选择题

1. 图案填充有下面(　　)图案的类型供用户选择。

A. 预定义　　B. 用户定义

C. 自定义　　D. 历史记录

2. 在“图案填充和渐变色”选项卡对话框中，系统默认的孤岛显示方式是(　　)。

A. 普通　　B. 外部

C. 忽略　　D. 内部

二、思考题

1. 在图案填充过程中，如何控制图案填充的可见性？

2. 如何理解填充区域的封闭性？可以定义自己的填充图案吗？

三、画出下列图形并进行填充

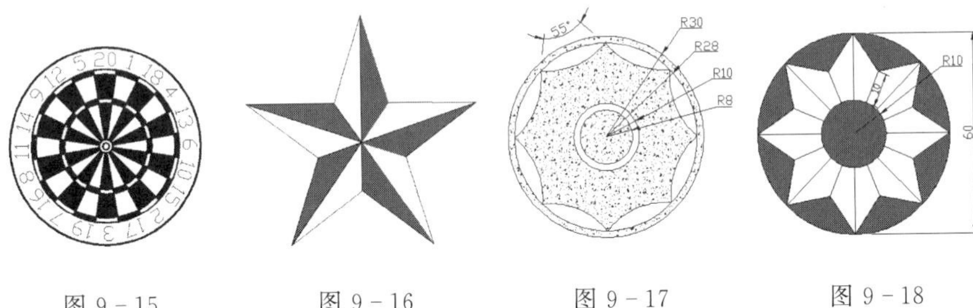

图 9－15　　图 9－16　　图 9－17　　图 9－18

四、按照要求绘制下列图形

1. 创建图层，设置粗实线宽度为 0.7 mm，细实线及点画线宽度为默认值。设置绘图区域大小为 6000 mm×6000 mm。用 rectang、polygon 及 ellipse 等命令绘图，如图 9－19 所示。

2. 如图 9－20 左图所示，使用 pline、spline 及 bhatch 等命令将左图修改为右图。具体要求如下：

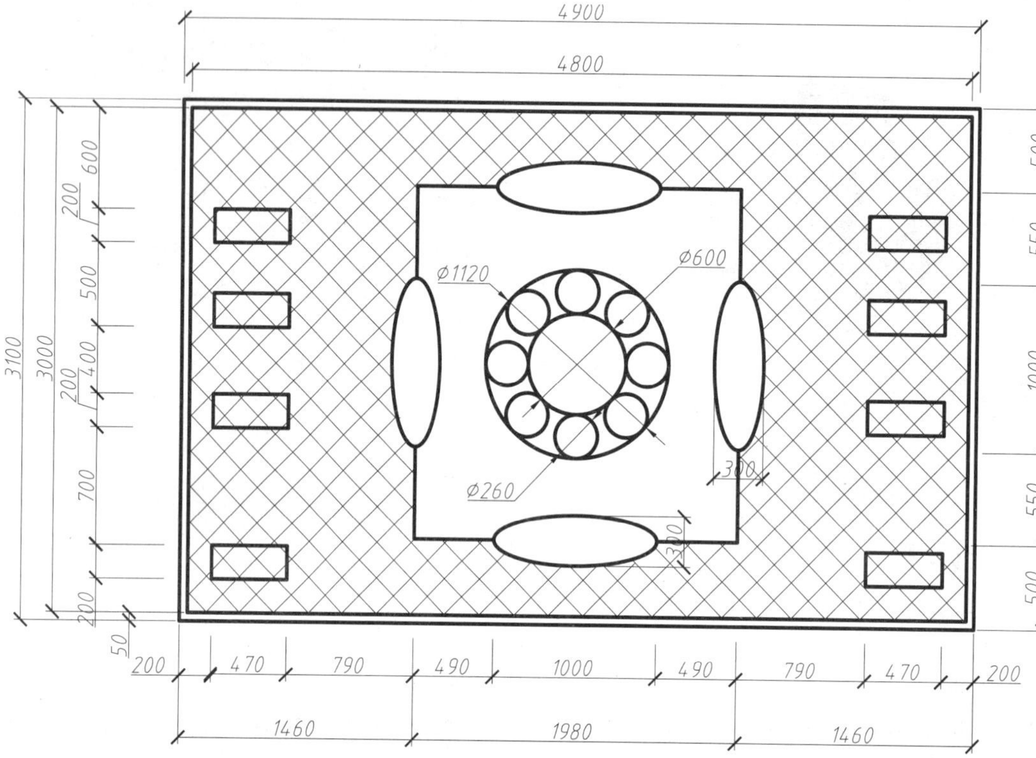

图 9-19

(1)用 pline、spline 及 sketch 命令绘制植物及石块，再用 revcloud 命令绘制云状线，云状线的弧长为 100 mm，该线代表水平面。

(2)石块的剖面图案为【ANSI33】，其余区域中的图案分别为【AR-SAND】、【ANSI31】、【AR-CONC】、【AR-CONC】、【GRAVEL】、【EARTH】，角度和填充比例自定。

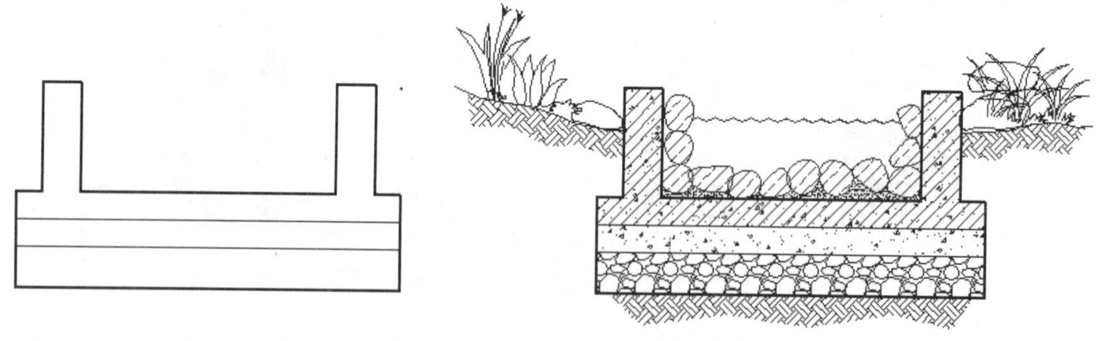

图 9-20

10 图纸设计说明的输入

【任务描述】

文字是图纸的重要组成部分，它表达了图纸上的重要信息。在建筑工程图中，我们常常需要对图样进行详细而准确的标注和注释。AutoCAD 2014 中提供了许多类型的标注和设置标注格式的方法。本任务主要学习其中的一种标注类型：文字标注。

【任务目标】

熟记文字标注的创建方法，掌握文字样式的设置方法及要求，并且能够结合行业规范要求，在建筑工程图中正确添加文本标注。

【任务评价】

能够正确对图纸进行文本标注，正确输入特殊符号。

【知识链接及操作】

文字样式的设置

10.1 文字样式的设置

字体是由具有相同构造规律的字母或汉字组成的字库。例如：英文有 Roman、Romantic、Complex、Italic 等字体；汉字有宋体、黑体、楷体等字体。在 AutoCAD 2014 中提供了多种可供定义样式的字体，包括 Windows 系统 Fonts 目录下的“＊.ttf”字体和 AutoCAD 2014 的 Fonts 目录下支持大字体及西文的“＊.shx”字体。

用户可根据自己的需要定义具有字体、字高、字符大小、文字效果(颠倒、反向、垂直、宽度因子、倾斜角度等)的文字样式。在对建筑工程图进行文字标注时，也必须按照行业规范要求，设置符合规范的文字样式。

(1)调用方法

菜单法：单击“格式”→“文字样式”菜单。

键盘输入法：输入 style。

(2)命令及提示

执行了“文字样式”命令后，会弹出如图 10－1 所示的对话框。

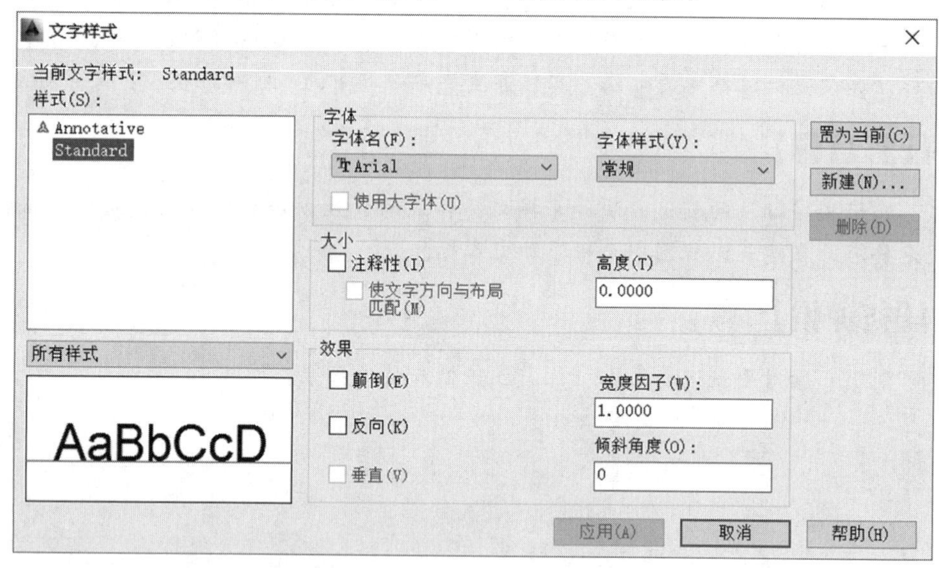

图 10－1 “文字样式”对话框

(3)参数说明

【当前文字样式】：列出当前文字样式。

【样式】：显示图形中的样式列表，前方有图标的为当前的样式。

【样式列表过滤器】：下拉列表指定所有样式还是仅使用中的样式，显示在样式列表中。

【预览】：显示随着字体的更改和效果的修改而动态更改的样例文字。

【字体】：更改样式的字体。如果更改现有文字样式的方向或字体文件，当图形重新生成时，所有具有该样式的文字对象都将使用新值。

【字体名】：列出 Fonts 文件夹中所有注册的 TrueType 字体和所有编译的形（SHX）字体的字体族名，从列表中选择名称后，该程序将读取指定字体的文件。除非文件已经由另一个文字样式使用，否则将自动加载该文件的字符定义。可以定义使用同样字体的多个样式。

【字体样式】：指定字体格式，比如斜体、粗体或者常规字体。选定“使用大字体”后，该选项变为“大字体”，用于选择大字体文件。

【使用大字体】：指定亚洲语言的大字体文件，只有 SHX 文件可以创建“大字体”。

【大小】：更改文字的大小。

【注释性】：指定文字为注释性，单击信息图标以了解关于注释性对象的详细信息。

【高度】：根据输入的值设置文字高度。输入大于 0.0 的高度，将自动为此样式设置文字高度；如果输入 0.0，则将默认为上次使用的文字高度，或使用存储在图形样板文件中的值。在相同的高度设置下，TrueType 字体显示的高度可能会小于 SHX 字体显示的高度。

【效果】：修改字体的特性，如高度、宽度因子、倾斜角度及是否颠倒显示、反向或垂直对齐。

【颠倒】：颠倒显示字符。

【反向】：反向显示字符。

【垂直】：字符垂直对齐显示，只有在选定字体支持双向时“垂直”才可用，TrueType 字体的垂直定位不可用。

【宽度因子】：设置字符间距，输入小于 1.0 的值将压缩文字，输入大于 1.0 的值则扩大文字。

【倾斜角度】：设置文字的倾斜角度，输入值介于－85 和 85 之间，将使文字按照设置的值倾斜。

(4)实例应用

实例：请设置“建筑工程图汉字”的文字样式。

操作步骤：

第一步：打开“文字样式”对话框。

第二步：点击“新建”按钮，在弹出的“新建文字样式”对话框中，输入样式名称“建筑工程图汉字”，如图 10－2 所示，单击“确定”。

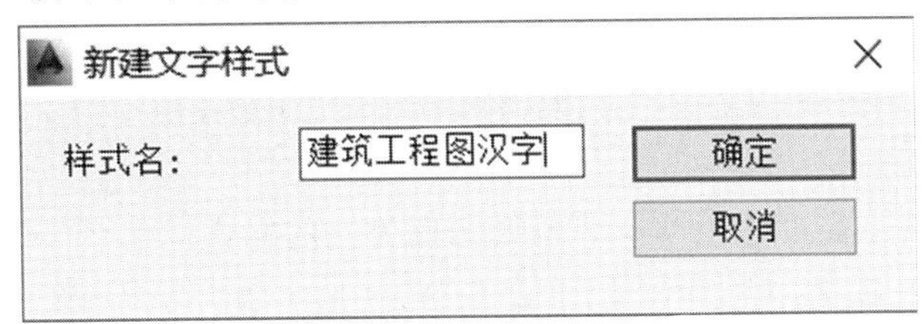

图 10－2 “新建文字样式”对话框

第三步：在“文字样式”对话框中，将字体选择为“仿宋”，宽度因子设定为“0.7”，文字高度设定为“0”，其他取默认值。注意：选择字体时，如果选择字体名称前方有@的，则字体呈横向输入状态。

第四步：单击“应用”按钮，将新字形加入左侧样式列表中，单击“关闭”按钮完成新字形文字样式的设置。

单行文本的创建

10.2 单行文本的创建

调用单行文字命令后，每次只能输入一行文字，不能进行换行操作，一般在图纸中用来做房间名称标注、门窗编号标注、轴线号标注等。

(1)调用方法

菜单法：单击“绘图”→“文字”→“单行文字”菜单。

键盘输入法：输入 text 或 DT。

(2)命令及提示

命令：text

指定文字的起点或[对正(J)样式(S)]：j

输入选项 [左(L)/居中(C)/右(R)/对齐(A)/中间(M)/布满(F)/左上(TL)/中上(TC)/右上(TR)/左中(ML)/正中(MC)/右中(MR)/左下(BL)/中下(BC)/右下(BR)]:

(3)参数说明

【文字起点】：以指定文字对象的起点、高度、角度的方式输入文本。

【对正】：该参数用来控制标注文本的排列方向和排列方式，如图 10-3 所示。

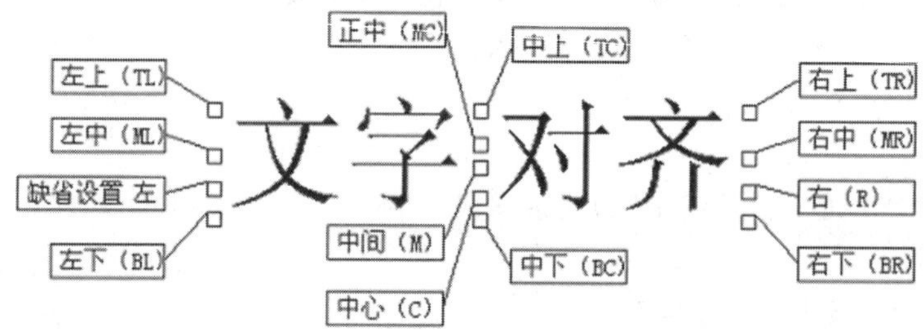

图 10-3　对正方式示意图

【样式】：指定文字样式。文字样式决定文字字符的外观，创建的文字使用当前文字样式，输入[?]将列出当前文字样式、关联的字体文件、字体高度及其他参数。

(4)实例应用

实例：用仿宋、文字高度为 10 mm，旋转角度为 0 的样式标注“××职业技术学院”这几个字。

操作步骤：

命令：text　　//启动单行文字命令

指定文字的起点或[对正(J)样式(S)]:　　//用鼠标点选文字标注的起点

指定高度<2.5000>:10　　//输入文字高度

指定文字的旋转角度<0>：0　　//输入文字旋转角度

提示输入文字:××职业技术学院 //按回车键换行,再按回车键结束命令

10.3 多行文本的创建

多行文本的创建

在 AutoCAD 2014 中，调用多行文字命令，一次可以输入多行文字进行注释。用户可以在图框内的空白处用多行文字对图纸的设计说明、材料表等内容进行标注。

(1)调用方法

菜单法：单击“绘图”菜单→“文字”→“多行文字”。

命令按钮法：单击“绘图”工具栏→ A (多行文字)按钮。

键盘输入法：输入 mtext 或 MT。

(2)命令及提示

命令:mtext

指定第一个角点:

指定对角点或[高度(H)/对正(J)/行距(L)/旋转(R)/样式(S)/宽度(W)/栏(C)]:

(3)参数说明

在执行了多行文字命令，并确定了第一个角点和对角点后，系统会在工具工作区弹出“文字格式”编辑器，如图 10-4 所示。

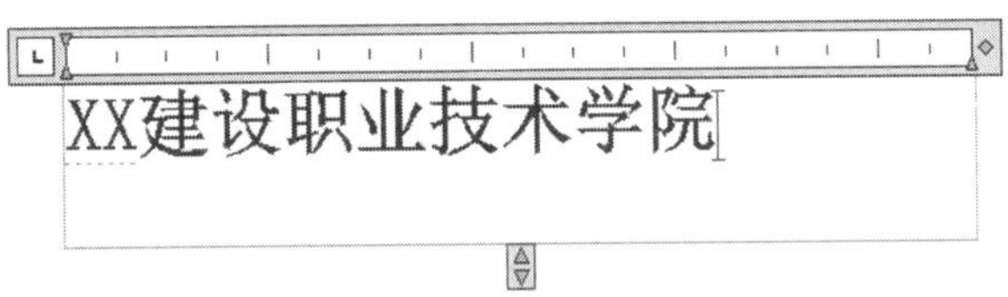

图 10-4 “文字格式”编辑器

表 10-1 “文字格式”工具栏选项及按钮说明

图　标	名　称	功能说明
Standard	样式	为多行文字对象选择文字样式
Arial	字体	用户可以从该下拉列表框中任选一种字体修改选定文字或为新输入的文字指定字体
ByLayer	颜色	用户可从颜色列表中为文字任意选择一种颜色，也可指定 BYLAYER 或 BYBLOCK 的颜色，使之与所在图层或所在块相关联。或在颜色列表中选择“其他颜色”开启“选择颜色”对话框，选择颜色列表中没有的颜色

续 表

图 标	名 称	功能说明
2.5	文字高度	设置当前字体高度。可在下拉列表框中选取，也可直接输入
B I A U O	粗体/斜体/删除线/下划线/上划线	设置当前标注文本是否加黑、倾斜、加删除线、加下划线、加上划线
	撤销	撤销上一步操作
	重做	重做上一步操作
b/a	堆叠	设置文本的重叠方式。只有在文本中含有“/”“^”“#”三种分隔符号且含这三种符号的文本被选定时，该按钮才被执行

(4)实例应用

实例：调用多行文本命令输入文本“××建设职业技术学院”。

操作步骤：

调用多行文本命令，拉框选定输入文本的范围，输入文本即可。

文本的编辑

10.4 文本的编辑

不论是单行文字还是多行文字，我们都可以采取两种方法进行修改，一种是通过修改文字对象命令进行编辑，一种是使用对象特性管理编辑器进行编辑。

1. 使用修改文字对象命令进行编辑

使用修改文字对象命令，不但可以对文字的内容进行编辑，也可以对其比例和对正方式进行编辑。

(1)调用方法

菜单法：单击“修改”→“对象”→“文字”菜单。

键盘输入法：ddedit。

快捷键法：在文字上双击鼠标左键或在文字上点击右键选择“编辑文字”。

(2)命令及提示

命令：ddedit

选择注释对象或[放弃()]：

(3)参数说明

执行 ddedit 命令，选择需要修改的文字，光标会自动进入创建文字的地方并闪烁，此时修改文字对象的方法和创建文字的方法一样。

(4)实例应用

实例：请将之前输入的文本命令修改成“职业院校”。

操作步骤：

在文本上双击鼠标左键，弹出编辑文本窗口，选定要修改的文本删除后，输入新的文本，保存即可。

2. 使用对象特性管理编辑器进行编辑

在修改菜单栏中选择“特性”或按“Ctrl+1”调出特性工具栏，选择需要修改的文字对象，在特性管理器中对文字对象的特性进行编辑。图 10－5 为单行文字的“对象特性”对话框，图 10－6 为多行文字的“对象特性”对话框。

图 10－5　单行文字的“对象特性”对话框

图 10－6　多行文字的“对象特性”对话框

10.5　特殊字符的输入

在文本标注中，经常需要输入一些键盘上没有的特殊字符和符号，如“±”“≈”等。AutoCAD 为了解决这些困难，提供了一种输入方式：通过输入控制代码或“Unicode”字符串的方式输入。也可在文字编辑器内单击鼠标右键，在弹出的快捷菜单中选择“符号”。下面列出了一些特殊字符的控制代码及说明。

表 10－2　文字符号和“Unicode”字符串

名　称	符　号	“Unicode”字符串
几乎相等	≈	U+2248
角度	∠	U+2220
边界线		U+E100

在输入过程中，我们也可以单击多行文本文字格式工具栏中的按钮@▾，对特殊符号进

行插入。

表 10－3　特殊字符的输入及说明

特殊字符	代码输入	说　明
±	%%P	公差符号
¯	%%O	上划线
_	%%U	下划线
%	%%%	百分比符号
Φ	%%C	直径符号
°	%%D	角度

【任务实施】

任务：请按照图 10－7 和图 10－8 的要求设置以下文字样式，并用文本标注命令注写下列文字信息。

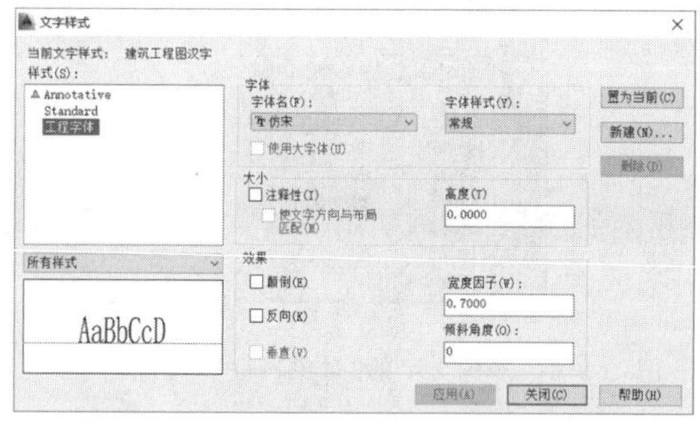

图 10－7

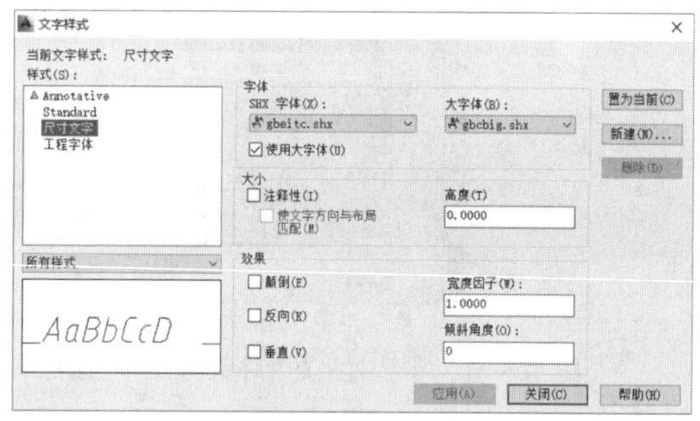

图 10－8

1. 用“工程字体”的文字样式和多行文本命令注写下列文字，字高 5 mm。

技术要求

1.　　未注圆角半径均为R2;

2.　　外表面清理干净。

操作过程：

第一步：设置文字样式。点击“格式”→“文字样式”菜单，在弹出的“文字样式”设置窗口中新建“工程字体”和“尺寸文字”两种文字样式。

第二步：调用多行文本命令，注写文字。设置当前文字样式为“工程字体”，文字高度为 5 mm。

第三步：切换输入法，输入文字。选择其对正位置后，确定即可。

2. 用“尺寸标注”的文字样式和多行命令注写下列文字，字高 3.5 mm。

$30°$　　$1×45$　　$\phi 90$　　$70±0.02$　　$\phi 34\frac{G6}{h5}$　　$\phi 50^{+0.025}_{0}$

操作过程：

第一步：调用多行文本命令。

第二步：注写文字。其中需要插入特殊符号或使用堆叠功能。

【任务巩固与提高】

1. 填空题

(1)在 AutoCAD 2014 中，标注文本有两种方式：一种方式是________，即启动命令后每次只能输入一行文本，不能换行输入；而另一种是________，一次可以输入多行文本。

(2)标注文本之前，需要先给文本字体定义一种样式，字体的样式包括所用的________、字体大小和________等参数。

2. 请绘制下面的表格，并使用单行文本命令对表格内容进行注写，其中字体高度分别为 10 mm 和 5 mm，文字样式为“工程文字”，如图 10－9 所示。

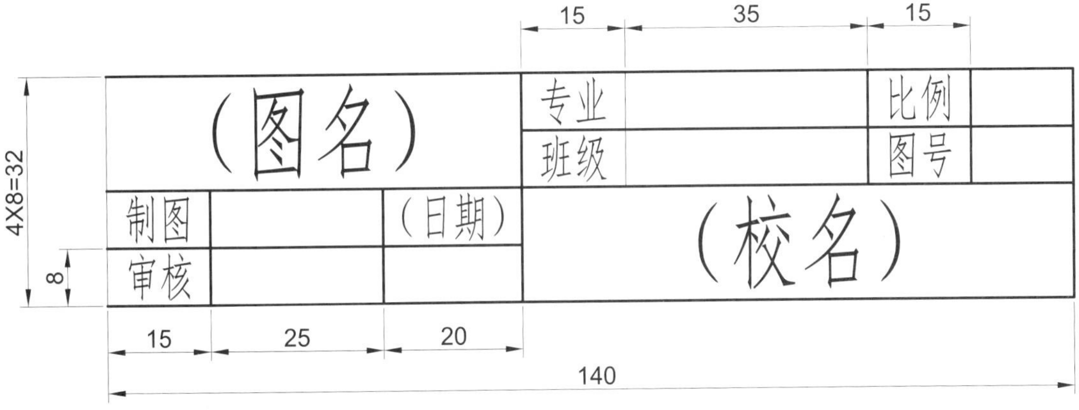

图 10－9

3. 请用多行文本命令注写下列文字，文字样式为“工程文字”。

AutoCAD与建筑设计

AutoCAD是由美国AutoCAD公司（同时开发有3DS、DMAX等著名绘图软件）自1982年起开始推出的CAD（Computer Aided Design，即“计算机辅助设计”）绘图软件系统，是世界上著名的CAD系统之一，在我国的微机CAD市场上它独领风骚二十载。

11 标题栏与材料表的绘制

【任务描述】

在工程图纸中，我们通常在图框的右下角绘制标题栏，并在其中填入图纸的设计单位、时间等信息。因此，标题栏可以以表格的形式显示，在该表格中，可显示数字和其他项，以便快速引用、统计和分析，并方便用户查阅。

【任务目标】

熟悉表格的创建方法，掌握表格的设置方法及要求，并且能结合具体要求创建表格，能正确在建筑施工图中添加表格。

【任务评价】

能够正确创建表格样式和空白表格、编辑表格、使用字段等，能熟练地在图形中加入明细表格。

【知识链接及操作】

11.1 设置表格样式

设置表格样式

在绘图文件中插入表格之前，必须先设置表格的样式。

(1)调用方法

菜单法：单击“格式”→“表格样式”菜单。

键盘输入法：输入“tablestyle”。

(2)命令及提示

启动表格样式命令后，会弹出下列对话框，如图 11－1 所示。

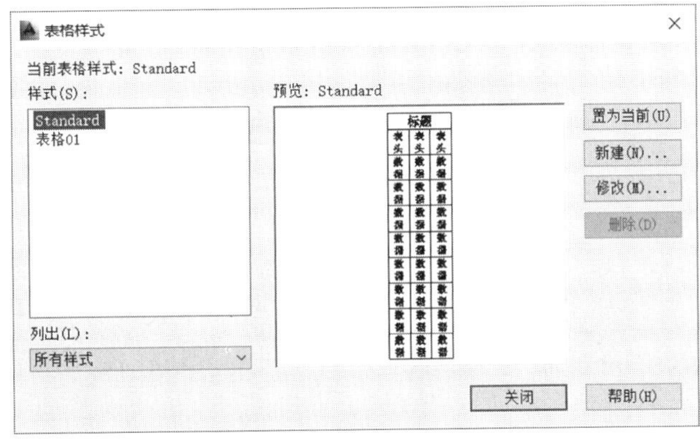

图 11－1 “表格样式”对话框

(3)参数说明

在“表格样式”对话框中，可以创建新的表格样式，可以对左侧已有的表格样式进行修改，也可以在左侧选择一种样式让其置为当前。点选“新建”后会出现如图 11－2 所示的对话框，用来输入新的表格样式的名称；点选了“修改”后会出现如图 11－3 所示的对话框。

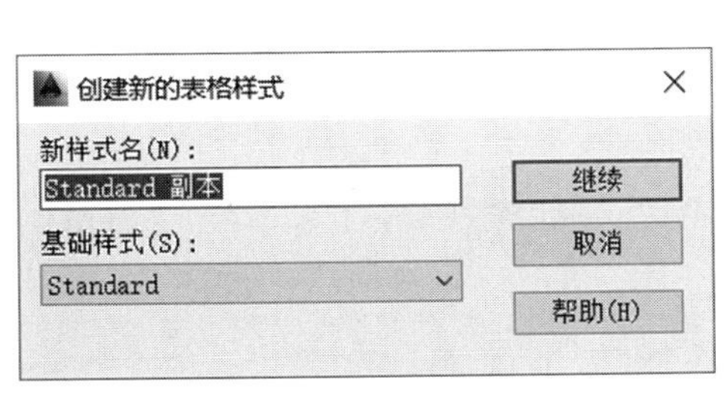

图 11－2 新建表格样式

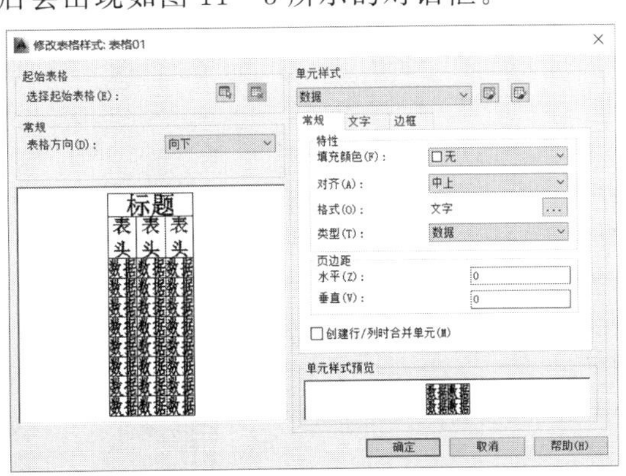

图 11－3 修改表格样式

在"修改表格样式"对话框中，我们可以对表格的特性(填充颜色、对齐方式、格式、类型及页边距等)进行设置和修改，也可以对文字的样式和大小，边框的线型、线宽、颜色、间距等进行设置，如图 11－4 所示。

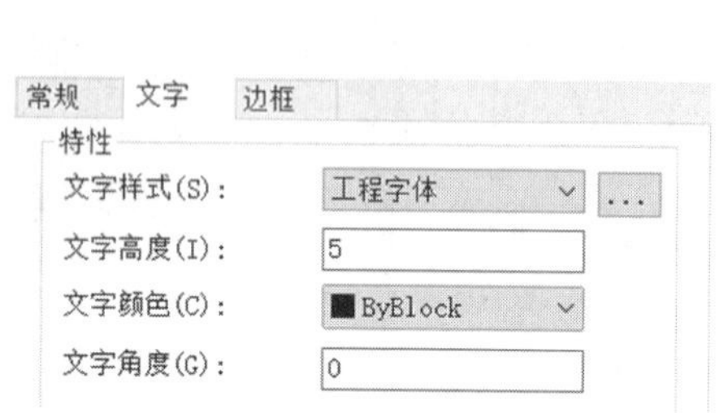

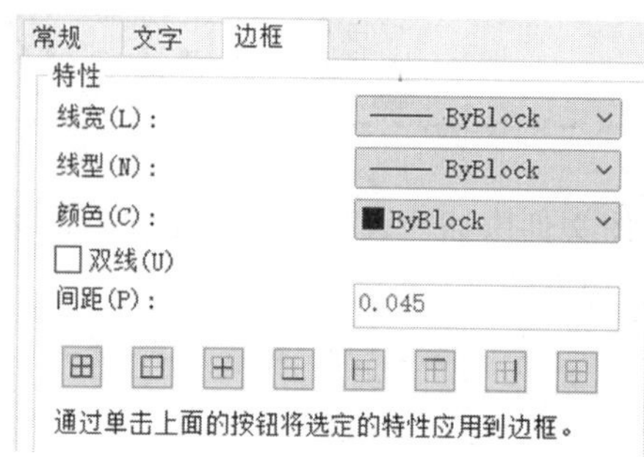

图 11－4　表格样式中的文字修改和边框修改

创建表格

11.2　创建表格

表格样式设置好之后，就可以在指定的位置插入绘制的表格了。切记，在绘制表格之前，一定要将自己根据需要编辑好的表格样式设置为当前样式，否则插入的表格样式会是 AutoCAD 软件默认的 Standard 样式或最近一次使用过的表格样式。

(1)调用方法

菜单法：单击"绘图"→"表格"菜单。

命令按钮法：单击"绘图"工具栏→ 田 (表格)按钮。

键盘输入法：输入 table。

(2)命令及提示

启动了表格样式命令后，会弹出下列对话框，如图 11－5 所示。

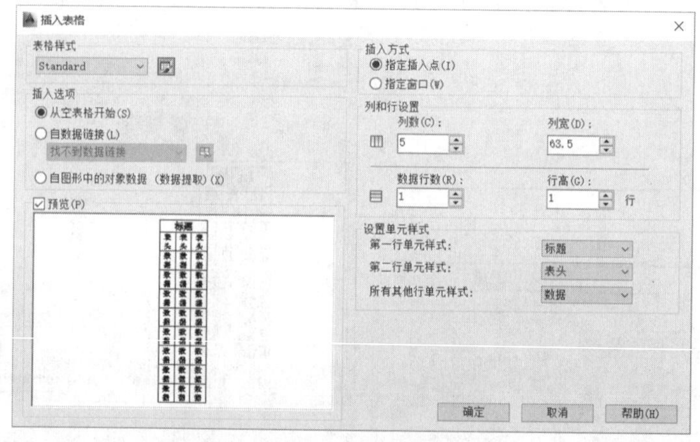

图 11－5　插入表格对话框

(3)参数说明

【表格样式】：用来选择当前插入的表格样式。

【插入选项】：可以选择从空表格开始、自数据链接或自图形中的对象数据(数据提取)，一般默认选择从空表格开始。从空表格开始是指创建可以手动填充数据的空表格；自数据链接是指依据外部电子表格中的数据创建表格；自图形中的对象数据是指启动“数据提取”向导。

【插入方式】：指定表格左上角的位置或指定表格的大小和位置。

【列和行设置】：用来设置行和列的数目及各自的宽度和高度。

【设置单元样式】：用来控制那些不包含起始表格的表格样式，指定新表格中行的单元格式。

(4)实例应用

实例：插入一个3行(行高为30)、5列(列宽为200)的表格，样式选用Standard样式。

操作步骤：

第一步：调用绘制表格命令。

第二步：插入表格。在弹出的对话框中，将行数改为3，行高改为1，列数改为5，列宽改为200，如图11-6所示。

第三步：在绘图区域指定插入点，插入表格。

第四步：选择单元格，设置行高为30(可打开表格的对象特性，修改单元格的行高、列宽)，如图11-7所示。

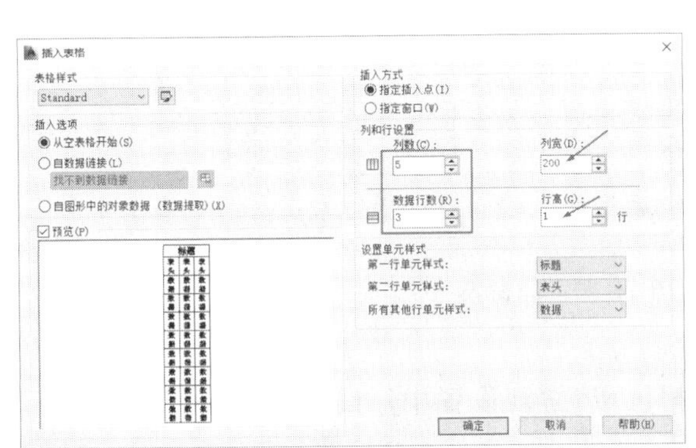

图11-6　插入表格

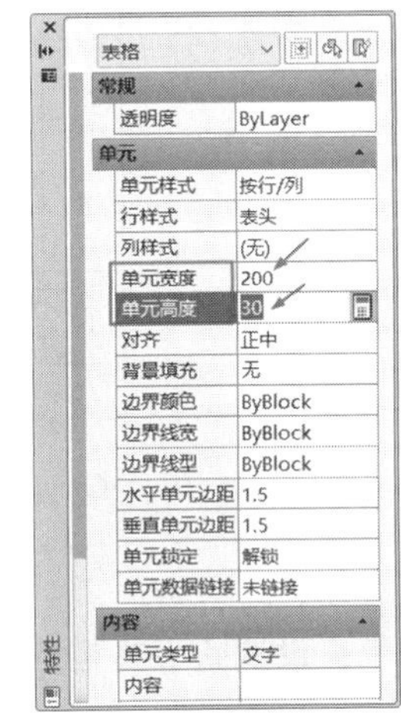

图11-7　表格特性

第五步：为表格输入文字。表格如图11-8所示，多出来的第一行为标题行，第二行为表头行，第三、四、五行才是添加的数据行。

图11-8　表格实例

11.3　编辑表格

表格的编辑分为两部分，一部分为单元格内容的编辑，一部分为单元格属性的编辑。

(1)单元格内容的编辑。

在单元格内双击鼠标左键，进入单元格内容的编辑状态，Enter 键用来控制换行的单元格输入，Tab 键可以切换到下一个单元格继续输入。

(2)单元格属性的编辑。

用户可以拉框选定要合并的多个相邻的单元格，右键合并即可。在调整单元格大小时，可以通过拖拽单元格边框来实现，但是这种方式比较随意。我们可以调用单元格的"特性"工具栏，在这里面详细设置单元格的对齐方式及单元格的大小等属性。

【任务实施】

任务：创建如图 11－9 所示的门窗表，设置标题字高为 100 mm，表头字高为 50 mm，字体采用 gbcbig. shx。

门窗表

类别	设计编号	洞口尺寸/mm		数量	备注
		宽	高		
窗	C0621	600	2100	6	
	C1520	1500	2000	4	
	C1218	1200	1800	4	
门	M0921	900	2100	6	
	M1021	1000	2100	8	

图 11－9　门窗表

操作步骤：

第一步：设置新表格样式。在"数据区域"常规设置中，设置页边距，水平为 0，垂直为 0，对正位置为"正中"，设置其文字样式为"gbeitc. shx"，文字高度为 50 mm；在"标题区域"常规设置中，设置页边距，水平为 0，垂直为 0，对正位置为"正中"，设置其文字样式为"gbeitc. shx"，文字高度为 100 mm。

第二步：点击"插入表格"按钮，设置列数为 6，列宽为 140 mm，行数为 7，行高为 1 行，点击确定后插入表格。

第三步：在绘图区点击插入点插入表格。删除表头所在行。

第四步：按照表格所示尺寸，打开特性工具栏，分别设置单元格的行高和列宽。

第五步：按照表格所示，合并相应的单元格。

第六步：输入表格内容。

【任务巩固与提高】

请绘制如下表格，存储以备后续使用，如图 11－10 所示。

门窗表

类型	编号	洞口尺寸(mm)	数量	备注
门	M1	1560X2500	2	楼门，东西两侧各一扇
	M2	1000X2500	16	办公室门
	M3	800X2000	2	卫生间门
窗	C-1	1800X1800	8	标准窗台底距地 900mm
	C-2	1800X2000	8	标准窗台底距地 900mm
	C-3	1560X2000	1	西立面窗户距地 700mm

图 11－10　门窗表

12 标高符号与轴号的绘制

【任务描述】

在工程图纸中，经常会有一些复杂且重复出现的图形，为了方便绘图，我们可以将其以对象的形式组合成块，根据作图需要，将这些对象按照不同的比例、旋转角度插入到图形任意指定位置。这样一来，不但可以提高绘图的速度，节省存储空间，还便于绘图员修改图形。

【任务目标】

了解图块的概念；熟练掌握图块属性的定义；熟练掌握图块的创建方法(定义块、写块)；能够正确插入图块；能够编辑图块。

【任务评价】

通过对图块的学习，了解图块的制作、保存、插入等操作的应用，从而能够快速绘制图形中重复出现的图形。

【知识链接及操作】

12.1　图块的概念

图块的概念

块是一个或多个对象组成的集合，常用于绘制复杂图形，它包含块名、块几何图形、用于插入块时对齐块的基点位置和所有关联的属性数据。图块的使用不但可以大大提高重复图形绘制的速度，还可以帮助用户更好地组织工作，快速创建与修改图形，减小图形文件的大小。

12.2　定义图块

定义图块

1. 定义内部块

此方法定义的图块只能在定义图块的文件中调用，不能在其他文件中调用。

(1)调用方法

菜单法：单击“绘图”→“块”→“创建”菜单。

命令按钮法：单击“绘图”工具栏→ (块创建)按钮。

键盘输入法：输入 block 或 B。

(2)命令及提示

执行创建块命令后会弹出“块定义”对话框，在对话框中输入块名称，基点、定义的对象等，即可完成定义块的操作。如图 12 - 1 所示。

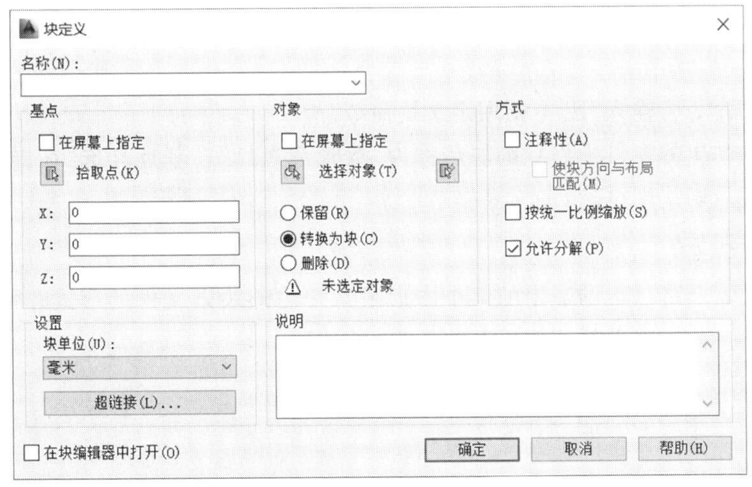

图 12 - 1　“块定义”对话框

(3)参数说明

【名称】：指定块的名称。

【基点】：指定块的插入基点，系统默认为坐标原点。

【对象】：指定新块中要包含的对象，以及创建块之后如何处理这些对象，其具体含义如下。

Ø°保留：当创建图块后保留源对象，即不改变定义图块源对象的任何参数。

Ø°转换为块：当创建图块后，将源对象自动转换为图块。

Ø°删除：当创建图块后，自动删除源对象。

【设置】：各选项含义如下。

Ø°块单位：指定块参照插入单位，通常为毫米，也可以用其他单位。

Ø°超链接：单击该按键将打开"插入超链接"对话框，用于为定义的图块设定一个超链接。

【方式】：用于指定块的行为，具体选项含义如下。

Ø°注释性：指定块为注释性。

Ø°按统一比例缩放：指定是否阻止块参照不按统一比例缩放。

Ø°允许分解：指定块参照是否可以被分解。

【说明】：添加图块的说明信息。

【在块编辑器中打开】：用于确定在创建块后，是否在块编辑器中打开图块进行编辑。

(4)实例应用

实例：用定义块命令将下图绘制好的双管荧光灯定义成内部块，如图 12-2 所示。

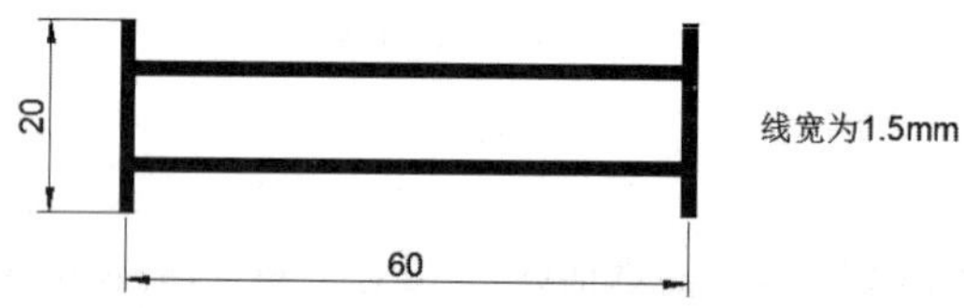

图 12-2　双管荧光灯

操作步骤：

第一步：在命令行输入"B"，调用定义块命令。

第二步：在弹出的窗口中设置图块名称为"双管荧光灯"，基点勾选"在屏幕上指定"，选择绘制的荧光灯后确认即可。

2. 定义外部块

外部块定义命令可以将图形中的某个图形或某个内部块以文件的形式存储在磁盘中，以便日后进行调用。此法定义的图块任意文件都可调用。

(1)调用方法

键盘输入法：输入 wblock 或 W。

(2)命令及提示

执行定义块命令后，弹出如图 12-3 所示的对话框。

图 12－3 “写块”对话框

(3)参数说明

【源】：用于选择创建块文件的对象，各选项含义如下。

Ø°块：指定要另存为外部块的块。

Ø°整个图形：选择需要另存为文件的图形。

Ø°对象：选择要另存为文件的对象，选择基点。

【基点】：指定块的基点，可通过鼠标拾取。

【对象】：指定新块中要包含的对象，以及创建块之后如何处理这些对象，与内部块相同。

【文件名和路径】：指定文件名和保存块的路径。

(4)实例应用

实例：用写块的命令将图 12－2 中定义的图形存储成外部图块。

操作步骤：

第一步：调用“写块”命令。

第二步：选择需要存储成块的对象或内部块。

第三步：输入存储外部块文件的存储路径和文件名，并保存。

12.3 图块的插入

图块的插入

插入图块是指将已经定义好的内部块或外部块插入到当前图形文件中，在插入图块的时候，需要指定被插入图块的名称、插入图块的位置、插入图块的比例及其旋转比例。

(1)调用方法

菜单法：单击“插入”→“块”菜单。

命令按钮法：单击“绘图”工具栏→ (插入块)按钮。

键盘输入法：输入 insert 或 I。

(2)命令及提示

命令: insert

指定插入点或 [基点(B)/比例(S)/旋转(R)]:

插入图块对话框如图 12－4 所示。

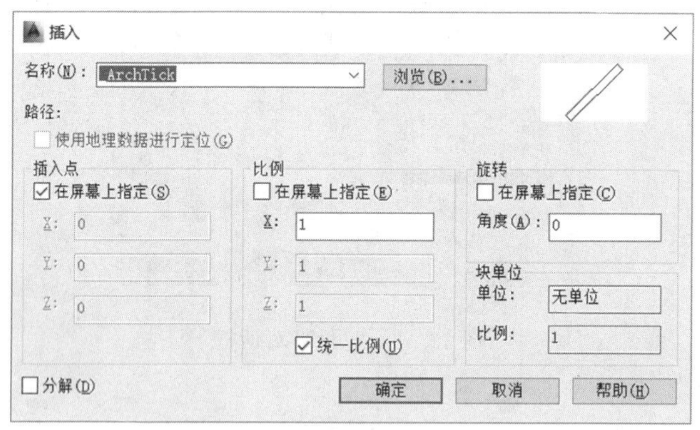

图 12－4　插入图块对话框

(3)参数说明

【名称】：从下拉菜单中选择要插入块的名称或块文件。

【路径】：列出插入块文件的路径。

【插入点】：选择要插入块的基点位置，可直接在屏幕上指定。

【比例】：指定块在插入时的缩放比例，可统一比例或不同比例。

【旋转】：指定块在插入时旋转的角度。

【分解】：分解块并插入该块的各个部分。选定“分解”时，可以指定统一比例因子。

(4)实例应用

实例：选择创建好的双管荧光灯图块，插入到图形文件中。

操作步骤：

第一步：调用插入图块命令，弹出窗口，如图 12－5 所示。

第二步：指定块的插入点或［基点(B)/比例(S)/旋转(R)］，点击“确定”。

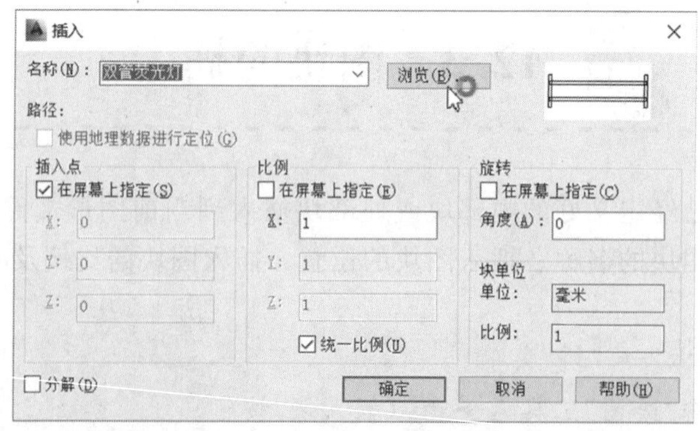

图 12－5　插入图块对话框

12.4 以矩形阵列方式插入块

(1)调用方法

键盘输入法：输入 minsert。

(2)命令及提示

命令: minsert。

输入块名或 [?]: c－1 //输入块名称

单位: 毫米　转换:1. 0000

指定插入点或 [基点(B)/比例(S)/X/Y/Z/旋转(R)]: //指定插入点或选择一个选项

输入 X 比例因子,指定对角点,或[角点(C)/XYZ(XYZ)]<1> : //输入 X 轴比例

输入 Y 比例因子或 <使用 X 比例因子> : //输入 Y 轴比例

指定旋转角度 <0> : //输入旋转角度

输入行数 (- - -) <1> : //输入行数

输入列数 (|||) <1> : //输入列数

12.5 图块的属性

图块的属性

属性是指将数据附着到块上的标签或标记。属性中可能包含的数据包括零件编号、价格、注释和物主的名称等。通常情况下，我们需要对图形进行保存之前先要定义它的一些属性，以便在插入时可以灵活地设置其属性值。

(1)调用方法

菜单法：单击“绘图”→“块”→“定义属性”菜单。

键盘输入法：输入 attdef 或 ATT。

(2)命令及提示

“属性定义”窗口如图 12－6 所示。

(3)参数说明

【模式】：在图形中插入块时，设定与块关联的属性值选项。

Ø°不可见：指定插入块时不显示或打印属性值。attdisp 命令将替代“不可见”模式。

Ø°固定：在插入块时指定属性的固定值。此设置用于永远不会更改的信息。

Ø°验证：在插入块时提示验证属性值是否正确。

Ø°预设：在插入块时，将属性设置为其默认值而无须显示提示。仅在提示将属性值设置为在“命令”提示下显示(attdia 设置为 0)时，应用“预设”选项。

Ø°锁定位置：锁定块参照中属性的位置。解锁后，属性可以相对于使用夹点编辑的块的其他部分移动，并且可以调整多行文字属性的大小。

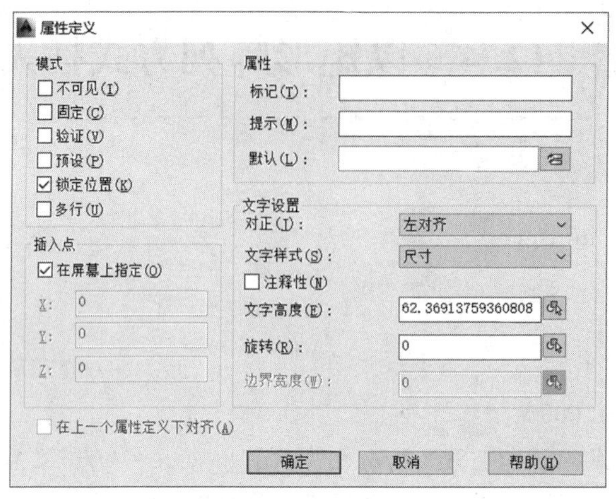

图 12-6 “属性定义”窗口

Ø°多行：指定属性值可以包含多行文字，并且允许您指定属性的边界宽度。

【属性】：具体设置选项如下。

Ø°标记：指定用来标识属性的名称。使用任何字符组合(空格除外)输入属性标记。小写字母会自动转换为大写字母。

Ø°提示：指定在插入包含该属性定义的块时显示的提示。如果不输入提示，属性标记将用作提示。如果在“模式”区域选择“常数”模式，“属性提示”选项将不可用。

Ø°默认：指定默认属性值。

【插入点】：指定属性的位置，可以输入坐标，或在屏幕上指定一点。

【文字设置】：设定属性文字的对正、样式、高度和旋转。

(4)实例应用

实例：定义标高图块属性，标高符号的尺寸如图 12-7 所示。

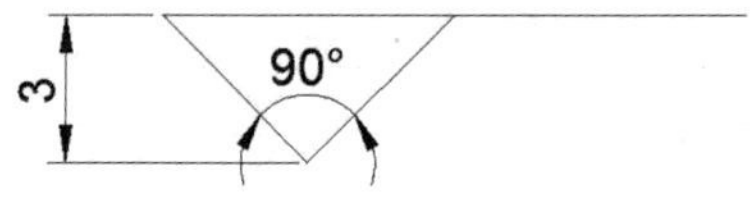

图 12-7 标高符号的尺寸

操作步骤：

第一步：绘制标高符号的图形。

第二步：定义标高属性。在命令行输入“att”，弹出属性窗口，定义参数如图 12-8 所示。

第三步：点击“确定”，鼠标定位“BG”属性文字的位置，如图 12-9 所示。

第四步：调用存储块命令，存储图块“BG”。

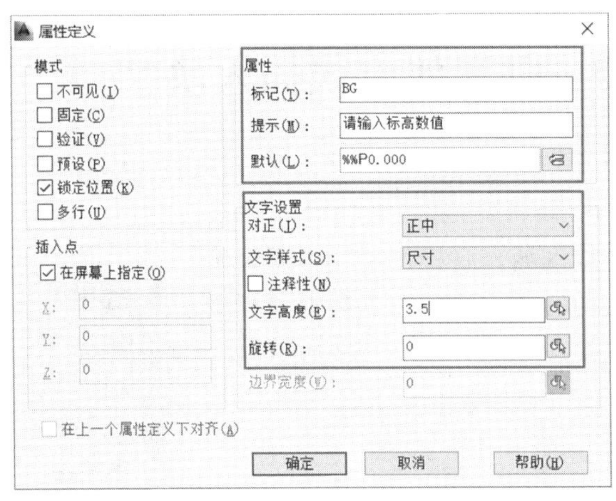

图 12－8　“属性定义”对话框

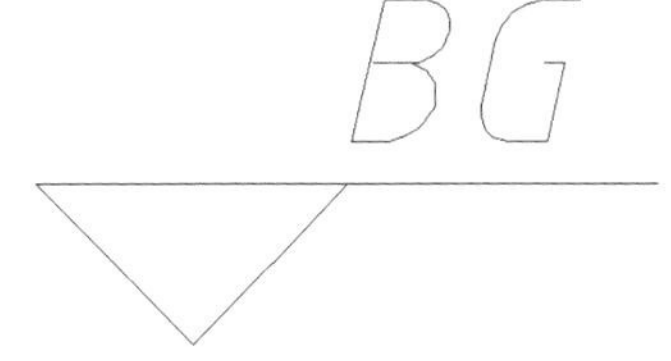

图 12－9　“BG”属性文字

12.6　属性编辑

属性编辑

（1）调用方法

菜单法：单击“修改”→“属性”→“单个”/“全局”（修改→对象→属性→块属性管理器）菜单。

键盘输入法：输入 attedit。

（2）命令及提示

下面是用不同方式调用属性编辑命令后的显示窗口，如图 12－10、图 12－11 所示。

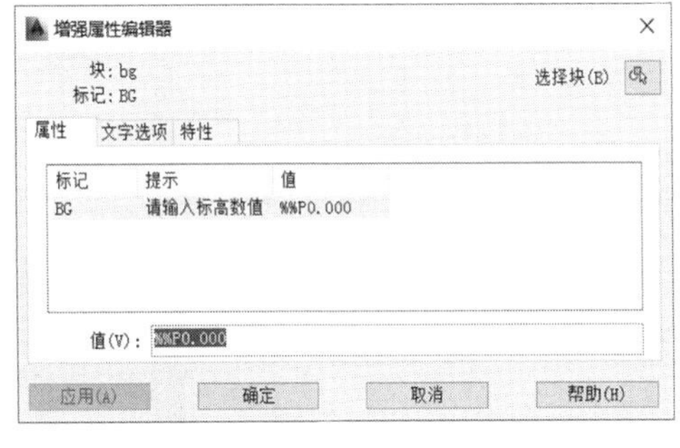

图 12－10　增强属性编辑器

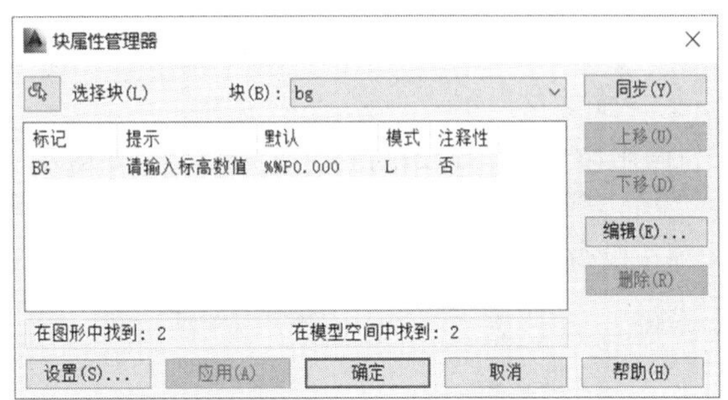

图 12－11　块属性管理器

以其他方式插入块

12.7　以其他方式插入块

1. 使用【工具选项板】插入块

工具选项板是以选项卡形式组织的窗口区域，它提供了一种用来组织、共享和放置块、图案填充及其他工具的有效方法。在工具选项板中还可以包含由第三方开发人员提供的自定义工具，如图 12-12 所示。

(1)调用方法

菜单法：单击“工具”→“选项板”→“工具选项板”菜单。

键盘输入法：输入 toolpalettes。

快捷键法：Ctrl+3。

(2)命令及提示

调用命令后，弹出窗口，如图 12-12 所示。

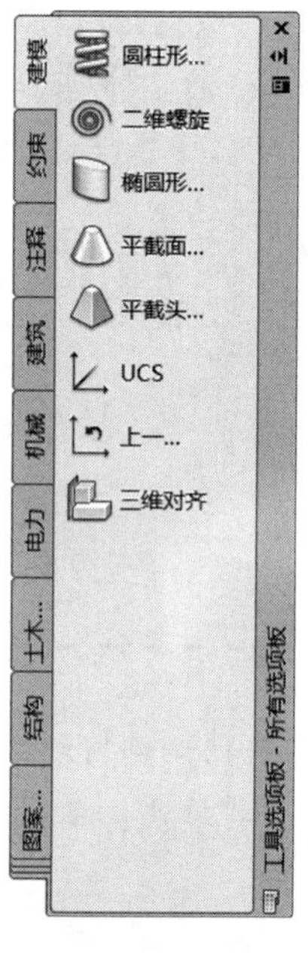

图 12-12

2. 使用【设计中心】工具板插入块

通过设计中心，用户可以组织对图形、块、图案填充和其他图形内容的访问。可以将源图形中的任何内容拖动到当前图形中。可以将图形、块和填充拖动到工具选项板上。源图形可以位于用户的计算机、网络位置或网站上。另外，如果打开了多个图形，可以通过设计中心在图形之间复制和粘贴其他内容(如图层定义、布局和文字样式)来简化绘图过程。

(1)调用方法

菜单法：单击“工具”→“选项板”→“设计中心”菜单。

键盘输入法：输入 adcenter。

快捷键法：Ctrl+2。

(2)命令及提示

调用命令后，弹出窗口，如图 12-13 所示。

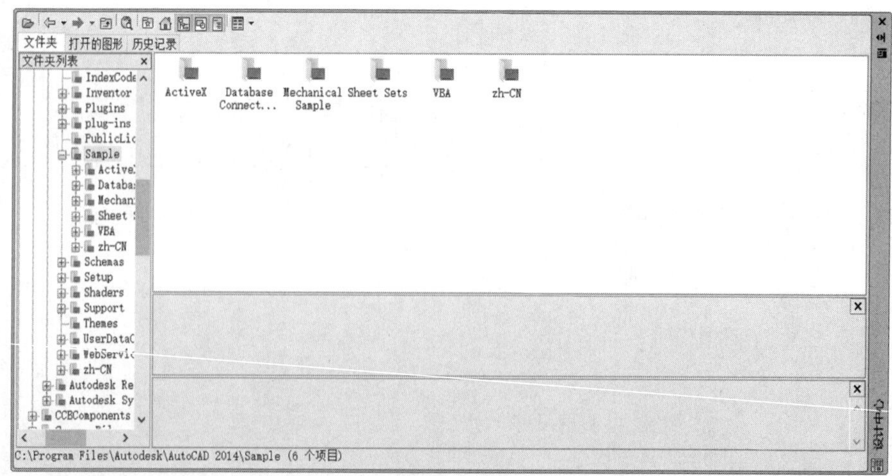

图 12-13

3. 用点命令插入块

执行“点定数等分(divide)”或“点定距等分(measure)”命令，可在当前图形文件中插入由用户定义的内部图块，如图 12－14 所示。

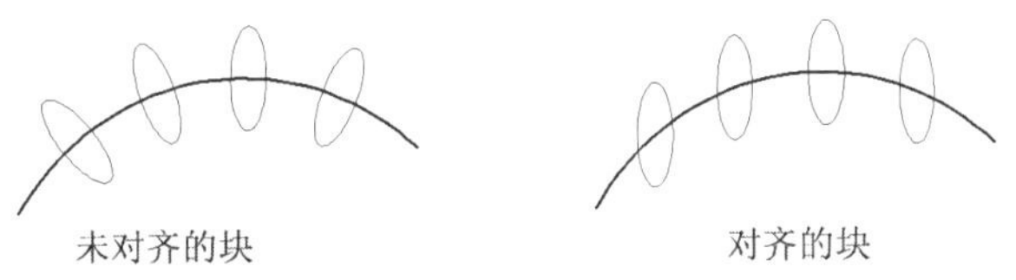

图 12－14 用户定义的内部图块

(1)调用方法

菜单法：单击“绘图”→“点”→“定数等分/定距等分”菜单。

键盘输入法：输入 DIV/ME。

(2)命令及提示

命令: divide //定数等分命令

选择要定数等分的对象: //选择等分的对象

输入线段数目或 [块(B)]: b //插入块

输入要插入的块名: //输入块名称

是否对齐块和对象? [是(Y)/否(N)] <Y> : //是否对齐块

输入线段数目: //输入线段数目

【任务实施】

任务：绘制标高图块，并将其插入至合适的位置，如图 12－15 所示。

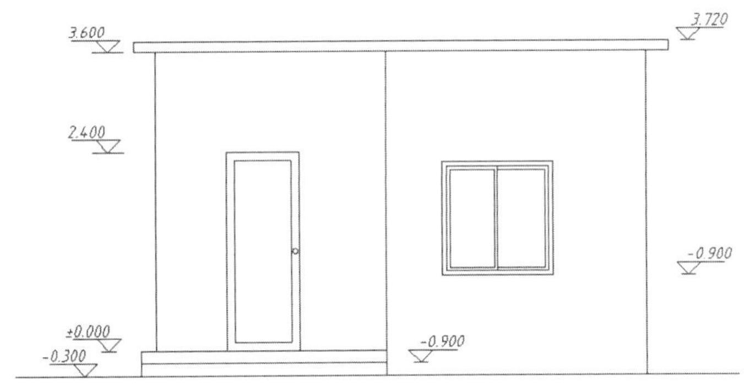

图 12－15

操作步骤：

第一步：将上文中定义好属性的图块“BG”找到，并存储成外部图块。

第二步：按尺寸绘制好图形，按如图 12－16 所示图形，调用插入图块命令，插入图块即可。在插入过程中，需要修改图块的属性，如图 12－17 所示。

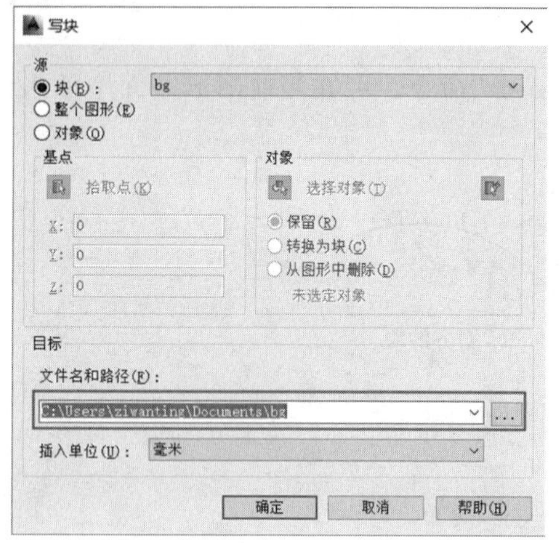

图 12 - 16

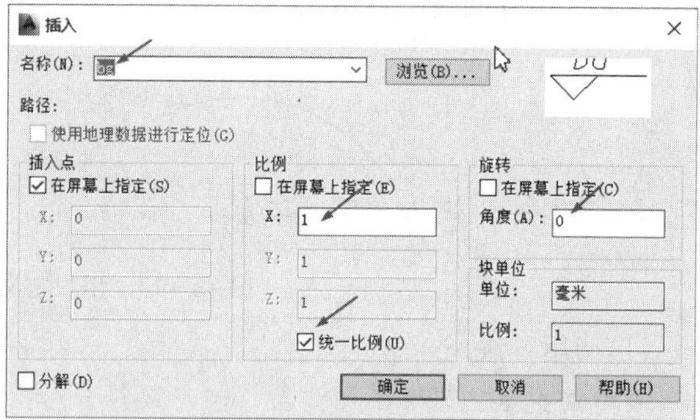

图 12 - 17 修改插入图块的属性

【任务巩固与提高】

绘制轴号，并将其插入至合适的位置，如图 12 - 18 所示。

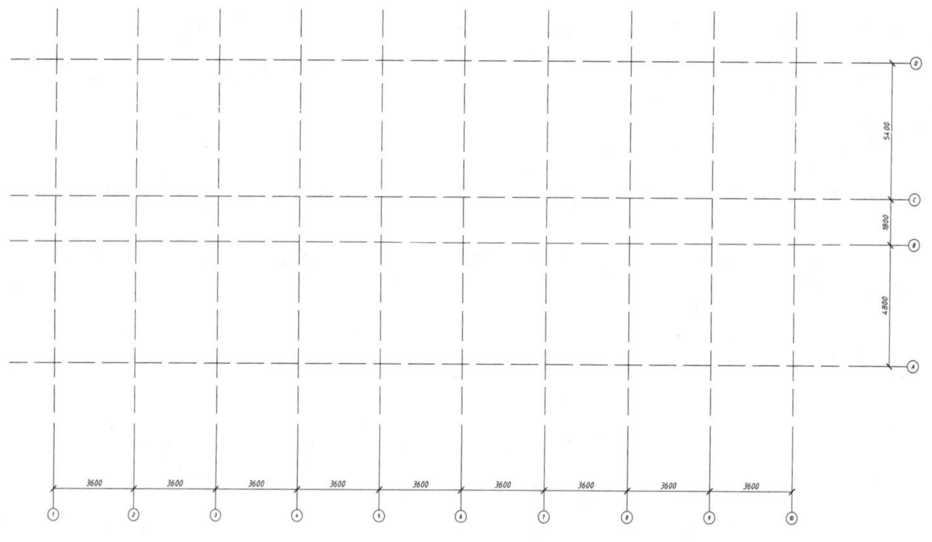

图 12 - 18

标注图纸尺寸

【任务描述】

通过本任务的学习，使学习者熟记尺寸标注的创建方法，掌握尺寸样式的设置方法及要求，并且能够结合行业规范要求，正确在建筑施工图中添加尺寸标注。

【任务目标】

熟悉尺寸标注样式的设置方法及要求，能正确使用尺寸标注命令对图形进行标注，具备灵活修改标注样式的能力。

【任务评价】

能够正确对图纸进行尺寸标注。

【知识链接及操作】

尺寸标注的组成

13.1 尺寸标注的组成

建筑工程图中完整的尺寸标注主要是由四部分组成的，分别是尺寸线、尺寸界线、箭头(尺寸起止符号)、尺寸数字，如图 13－1 所示，有的时候根据需要，还会有中心标记和引线标注。

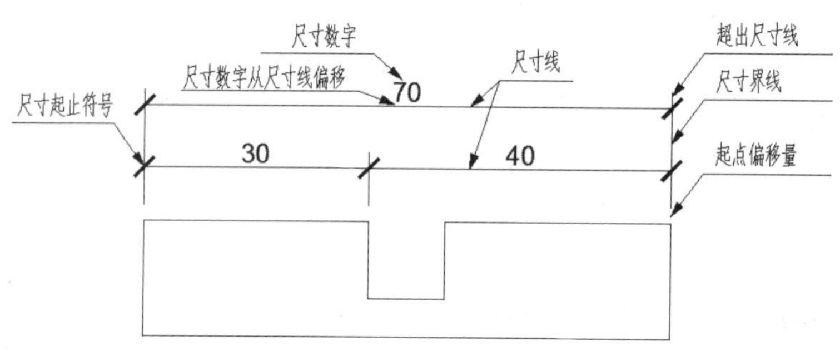

图 13－1 尺寸标注的构成要素

【尺寸界线】：尺寸界线左右各一条，用来表示尺寸起始和终点的位置，多从图形的轴线引出。

【尺寸线】：尺寸线用来代表所标注对象的长度，它与标注对象平行，在左右两侧的尺寸界线中间，可与之垂直，也可以倾斜，尺寸线不能用图形中的对象代替，必须单独画出。

【尺寸箭头】：在尺寸线两端，和尺寸界线连接，用来表示尺寸线的起始位置，在建筑工程图的尺寸标注中，尺寸箭头必须选用建筑标记。

【尺寸数字】：尺寸数字用来代表标注对象的具体长度和大小，一般写在尺寸线的上方。

13.2 尺寸标注的类型

AutoCAD 中提供了多种尺寸类型，总的来说，可以分为两类：一类是用来标注长度的长度尺寸标注，如图 13－2 所示；一类是用来标注半径、角度等的径向尺寸标注，如图 13－3 所示。

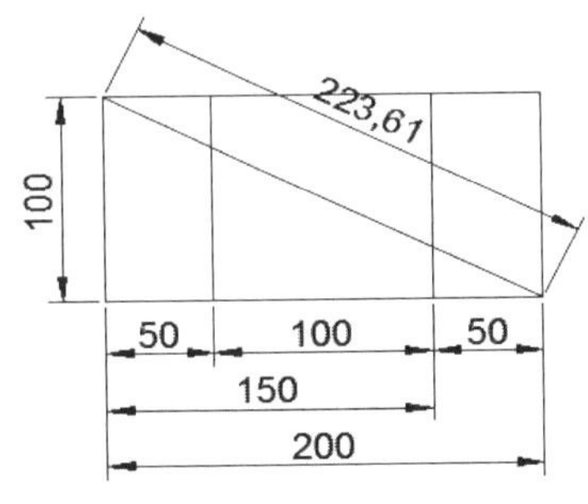

图 13-2 长度尺寸标注

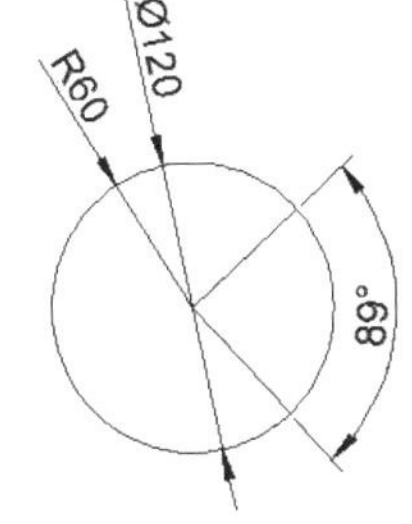

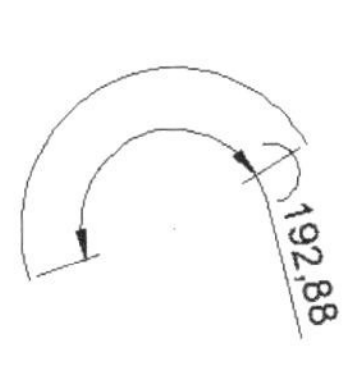

图 13-3 径向尺寸标注

13.3 尺寸标注样式的设置

尺寸标注样式的设置

在对图形进行标注之前，我们要根据所绘图形的大小和性质设置标注样式。

(1)调用方法

菜单法：单击“格式”→“标注样式”菜单。

命令按钮法：单击“标注”工具栏或“样式”工具栏→(标注样式)按钮。

键盘输入法：输入 dimstyle。

(2)命令及提示

启动了标注样式命令后，系统会弹出如图 13-4 所示的对话框。

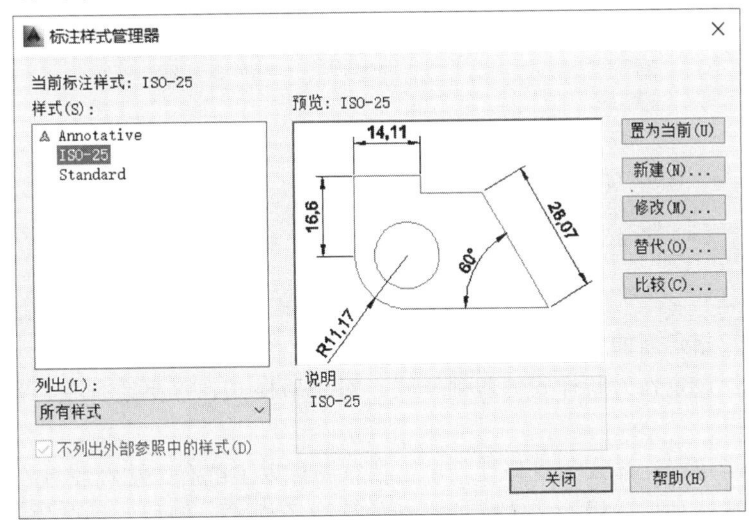

图 13-4 标注样式管理器

(3)参数说明

【当前标注样式】：显示当前标注样式的名称，默认标注样式为标准，当前样式将应用于即将创建的标注。

【样式】：列出图形中的标注样式，当前样式被亮显，在列表中单击鼠标右键可显示快捷菜单及选项，可用于设定当前标注样式、重命名样式和删除样式，不能删除当前样式或当前图形使用的样式。

【列出】：在“样式”列表中控制样式显示，如果要查看图形中所有的标注样式，请选择“所有样式”，如果只希望查看图形中当前使用的标注样式，请选择“正在使用的样式”。

【预览】：显示“样式”列表中选定样式的图示。

【说明】：说明“样式”列表中与当前样式相关的选定样式，如果说明超出给定的空间，可以单击窗格并使用箭头键向下滚动。

【置为当前：将在“样式”下选定的标注样式设定为当前标注样式，当前样式将应用于所创建的标注。

【新建】：显示“创建新标注样式”对话框，从中可以定义新的标注样式。

【修改】：显示“修改标注样式”对话框，从中可以修改标注样式，对话框选项与“新建标注样式”对话框中的选项相同。

【替代】：显示“替代当前样式”对话框，从中可以设定标注样式的临时替代值，对话框选项与“新建标注样式”对话框中的选项相同，替代将作为未保存的更改结果显示在“样式”列表中的标注样式下。

【比较】：显示“比较标注样式”对话框，从中可以比较两个标注样式或列出一个标注样式的所有特性。

新建标注样式，会弹出如图 13－5 所示的“创建新标注样式”对话框，各选项卡含义如下。

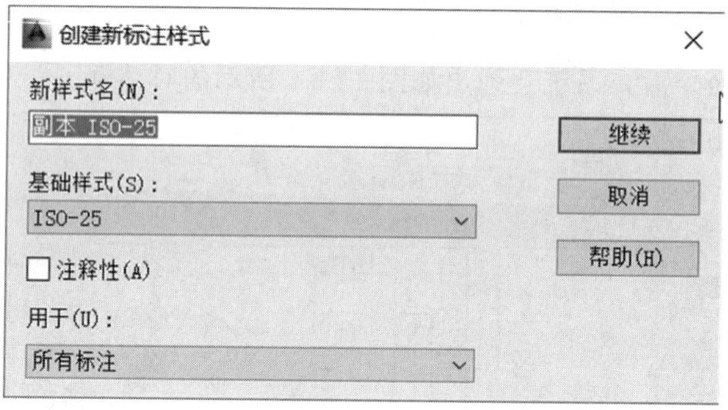

创建新标注样式
新样式名(N)：
副本 ISO-25
继续
基础样式(S)：
ISO-25
取消
注释性(A)
帮助(H)
用于(U)：
所有标注

图 13－5 “创建新标注样式”对话框

【新样式名】：指定新的标注样式名。

【基础样式】：设定作为新样式的基础样式，对于新样式，仅更改那些与基础特性不同的特性。

【注释性】：指定标注样式为注释性，单击信息图标以了解有关注释性对象的详细信息。

【用于】：创建一种仅适用于特定标注类型的标注子样式。例如，可以创建一个 Standard 标注样式的版本，该样式仅用于直径标注。

【继续】：点击“继续”，会进入如图 13－6 所示的“修改标注样式”对话框，若在图13－4中点击“修改”按钮，也会进入如图 13－6 所示的“修改标注样式”对话框。

在“修改标注样式”对话框中，一共有七个选项卡，分别是线、符号和箭头、文字、调整、主单位、换算单位、公差。

(1)先来看一下“线”选项卡中不易理解的各参数。

Ø°颜色：用于调整、修改尺寸线或尺寸界线的颜色，用户在下拉菜单中选择，可以选择Bylayer(随图层)。

Ø°超出标记：是指设置尺寸线超出标注的距离。

Ø°超出尺寸线：是指尺寸界线超出尺寸线的距离。

Ø°起点偏移量：是指尺寸界线距离标注对象的距离。

参照建筑制图对 AutoCAD 软件设置的要求，我们给建筑工程图插入的尺寸标注中，对线的要求应该按照图 11－6 中的右图的各参数进行设置。

(2)“符号和箭头”选项卡如图 13－7 所示。

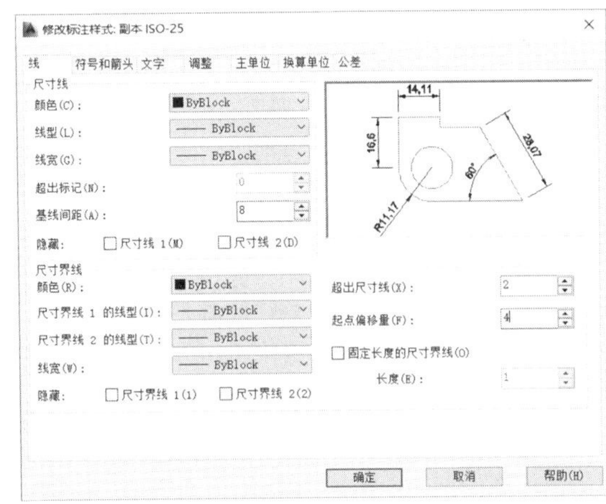

图 13－6 “修改标注样式”对话框—“线”选项卡

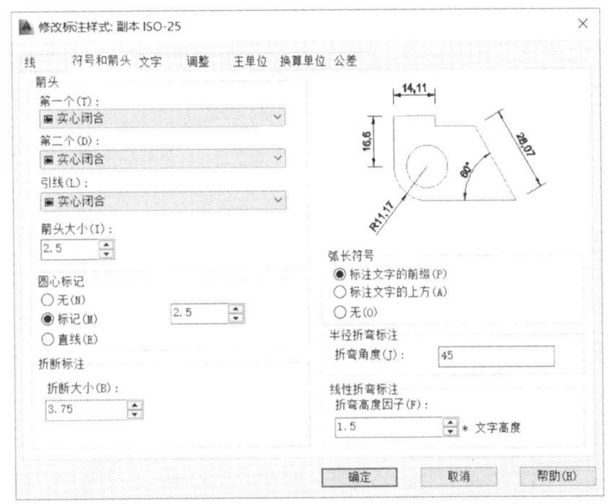

图 13－7 “符号和箭头”选项卡

Ø°箭头：第一个是与第一尺寸界线相连的箭头，第二个是与第二尺寸界线相连的箭头，在建筑工程图中，我们要求第一个和第二个箭头都只能选建筑标记。

Ø°箭头大小：用来设置箭头的尺寸，数值可用来控制箭头长度方向的尺寸，宽度自动默认为宽度的 40%。

Ø°圆心标记：设置与尺寸界线相交的斜线的长度。

参照建筑制图对 AutoCAD 软件设置的要求，我们给建筑工程图插入的尺寸标注中，对符号和箭头的要求应该按照图 13－7 中的右图的各参数进行设置。

(3)“文字”选项卡如图 11－8 所示。

在“文字”项卡中可以对文字进行样式、颜色和填充颜色、文字高度的设置，也可以对文字位置进行设置；分数高度比例是指尺寸文本中分数高度的比例因子，只有当“在应用上标于”编辑框选中时，才能使用此选项。

参照建筑制图对 AutoCAD 软件设置的要求，我们给建筑工程图插入的尺寸标注中，对文字的要求应该按照图 13－8 中的右图的各参数进行设置。

(4)“调整”选项卡如图 13－9 所示。

这里是用来调整尺寸标注四个组成部分的放置与否问题的，如果尺寸界线之间没有足够的空间来放置文字和箭头，那么首先应该从尺寸界线中移出的内容是什么，可以在选项卡中选择。

Ø°使用全局比例：这一项很重要，必须按照图纸上的比例来设置，如果出图比例为1∶100，使用全局比例中就应当设置为100；如果图纸上要求的出图比例为1∶50，则使用全局比例应该调整为50。

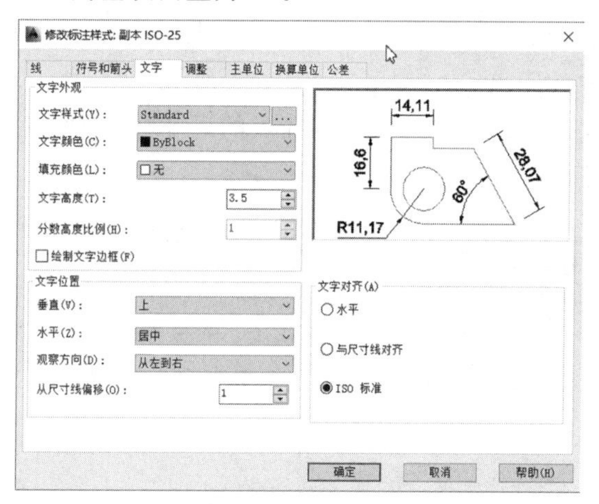

图 13-8 “文字”选项卡

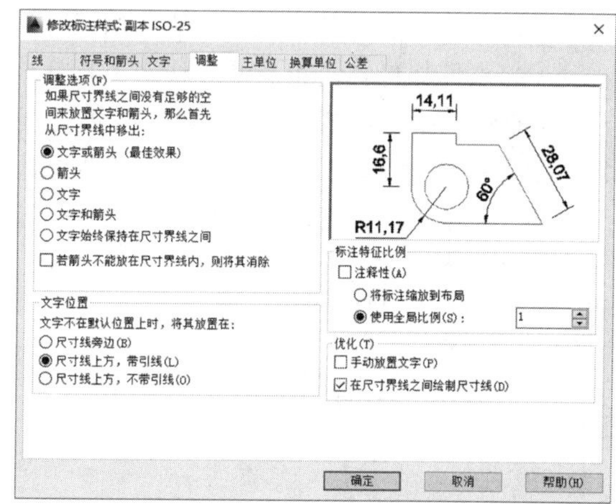

图 13-9 “调整”选项卡

(5)“主单位”选项卡如图 13-10 所示。

Ø°精度：设置尺寸标注的精度。

Ø°前导：这里是用来控制前导零的可见性。

Ø°后续：这里是用来控制后续零的可见性。

(6)“换算单位”选项卡如图 13-11 所示。选择“显示换算单位”后，将给标注文字添加换算测量单位。在建筑工程图中，该选项卡中的内容保持默认值即可。

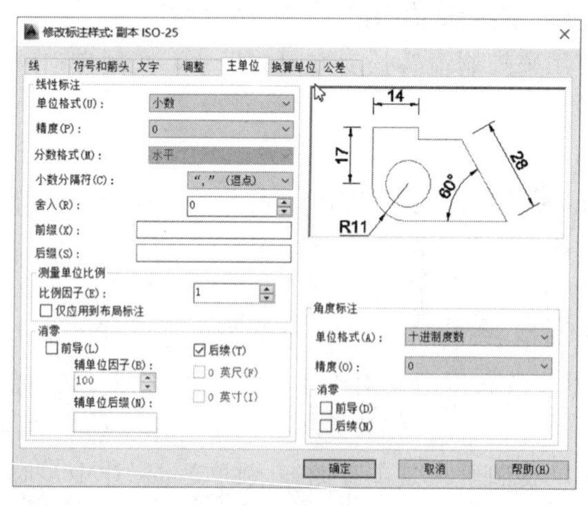

图 13-10 “主单位”选项卡

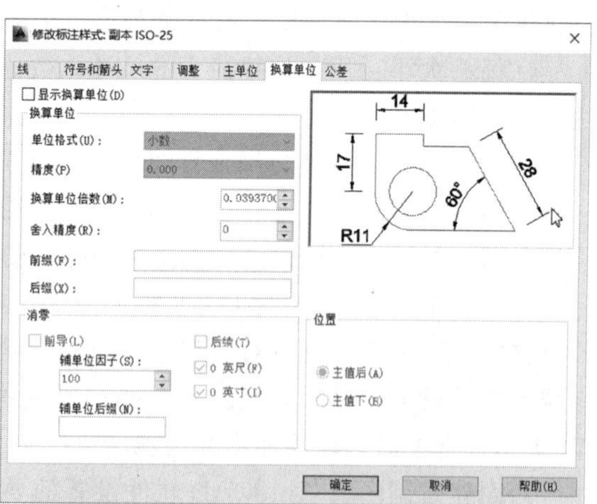

图 13-11 “换算单位”选项卡

Ø°单位格式：可以在其下拉列表中选择单位替换的类型，有“科学”“小数”“工程”“建筑堆叠”“分类堆叠”等。

Ø°精度：列出不同换算单位的精度。

Ø°换算单位倍数：调整替换单位的比例因子。

Ø°舍入精度：调整标注的替换单位与主单位的距离。

Ø°前缀/后缀：输入尺寸文本前缀或后缀，可以输入文字或用控制码显示特殊符号。

(7)“公差”选项卡如图 13－12 所示，该对话框用于设置测量尺寸的公差样式。

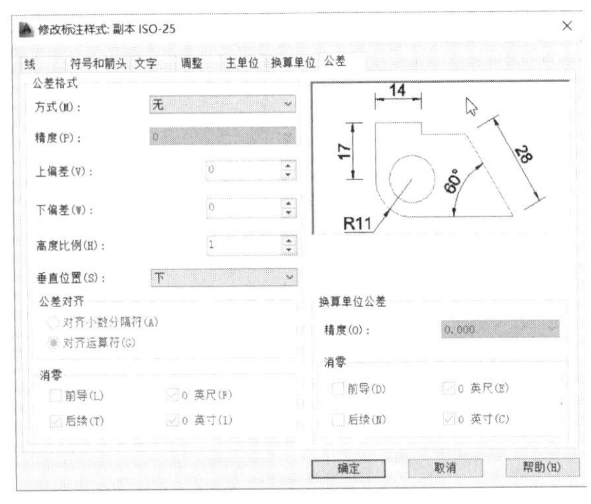

图 13－12 “公差”选项卡

Ø°方式：有 5 种方式，分别是无、对称、极限偏差、极限尺寸、基本尺寸。

Ø°精度：根据具体工作环境要求，设置相应精度。

Ø°上偏差：输入上偏差值。

Ø°下偏差：输入下偏差值。

Ø°高度比例：缺省为 1，可调整。

Ø°垂直位置：有下、中、上三个位置可调整。

13.4 创建尺寸标注

1. 线性尺寸标注

线性尺寸标注

(1)调用方法

菜单法：单击“标注”→“线性”菜单。

命令按钮法：单击“标注”工具栏→├┤（线性标注）按钮。

键盘输入法：输入 dimlinear 或 DLI。

(2)命令及提示

命令：dimlinear

指定第一条尺寸界线原点或<选择对象> ：
指定第二条尺寸界线原点：
[多行文字(M)/文字(T)/角度(A)/水平(H)/垂直(V)/旋转(R)]：

(3)参数说明

【多行文字】：显示在位文字编辑器，可用它来编辑标注文字。

【文字】：在命令提示下，自定义标注文字。

【角度】：修改标注文字的角度，如图 13-13 所示。

【水平】：创建水平线性标注，系统将使尺寸文字水平放置，如图 13-14 所示。

【垂直】：创建垂直线性标注，系统将使尺寸文字垂直放置，如图 13-15 所示。

【旋转】：创建旋转线性标注，指定尺寸线旋转的角度，如图 13-16 所示。

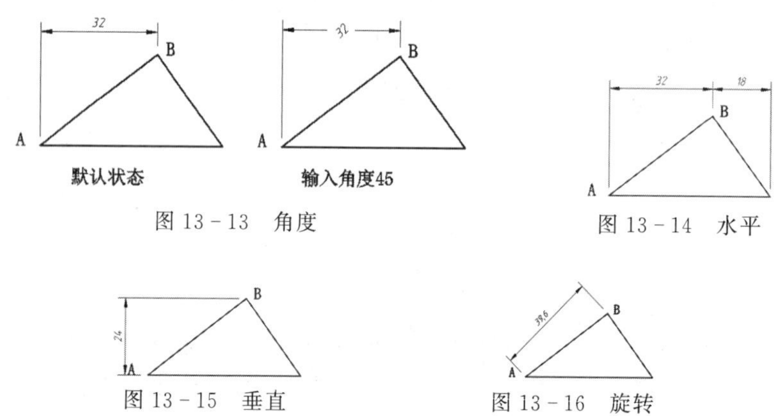

图 13-13　角度

图 13-14　水平

图 13-15　垂直

图 13-16　旋转

(4)实例应用

实例：请调用线性标注命令，对图 13-17 中的多段线创建尺寸标注。

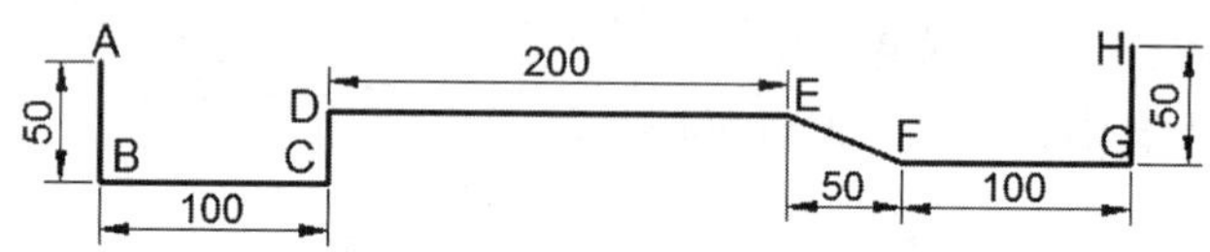

图 13-17　线性尺寸标注实例应用

操作步骤：

调用线性标注命令，依次选择标注的两个界线点即可。

对齐尺寸标注

2. 对齐尺寸标注

对齐标注命令可以对任意方向的线段进行标注。

(1)调用方法

菜单法：单击“标注”→“对齐”菜单。

命令按钮法：单击“标注”工具栏→ (对齐标注)按钮。

键盘输入法：输入 dimaligned 或 DAL。

(2)命令及提示

命令：dimaligned

指定第一条尺寸界线原点或<选择对象> :

指定第二条尺寸界线原点:

[多行文字(M)/文字(T)/角度(A)]:

(3)参数说明

【多行文字(M)】：选择该项后，系统打开“多行文字”对话框，用户可在对话框中输入指定的尺寸文字。

【文字(T)】：选择该项后，命令栏提示“输入标注文字 ＜当前值＞ ：”，用户可在此后输入新的标注文字。

【角度(A)】：选择该项后，系统提示输入“指定标注文字的角度:”，用户可输入标注文字角度的新值来修改尺寸的角度。

(4)实例应用

实例：请标注图 13－18 中 EF 线段的真实长度。

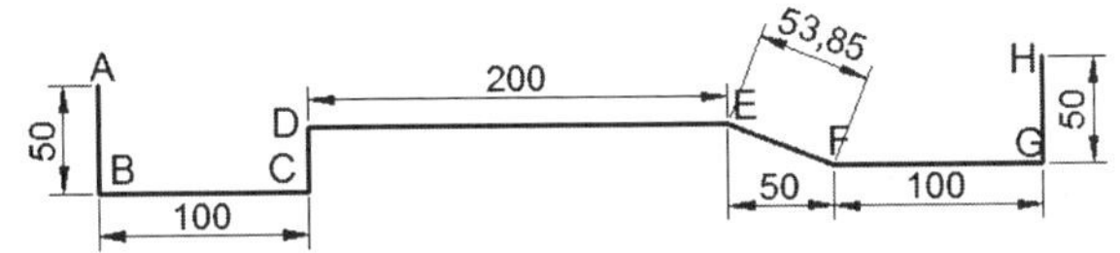

图 13－18　对齐尺寸标注实例应用

操作步骤：

调用对齐标注命令，指定 EF 线段的两个端点，在适当的位置单击确定标注的位置即可。

3. 基线尺寸标注

基线尺寸标注

为了使图纸标注得美观，每一层级之间的间隔应相等，我们通常会在标注样式中设置“基线间距”，在现有的标注基础上使用“基线尺寸标注”就可以了。

(1)调用方法

菜单法：单击“标注”→“基线”菜单。

命令按钮法：单击“标注”工具栏→ (基线标注)按钮。

键盘输入法：输入 dimbaseline 或 DBA。

(2)命令及提示

命令:dimbaseline

指定第二条尺寸界线原点或[放弃(U)/选择(S)]:

(3)实例应用

实例：请按照图 13－19 中的多段线，为线段 AC、AE、AF、AG 创建尺寸标注。

操作步骤：

第一步：调用对齐标注，标注 BC 长度。

第二步：调用基线标注，分别标注以 B 点所在垂线为起始线，端点分别为 E、F、G 的线段长度。

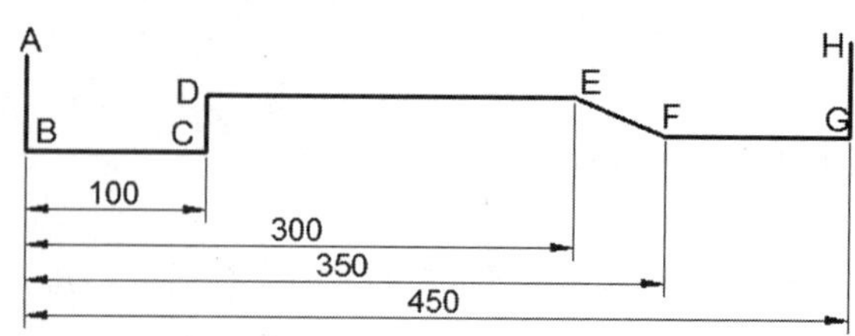

图 13-19　基线尺寸标注实例应用

连续尺寸标注

4. 连续尺寸标注

连续尺寸标注是一种可以一次性、快速实现线性标注的尺寸标注。但是，它和基线尺寸标注一样，在想创建连续尺寸标注之前，必须有一个线性标注，让其能找到上一个标注的第二条尺寸界线的位置。

(1)调用方法

菜单法：单击"标注"→"连续"菜单。

命令按钮法：单击"标注"工具栏→ (连续标注)按钮。

键盘输入法：输入 dimcontinue 或 DCO。

(2)命令及提示

命令：dimcontinue

指定第二条尺寸界线原点或[放弃(U)/选择(S)]：

(3)实例应用

实例：请按照图 13-20 中的多段线，为线段 BC、DE、CF、FG 创建尺寸标注。

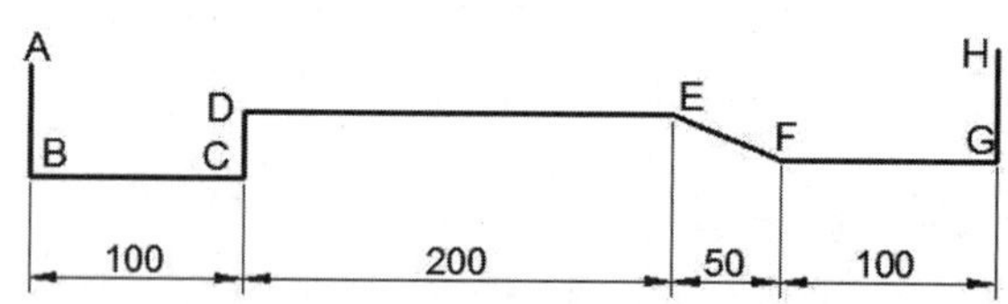

图 13-20　连续尺寸标注实例应用

操作步骤：

第一步：调用对齐标注，标注 BC 线段。

第二步：调用连续标注，以刚才标注的端点为起始位置标注 DE 段，同理标注 EF、FG。

快速尺寸标注

5. 快速尺寸标注

(1)调用方法

菜单法：单击"标注"→"快速标注"菜单。

命令按钮法：单击"标注"工具栏→ (快速标注)按钮。

键盘输入法：输入 qdim。

(2)命令及提示

命令：qdim

关联标注优先级 = 端点

选择要标注的几何图形：指定对角点：找到 12 个

选择要标注的几何图形：

指定尺寸线位置或 [连续(C)/并列(S)/基线(B)/坐标(O)/半径(R)/直径(D)/基准点(P)/编辑(E)/设置(T)] <连续>：

(3)实例应用

实例：请标注下列图形，如图 13－21 所示。

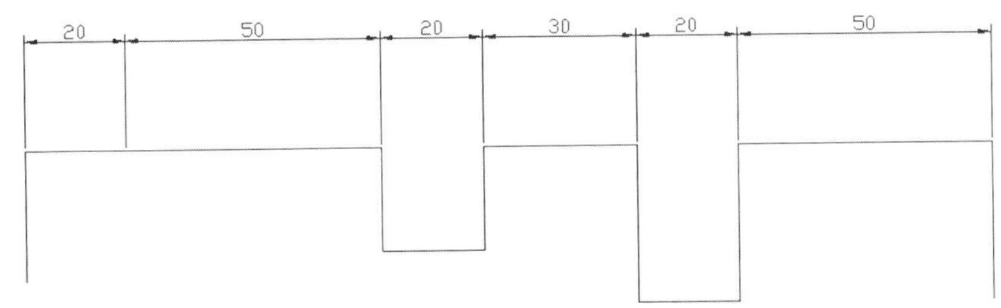

图 13－21 快速标注实例应用

操作步骤：调用快速标注命令，拉框选择需要标注的对象。在对象上方移动鼠标，出现标注线后点击即可对图形进行快速标注，标注结果如图 13－21 所示。

6. 直径标注

直径标注

(1)调用方法

菜单法：单击“标注”→“直径(D)”菜单。

命令按钮法：单击“标注”工具栏→ ⃠ (直径标注)按钮。

键盘输入法：输入 dimdiameter 或 DDI。

(2)命令及提示

命令：dimdiameter

选择圆弧或圆：

标注文字 = 40

指定尺寸线位置或 [多行文字(M)/文字(T)/角度(A)]：

(3)实例应用

实例：请按照尺寸绘制图形并标注，如图 13－22 所示。

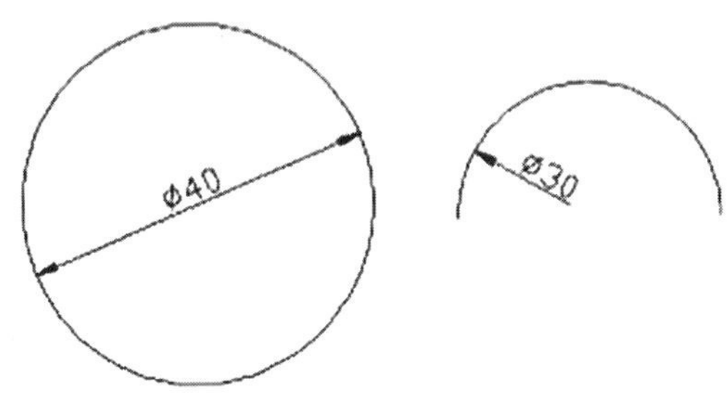

图 13－22 直径标注实例应用

操作提示：在对图形进行直径标注之前，需要在标注样式中设置其文字和箭头的位置，然后才能对其进行标注，如图 13 - 22 所示。

半径标注

7. 半径标注

(1)调用方法

菜单法：单击“标注”→“半径(R)”菜单。

命令按钮法：单击“标注”工具栏→ (半径标注)按钮。

键盘输入法：输入 dimradius 或 DRA。

(2)命令及提示

命令: dimradius

选择圆弧或圆:

标注文字 = 27.8

指定尺寸线位置或 [多行文字(M)/文字(T)/角度(A)]:

(3)实例应用

实例：请按照标注尺寸绘制下列图形并标注，如图 13 - 23 所示。

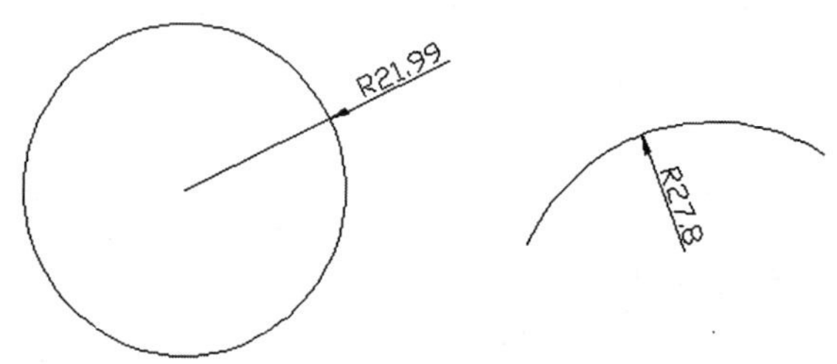

图 13 - 23　半径标注实例应用

操作提示同直径标注。

圆心标注

8. 圆心标注

(1)调用方法

菜单法：单击“标注”→“圆心标记(M)”菜单。

命令按钮法：单击“标注”工具栏→ (圆心标记)按钮。

键盘输入法：输入 dimcenter 或 DCE。

(2)命令及提示

命令: dimcenter

选择圆弧或圆:

(3)实例应用

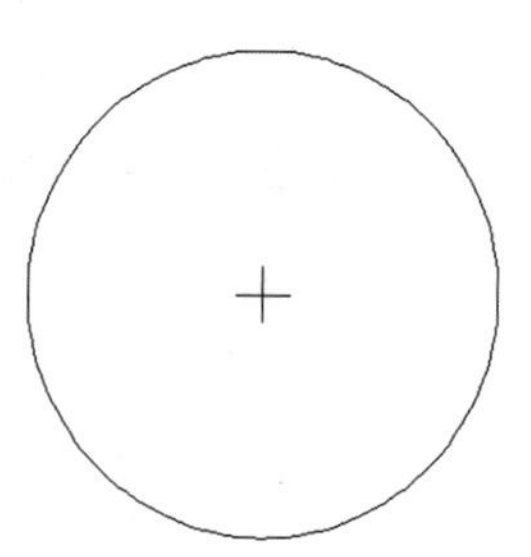

图 13 - 24　圆心标注实例应用

实例：请对图 13 - 24 进行圆心标注。

操作提示：执行圆心标注命令后，点击圆周，即可在圆心位置出现十字标记。

9. 角度标注

角度标注

(1)调用方法

菜单法：单击“标注”→“角度(A)”菜单。

命令按钮法：单击“标注”工具栏→ (角度标注)按钮。

键盘输入法：输入 dimangular 或 DAN。

(2)命令及提示

命令: dimangular

选择圆弧、圆、直线或 <指定顶点> :

选择第二条直线:

指定标注弧线位置或 [多行文字(M)/文字(T)/角度(A)/象限点(Q)]:

标注文字 = 38

(3)实例应用

实例：对图 13－25 进行角度标注。

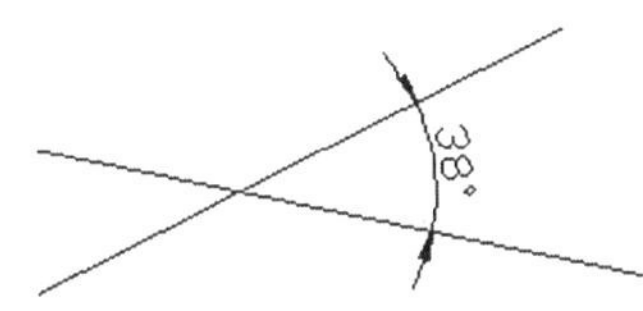

图 13－25 角度标注实例应用

操作步骤：调用角度标注命令，分别点击需要标注角的两条边，移动鼠标确定标注位置时点击即可。

10. 多重引线标注

多重引线标注

(1)调用方法

菜单法：单击“标注”→“多重引线”菜单。

键盘输入法：输入 mleader。

(2)命令及提示

命令: mleader

指定引线箭头的位置或 [引线基线优先(L)/内容优先(C)/选项(O)] <选项> :

指定引线基线的位置:

(3)实例应用

实例：请对图 13－26 进行多重引线标注。

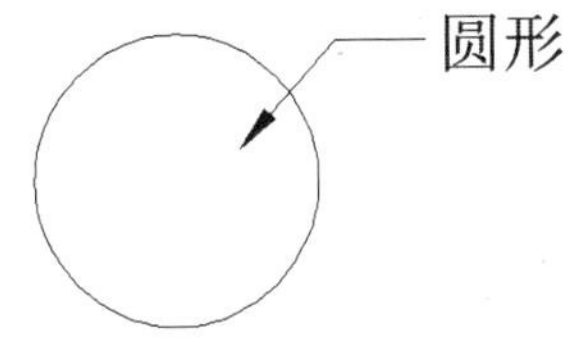

图 13－26 多重引线标注实例应用

操作步骤：调用多重引线标注命令，分别点击起点(确定箭头的位置)、经过点和端点后，输入文字内容确定即可。

11. 坐标标注

(1)调用方法

菜单法：单击“标注”→“坐标”菜单。

命令按钮法：单击“标注”工具栏→ (坐标)按钮。

键盘输入法：输入 dimordinate。

(2)命令及提示

命令：dimordinate

指定点坐标:

创建无关联的标注。

指定引线端点或 [X 基准(X)/Y 基准(Y)/多行文字(M)/文字(T)/角度(A)]:

标注文字 = 106.21

(3)实例应用

实例：标注该圆的圆心横纵坐标，如图 13－27 所示。

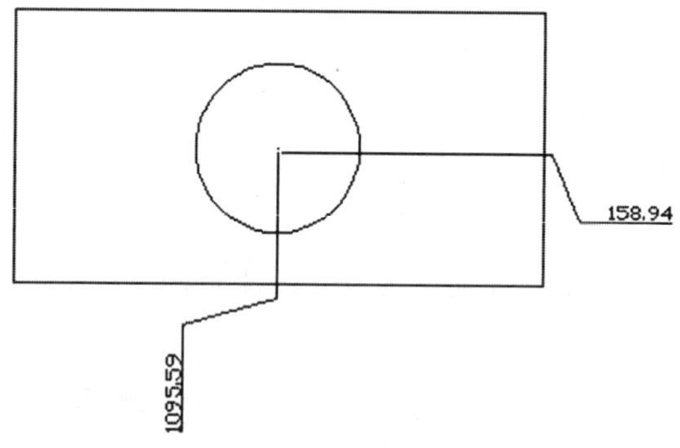

图 13－27 坐标标注实例应用

操作步骤：

调用坐标标注命令，分别输入 X 和 Y，标注该点的横纵坐标值。

12. 弧长标注

(1)调用方法

菜单法：单击“标注”→“弧长”菜单。

命令按钮法：单击“标注”工具栏→ (弧长标注) 按钮。

键盘输入法：输入 dimarc。

(2)命令及提示

命令：dimarc

选择弧线段或多段线圆弧段:

指定弧长标注位置或 [多行文字(M)/文字(T)/角度(A)/部分(P)/引线(L)]:

标注文字 = 83.56

(3)实例应用

实例：请标注下列圆弧的弧长，如图 13－28 所示。

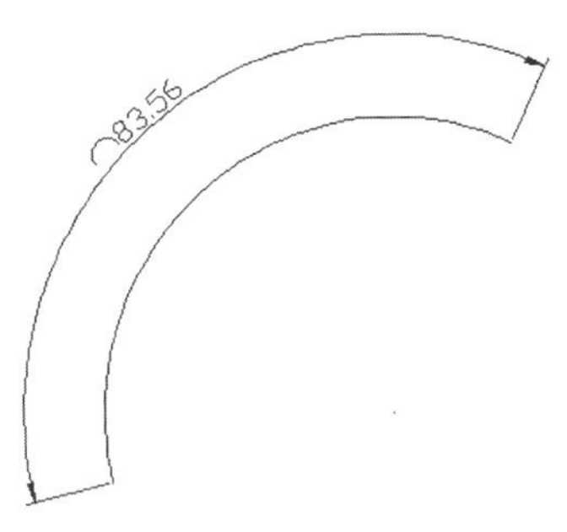

图 13－28 弧长标注实例应用

操作步骤：调用弧长标注命令，用鼠标左键在圆弧上单击，在圆弧的上方移动鼠标，出现弧长标注的文字后，点击其放置的位置即可。

13.5 编辑尺寸标注

编辑尺寸标注

1. 编辑标注

(1)调用方法

菜单法：单击“标注”→“编辑标注”菜单。

命令按钮法：单击“标注”工具栏→ (编辑标注)按钮。

键盘输入法：输入 dimedit 或 DED。

(2)命令及提示

命令: dimedit

输入编辑标注类型 [默认(H)/新建(N)/旋转(R)/倾斜(O)] <默认> :

选择对象:

(3)参数说明

【默认(H)】：执行此项后尺寸标注恢复成默认设置。

【新建(N)】：用来修改指定标注的标注文字，该项后系统提示“新标注文字＜ ＞:”，用户可在此输入新的文字。

【旋转(R)】：执行该选项后，系统提示“指定标注文字的角度”，用户可在此输入所需的旋转角度。然后，系统提示“选择对象”，选择对象后，系统将选中的标注文字按输入的角度放置。

【倾斜(O)】：执行该选项后，系统提示“选择对象”，在用户选取目标对象后，系统提示“输入倾斜角度”，在此输入倾斜角度或按回车键(不倾斜)，系统按指定的角度调整线性标注尺寸界线的倾斜角度。

(4)实例应用

实例：将图 13－29 中左图的标注修改为如右图所示。

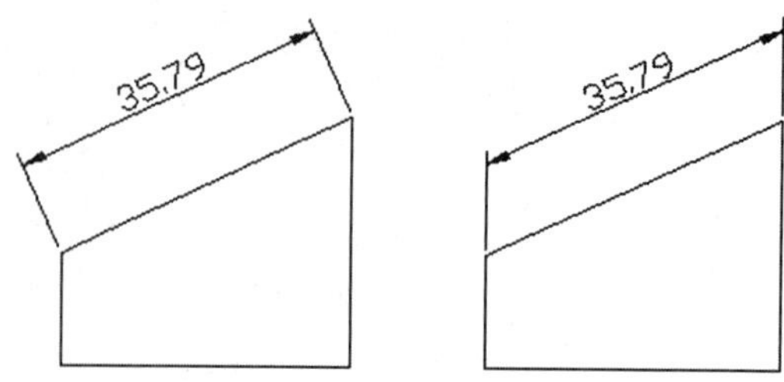

图 13－29　编辑标注实例应用

操作步骤：

第一步：调用编辑标注命令。

第二步：选择要编辑的标注。

第三步：选择编辑标注的方式，该题目可选择倾斜。

第四步：选择倾斜角度，该题目的倾斜角度为竖直向上方向。

2. 编辑标注文字

(1)调用方法

命令按钮法：单击“标注”工具栏→ (编辑标注文字)按钮。

键盘输入法：输入 dimtedit 或 DIMTED。

(2)命令及提示

命令: dimtedit

选择标注:

为标注文字指定新位置或 [左对齐(L)/右对齐(R)/居中(C)/默认(H)/角度(A)]:

(3)参数说明

【左对齐(L)】：沿尺寸线左对正标注文字。

【右对齐(R)】：沿尺寸线右对正标注文字。

【居中(C)】：将标注文字放在尺寸线的中间。

【默认(H)】：将标注文字移回默认位置。

【角度(A)】：修改标注文字的角度。

(4)实例应用

实例：将图 13－30 中第一行图片标注的文字位置调整至第二行图片所示位置。

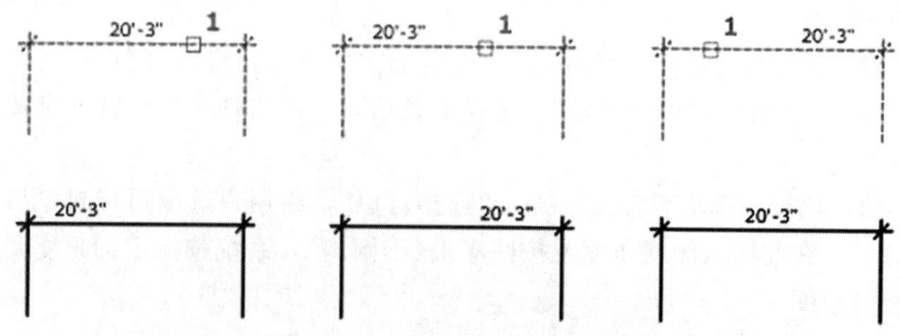

图 13－30　编辑标注文字实例应用

操作步骤：调用修改标注命令，修改文字对齐方式即可。

【任务实施】

任务：请按照尺寸绘制下图，并使用尺寸标注相关命令进行标注。

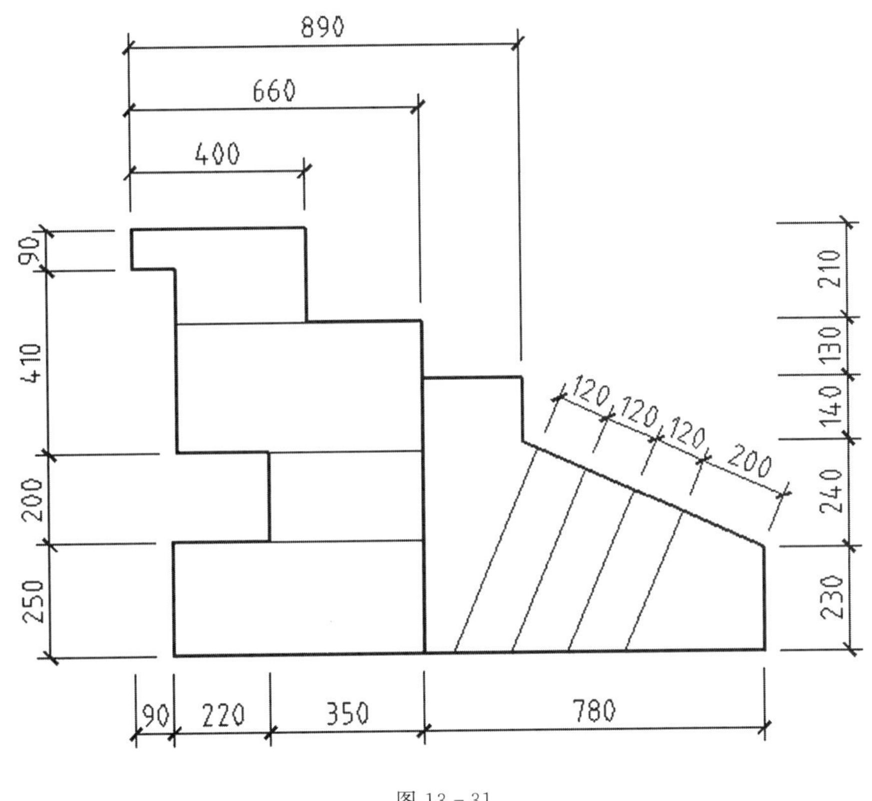

图 13－31

操作步骤：

第一步：绘制图形。

第二步：设置标注样式。其中文字样式为尺寸文字，基线间距为 8 mm，起点偏移量为 4 mm，超出尺寸线 2 mm，文字高度为 3 mm，文字从尺寸线偏移 1，比例自定。

第三步：调用对齐标注或线性标注命令，分别标注每个方向的第一个尺寸。

第四步：调用基线标注命令标注上方的尺寸。

第五步：调用连续标注命令标注其余尺寸。

【任务巩固与提高】

请分别标注如图 13－32、图 13－33、图 13－34 所示图形。

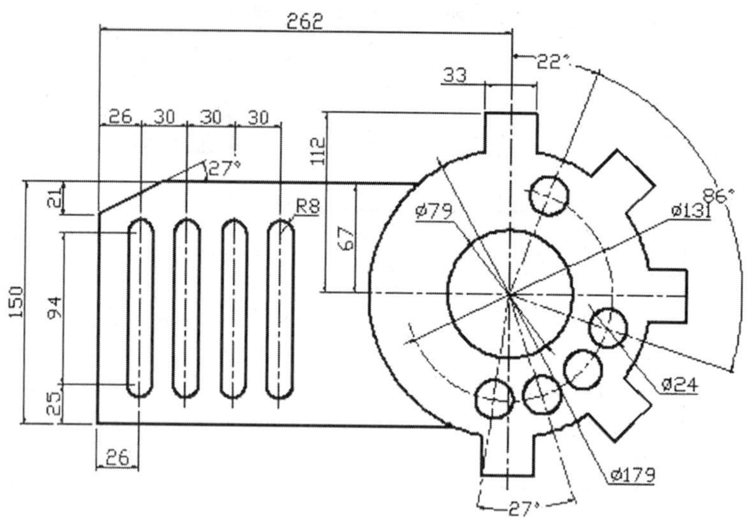
262
22°
33
26
30
30
30
112
27°
21
R8
86°
Ø79
Ø131
67
150
94
Ø24
25
26
Ø179
27°

图 13－32

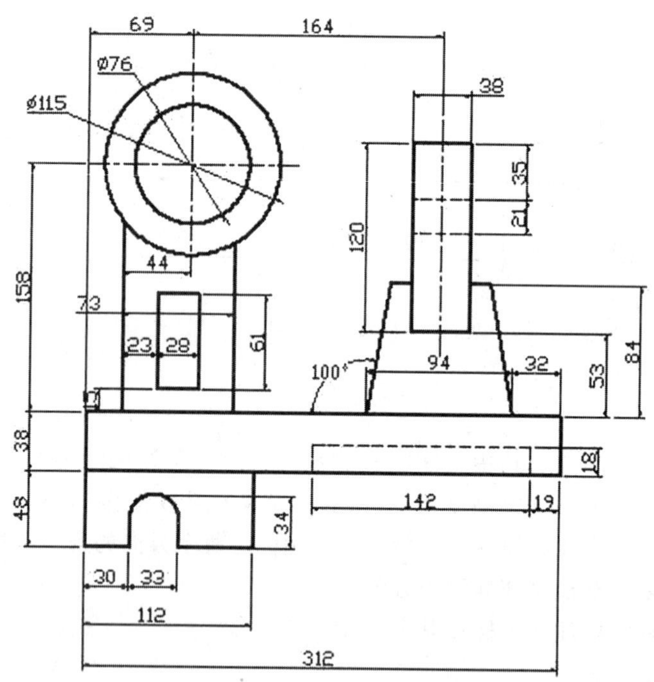
69
164
Ø76
38
Ø115
35
120
21
158
44
73
61
23
28
100°
94
32
84
53
38
18
48
142
19
34
30
33
112
312

图 13－33

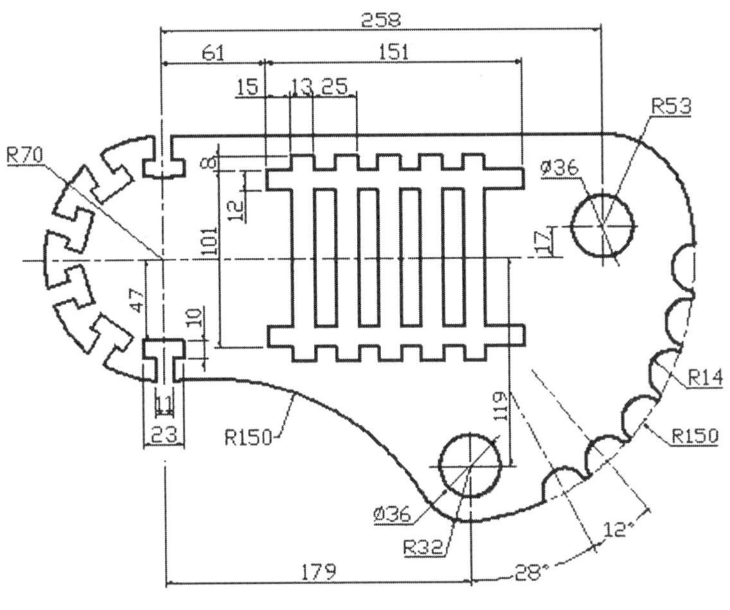
258
61
151
15
13
25
R53
R70
8
ø36
12
17
101
47
10
R14
119
11
23
R150
R150
ø36
12°
R32
179
28°

图 13-34

14 建筑平面图的绘制

【任务描述】

建筑平面图是建筑施工图的基本样图，它是假想用一水平剖切面沿门窗洞位置将房屋剖切后，对剖切面以下部分所作的水平投影图。它反映出房屋的平面形状、大小和布置；墙、柱的位置、尺寸和材料；门窗的类型和位置等。本任务需要同学们灵活使用基本绘图与编辑命令。

本任务将绘制某建筑物的建筑平面图。

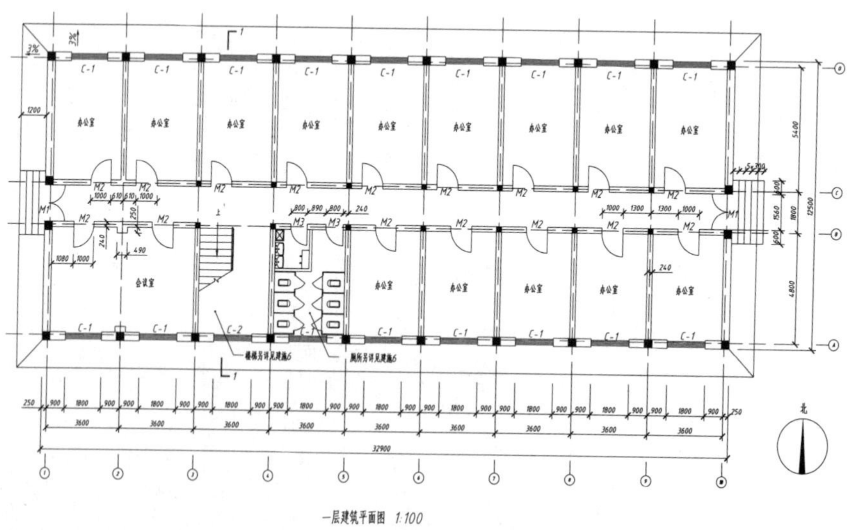

图 14－1

【任务目标】

了解建筑制图标准，掌握建筑平面图的绘图要求，并能根据建筑施工图的特点，选用最适合、最便捷的绘图工具、编辑工具和绘图技巧，快速绘制建筑平面图。能准确选择合适的命令进行绘制。具有团结协作的能力，具有独立完成工程图纸绘制的能力。

【任务评价】

在了解建筑平面图构图与内容的基础上，运用文件操作命令和各种编辑工具灵活绘制建筑平面图，巩固绘制建筑施工图工具的综合运用。通过本任务的学习，学生能够对图纸进行正确的抄绘，强化对制图规范的理解，在日后的学习和工作中，多进行实践，就能够达到独立绘制工程图纸的目标。

【知识链接及操作】

1. 建筑平面图的定义

建筑平面图是指建筑物各层的水平剖面图，它可以清晰地描述房屋的结构组成、大小、布局及设施等。对于多层、高层建筑，在图纸中还应画出楼梯、电梯的位置和走向。建筑平面图作为建筑设计、施工图纸的重要组成部分，反映了建筑物的功能需要、平面布局及其平面的构成关系，是决定建筑立面及内部结构的关键环节。其主要反映建筑的平面形状、大小、内部布局、地面、门窗的具体位置和占地面积等情况。所以说，建筑平面图是新建建筑物的施工及施工现场布置的重要依据，也是设计及规划给排水、强弱电、暖通设备等专业工程平面图和绘制管线综合图的依据。

2. 建筑平面图绘图的一般步骤

(1)绘制墙身定位轴线及柱网。

(2)绘制墙身轮廓线、柱子、门窗洞口等各种建筑构配件。

(3)绘制楼梯、台阶、散水等细部。

(4)检查全图无误后，擦去多余线条，按建筑平面图的要求加深加粗，并进行门窗编号，画出剖面剖切位置线等。

(5)尺寸标注。一般应标注三道尺寸，第一道为总尺寸，第二道为轴线尺寸，第三道为细部尺寸。

(6)图名、比例及其他文字内容。汉字字体用长仿宋，图名一般为7～10号字，图内说明字一般为5号字。尺寸数字字高通常用3.5号，字迹要工整清晰、不潦草。

3. 本任务涉及相关知识

(1)设置绘图环境及A2横式图框的绘制(见任务2)。

(2)构造线及墙体的绘制与编辑(见任务8)。

(3)柱的绘制(见任务9)。

(4)绘制其他细部尺寸需要用到的命令(见任务5、任务6、任务7)。

(5)文本标注与应用、尺寸标注与应用(见任务10、任务13)。

(6)轴号的标注与标高的标注(见任务12)。

【任务实施】

任务：以某建筑物为例，详细讲述其一层建筑平面图的绘制过程。

操作步骤：

第一步：调用模板文件。

本书任务2中已经完成了A0、A1、A2、A3、A4施工图样板的保存工作，样板文件已经根据建筑施工图纸设计说明中要求的绘图环境进行设置，主要包括图形界限、绘图单位、图层、文字样式、标注样式、图框等。我们根据本套图纸的要求确定选择A2建筑施工图样板为当前样板，其绘图比例调整为1∶100，其余设置保持不变。

(1)打开“文件”/“新建”命令，弹出“选择样板”对话框。

(2)在打开的对话框中选择名称为“A2 建筑施工图样板 .dwt”的样板文件，单击“打开”按钮，如图 14-2 所示。

(3)选择“文件”/“另存为”命令，在弹出的窗口中选择文件保存路径，重新输入文件名“一层建筑平面图”，文件类型选择“AutoCAD 2013 图形(*.dwg)”后，单击“保存”按钮，如图 14-3 所示。

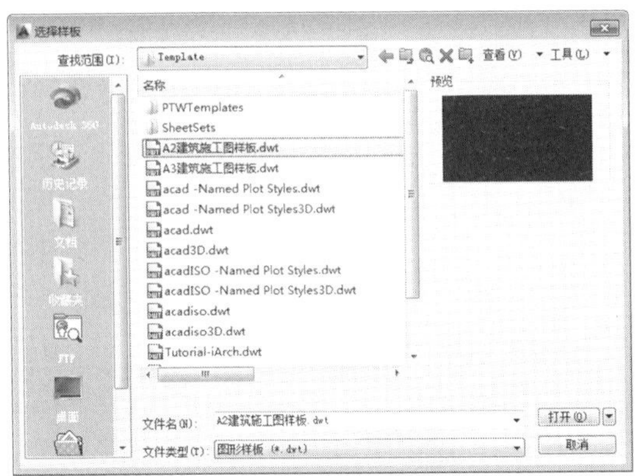

图 14-2

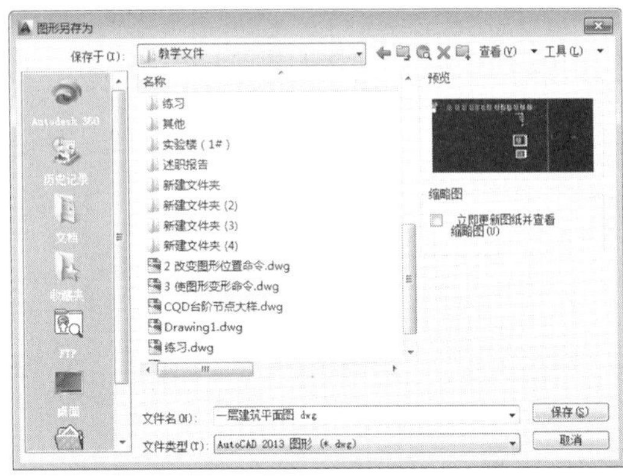

图 14-3

第二步：绘制定位轴线，标注部分尺寸及轴号。

打开“一层建筑平面图 .dwg”文件，开始绘制轴线。

(1)设置“轴线”层为当前图层。

(2)调用构造线(Xl)命令，在绘图窗口中绘制两条垂直构造线，如图 14-4 所示。运用阵列(AR)、偏移(O)等命令绘制轴网，如图 14-5 所示。利用偏移命令将轴网外侧的轴线向外侧各偏移 3000 单位，修剪或删除多余的线条，如图 14-6 所示。

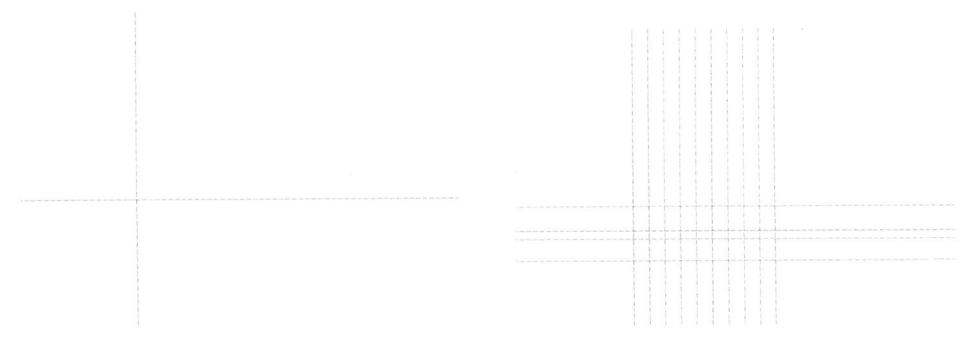

图 14-4　　图 14-5

(3)设置“尺寸标注”层为当前图层。

(4)调用线性标注(DLI)和连续标注(DCO)命令标注尺寸，其中横向定位轴号和纵向定位轴号进行标注时，使用已经在之前任务中介绍过的轴号图块进行插入。插入时，可将图形的比例放大合适的倍数。结果如图 14-7 所示。

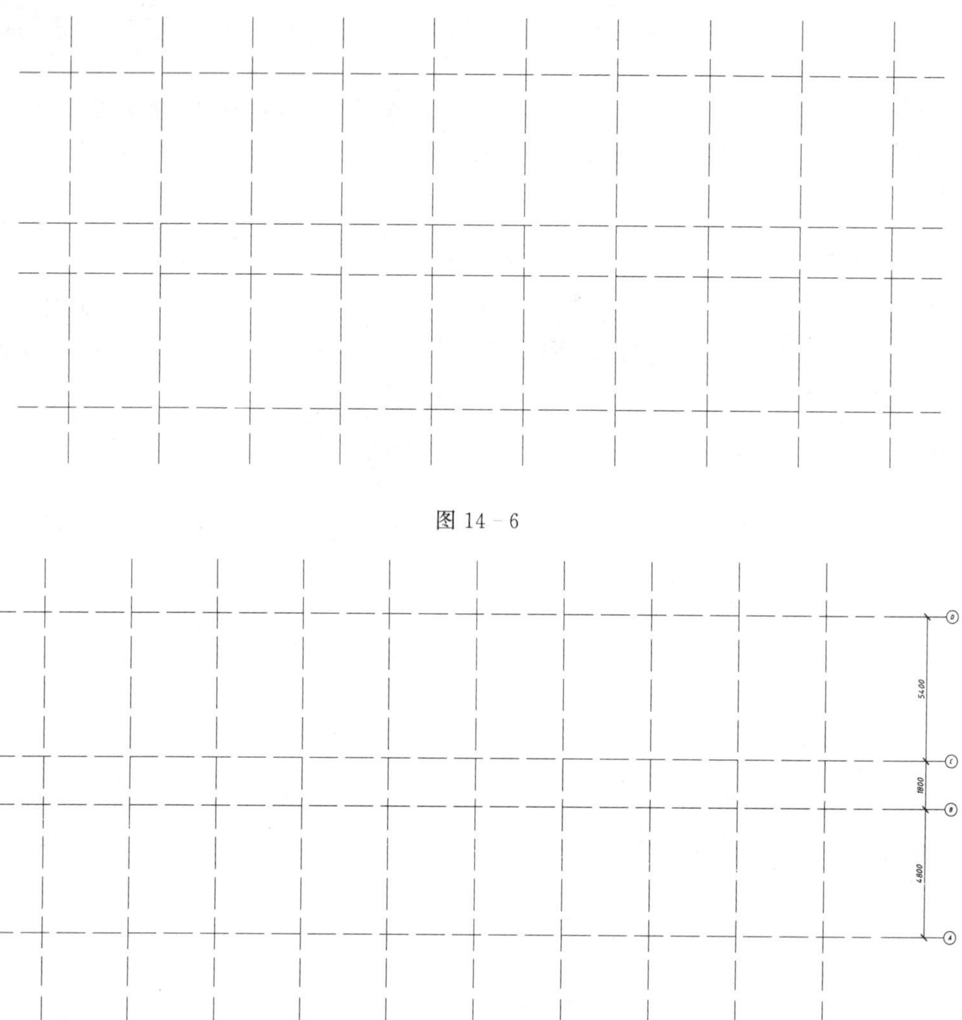

图 14－6

图 14－7

第三步：绘制墙体及柱的轮廓线。

(1)绘制墙体。

①设置符合本套图纸的多线样式两种，分别是 37 墙和 24 墙。

②调用多线命令(Ml)绘制外墙和内墙，在绘制过程中请注意多线的对正位置和比例，绘制过程中的部分放大图形如图 14－8 所示。由于使用多线命令绘制的墙体未能在交点处闭合，因此我们可以使用多线编辑命令(mledit)对多线连接处进行编辑，其中用到的编辑方式有角点结合、T 型打开等，编辑后的图形如图 14－9 所示。

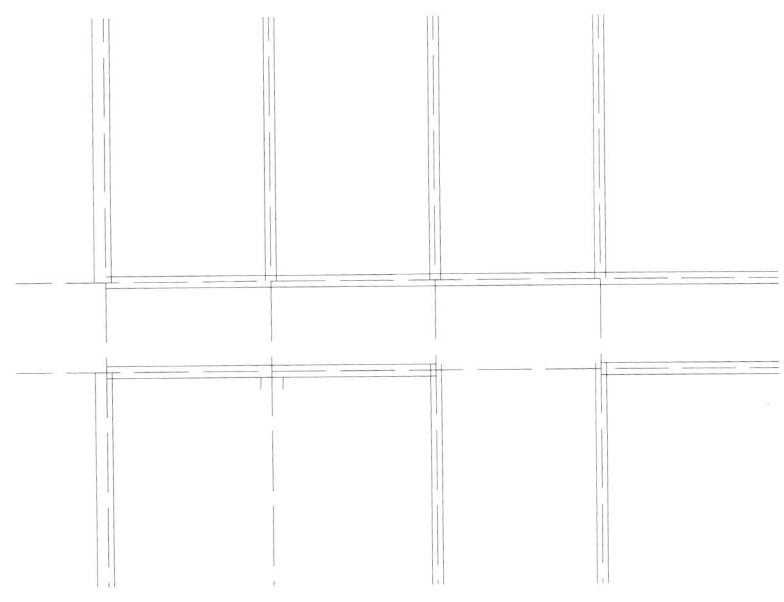

图 14－8

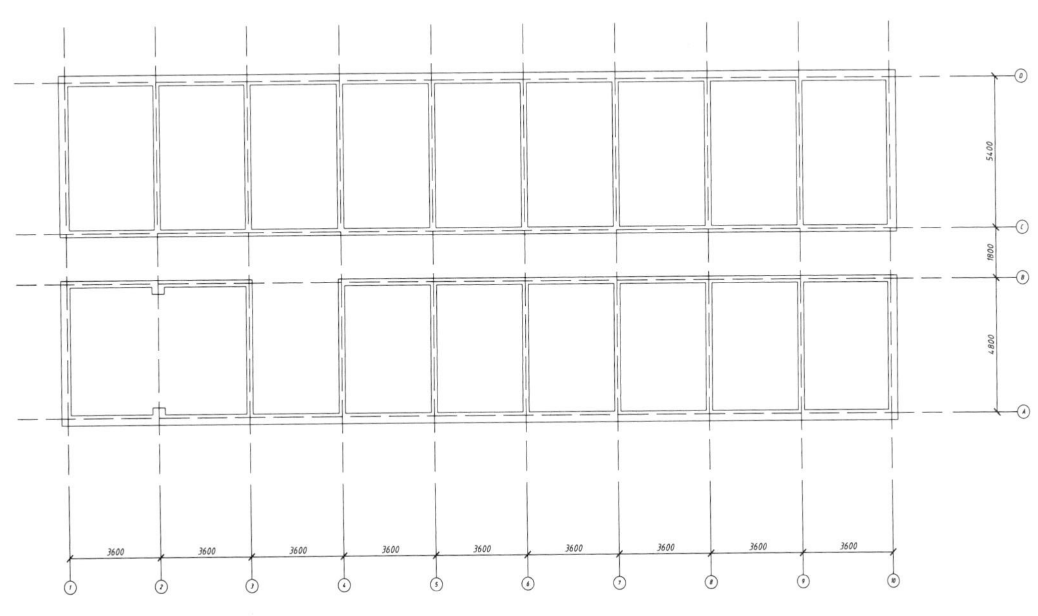

图 14－9

(2)绘制柱。

①设置“柱”层为当前图层，绘制柱的轮廓。选择矩形命令(REC)，绘制尺寸为 370 mm ×370 mm 和 240 mm×240 mm 的矩形，使用当前图层的颜色进行填充，选择方式如图 14－10 所示，绘制完成的柱子如图 14－11 所示。

②按照要求将大柱子放在外墙交接处，小柱子放在内墙交界处，此时可使用复制、阵列、镜像等命令进行绘制，绘制后如图 14－12 所示。

(3)绘制散水。

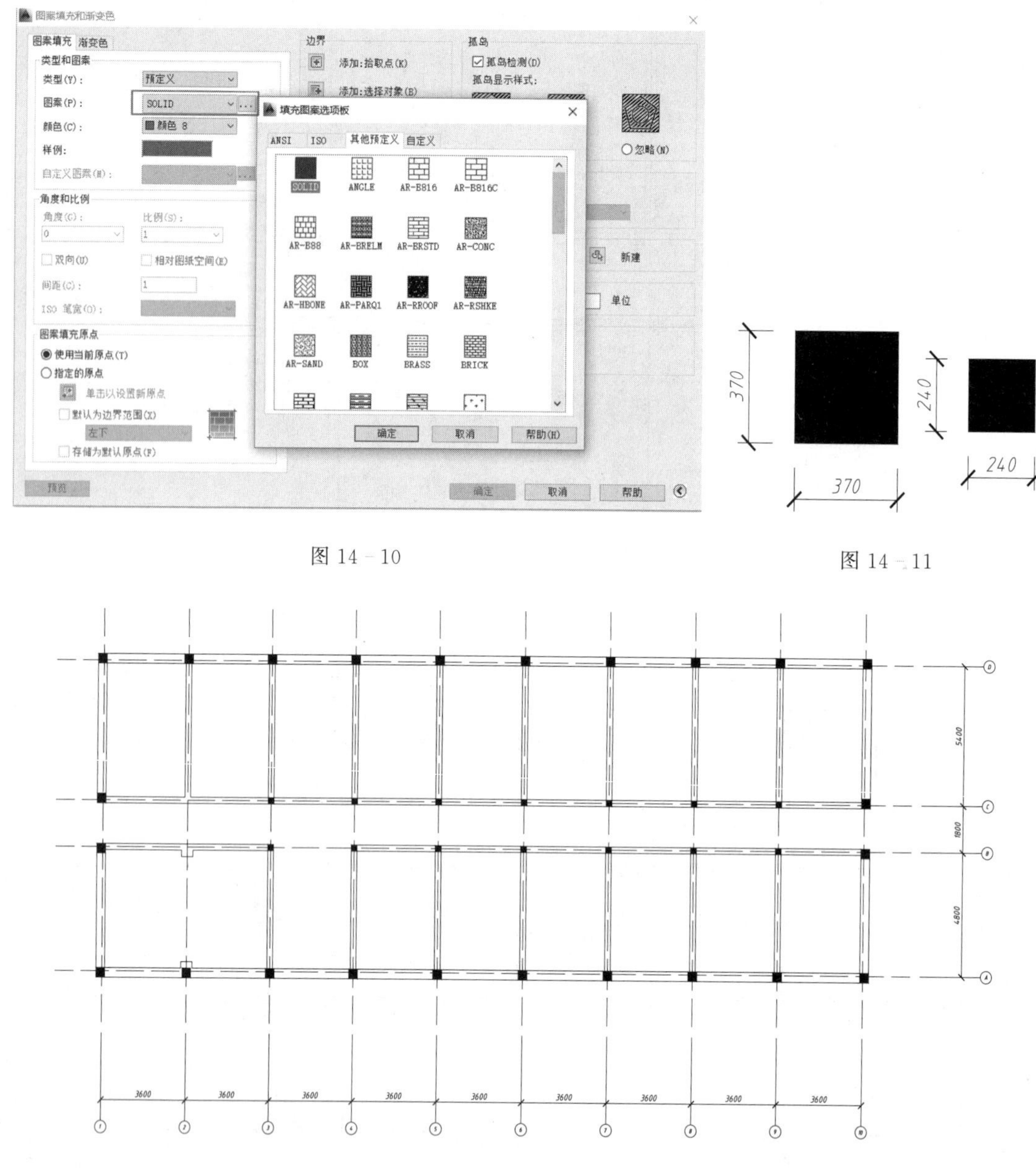

图 14－10

图 14－11

图 14－12

①设置“散水”层为当前图层，绘制散水。从图 14－1 中可以发现，本建筑平面图中的散水为 1200 mm，因此我们可以将外墙的轴线向外侧偏移 1200＋250＝1450(mm)，修剪后连接转角即可。在偏移过程中，可设置偏移方式为“图层(L)”，偏移后的图形就直接绘制在散水层上了，如图 14－13 所示。

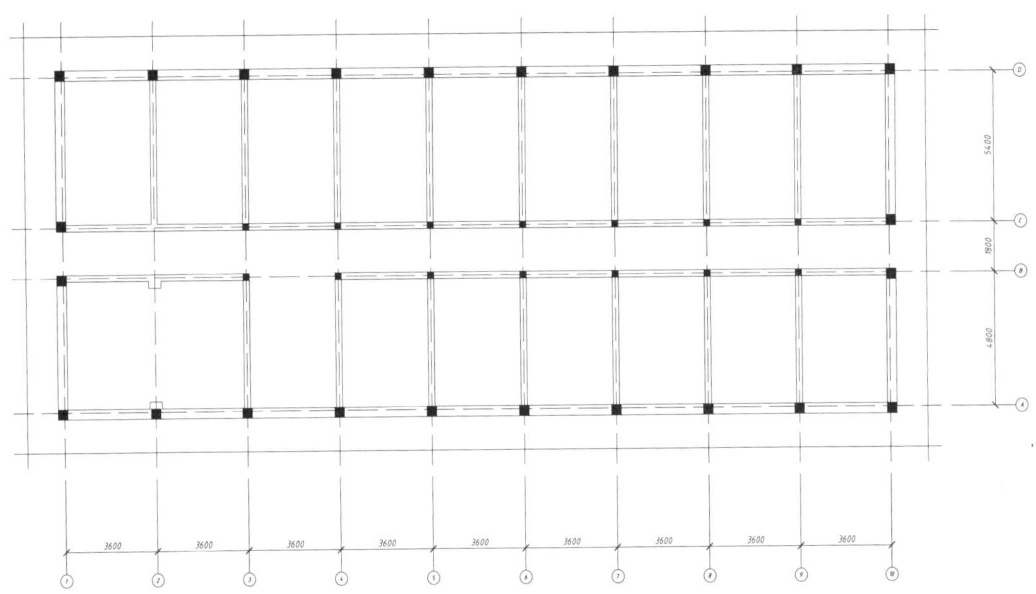

图 14－13 轴线生成散水线

②使用修剪命令和直线命令，对散水线进行编辑和完善，完成图如图 14－14 所示。

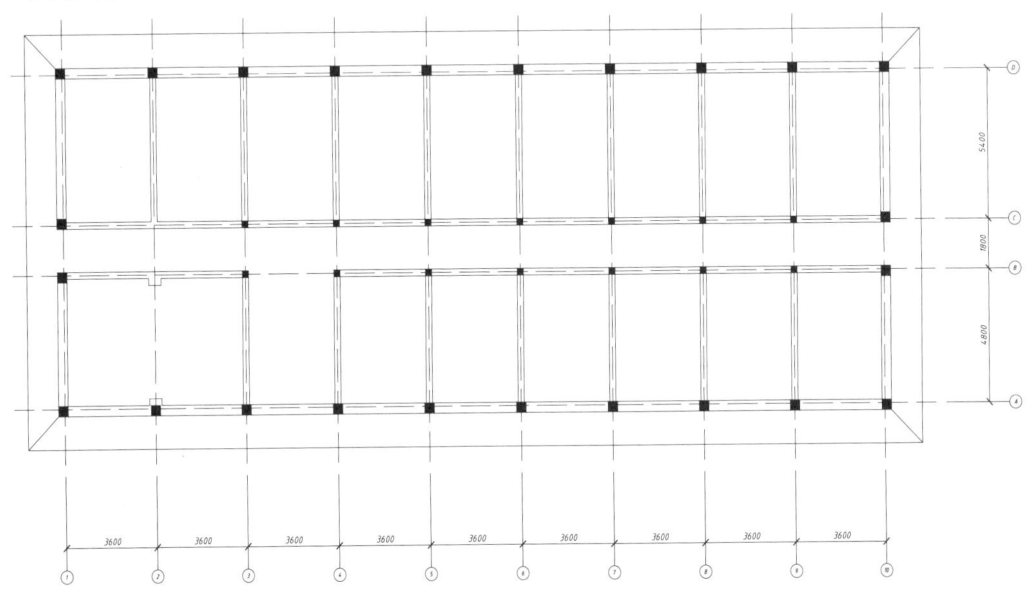

图 14－14 散水线的绘制

第四步：绘制细部，如门窗、台阶、卫生间等。

(1)开窗洞。

①设置“墙体”层为当前图层。

②调用偏移命令(O)或直线命令(L)中的捕捉功能找到距离 A 轴和 1 轴交点向右偏移 900 mm的位置，绘制窗户 C—1 的洞口，洞口尺寸为 1800 mm，可以继续将偏移 900 mm 的

线条继续向右侧偏移 1800 mm，如图 14－15 所示。

③调用复制命令(CP)、镜像命令(MI)或阵列命令(AR)，将绘制好的窗洞线复制到所有窗洞处，如图 14－16 所示。

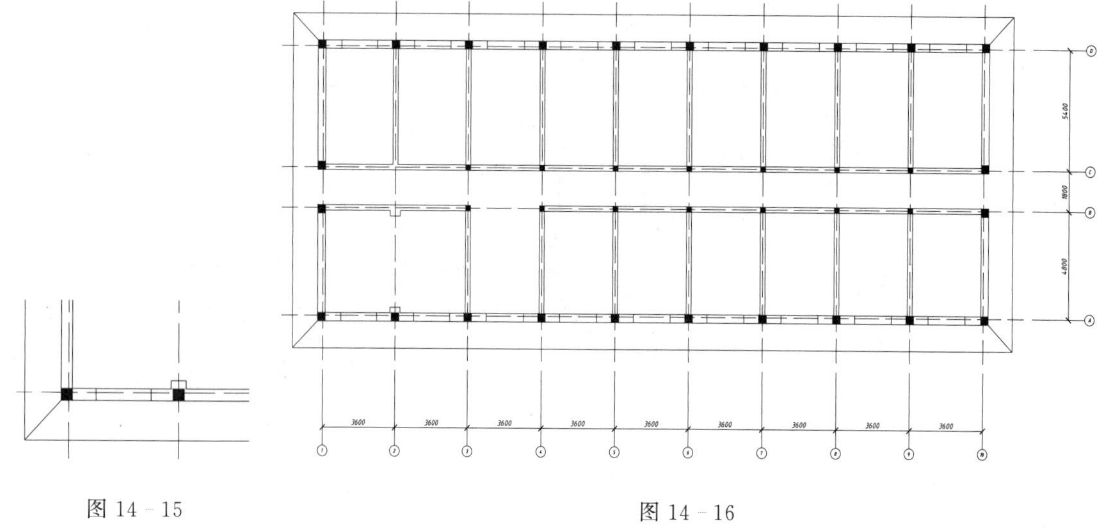

图 14－15　　　　图 14－16

④调用修剪命令(TR)，对所有窗洞进行修剪。修剪时，可将轴线层锁定，方便快速进行修剪操作。最后，标注部分窗洞尺寸，如图 14－17 所示。

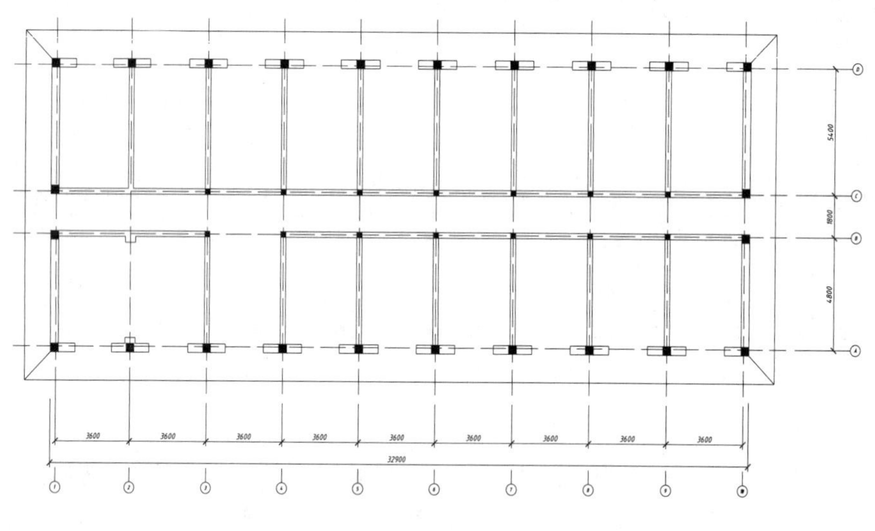

图 14－17

(2)开门洞。

①设置“墙体”层为当前图层。

②调用偏移命令(O)或直线命令(L)中的捕捉功能找到距离 B 轴和 1 轴交点处向右偏移 1200 mm的位置，绘制门 M2 的洞口，洞口尺寸为 1000 mm，如图 14－18 所示。编号为 M1 的门洞洞口尺寸为 1560 mm，其绘制方法与窗洞相似，此处不再重复，绘制后的图形如图 14－19 所示。

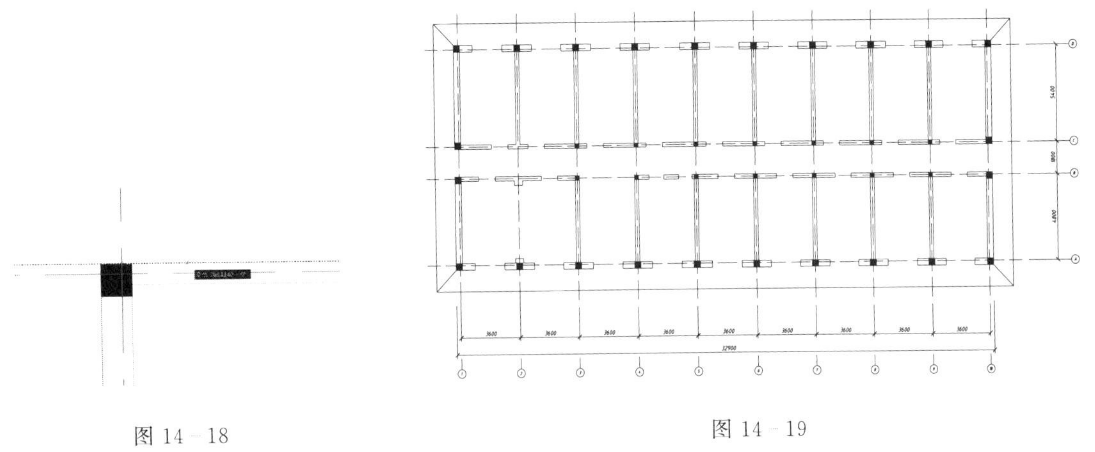

图 14－18　　图 14－19

(3)绘制门窗。

①设置“门窗”层为当前图层。

②首先，绘制尺寸为 1800 mm×240 mm 的矩形，连接中线，并将其向上向下偏移 60 mm，如图 14－20 所示。其次，使用图块中的定义块(B)或保存块(W)命令，将该图形保存成图块，使其在插入过程中是一个整体，能够很好地进行编辑，如图 14－21 所示为利用“定义块”功能对图形进行存储的操作窗口。

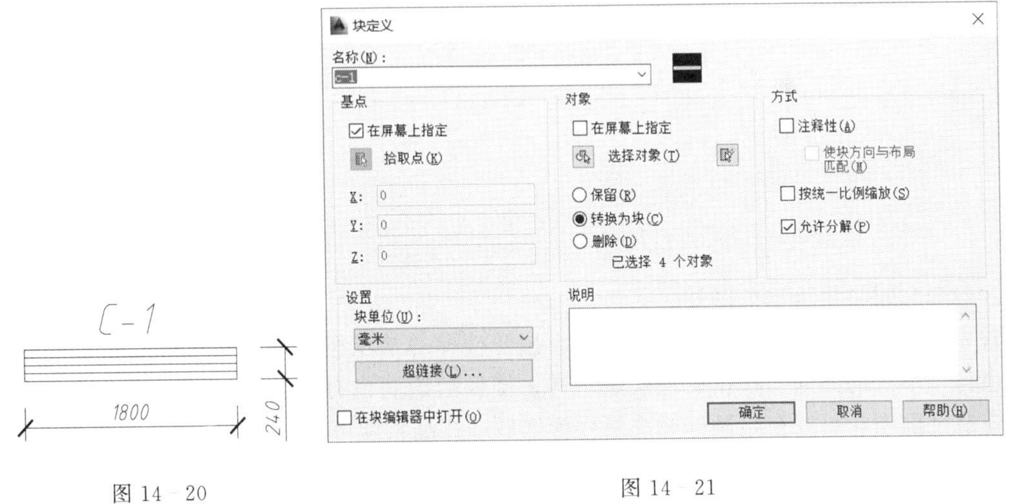

图 14－20　　图 14－21

③调用多段线命令(PL)，绘制门洞尺寸为 1000 mm 的门，而后使用复制、镜像、阵列、缩放等命令对标准门进行复制，形成的图形如图 14－22 所示。

(4)绘制台阶和楼梯。

①设置“台阶”层为当前图层。

②绘制外部台阶，每一阶台阶的尺寸均相等，为 300 mm×3000 mm，东门入口为 5 阶台阶，西门入口为 4 阶台阶，按照尺寸绘制后的放大图如图 14－23、图 14－24 所示。

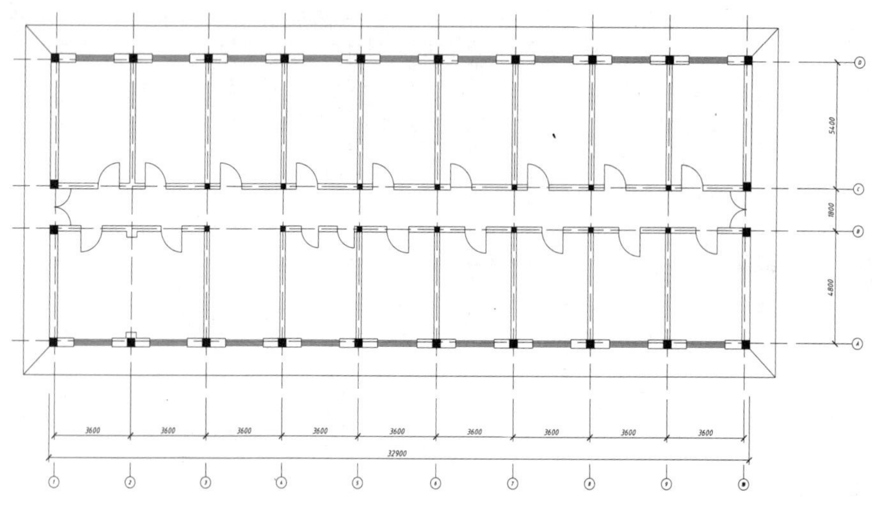

图 14－22

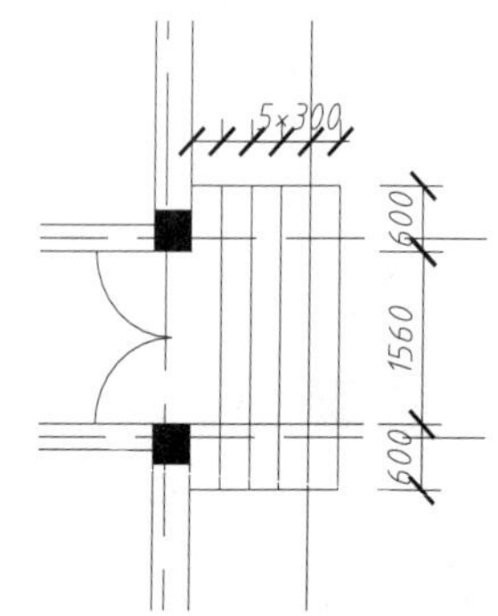

图 14－23　东门入口台阶

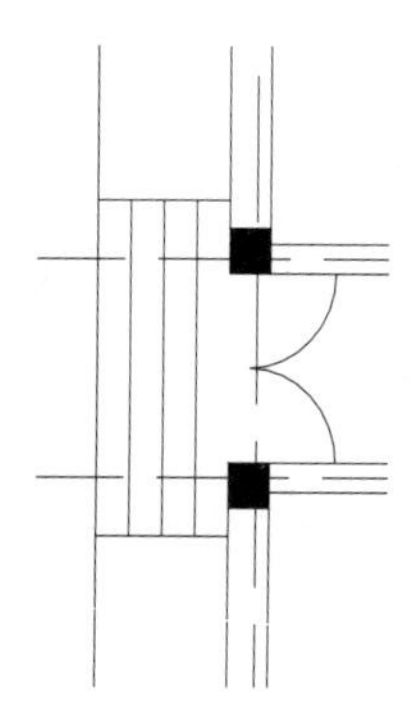

图 14－24　西门入口台阶

③设置“楼梯”层为当前图层。

首先，绘制楼梯线。在绘图时，我们应按照楼梯的踏步宽度和阶数进行绘制，还应标明楼梯上行和下行的方向。根据所在楼层不同，楼梯的绘制也有所差别。本图的楼梯为建筑物底层建筑平面图，可以在绘制好标准层楼梯之后进行编辑即可。

在绘制方法上，可以先调用直线命令(L)绘制一条楼梯踏步线，按照踏步尺寸对台阶线调用阵列命令(AR)、多段线命令(PL)，绘制楼梯上、下行方向指示符号，如图 14－25 所示。

其次，绘制梯井。

楼梯线中间中空的部分为梯井投影线，本建筑物的梯井长 3100 mm，宽 260 mm，扶手宽 50 mm。我们可以使用矩形命令(REC)、直线命令(L)、修剪命令(TR)、偏移命令(O)、移动命令(M)来进行绘制，如图 14－26(a)所示。

最后，绘制折断线。再次调用多段线命令(PL)绘制折断线，其倾斜方向与水平向右方向夹角为 45°。对图形进行修剪如图 14－26(b)(c)所示。图 14－26(b)为一层楼梯平面图，图 14－26(c)为标准层楼梯平面图。

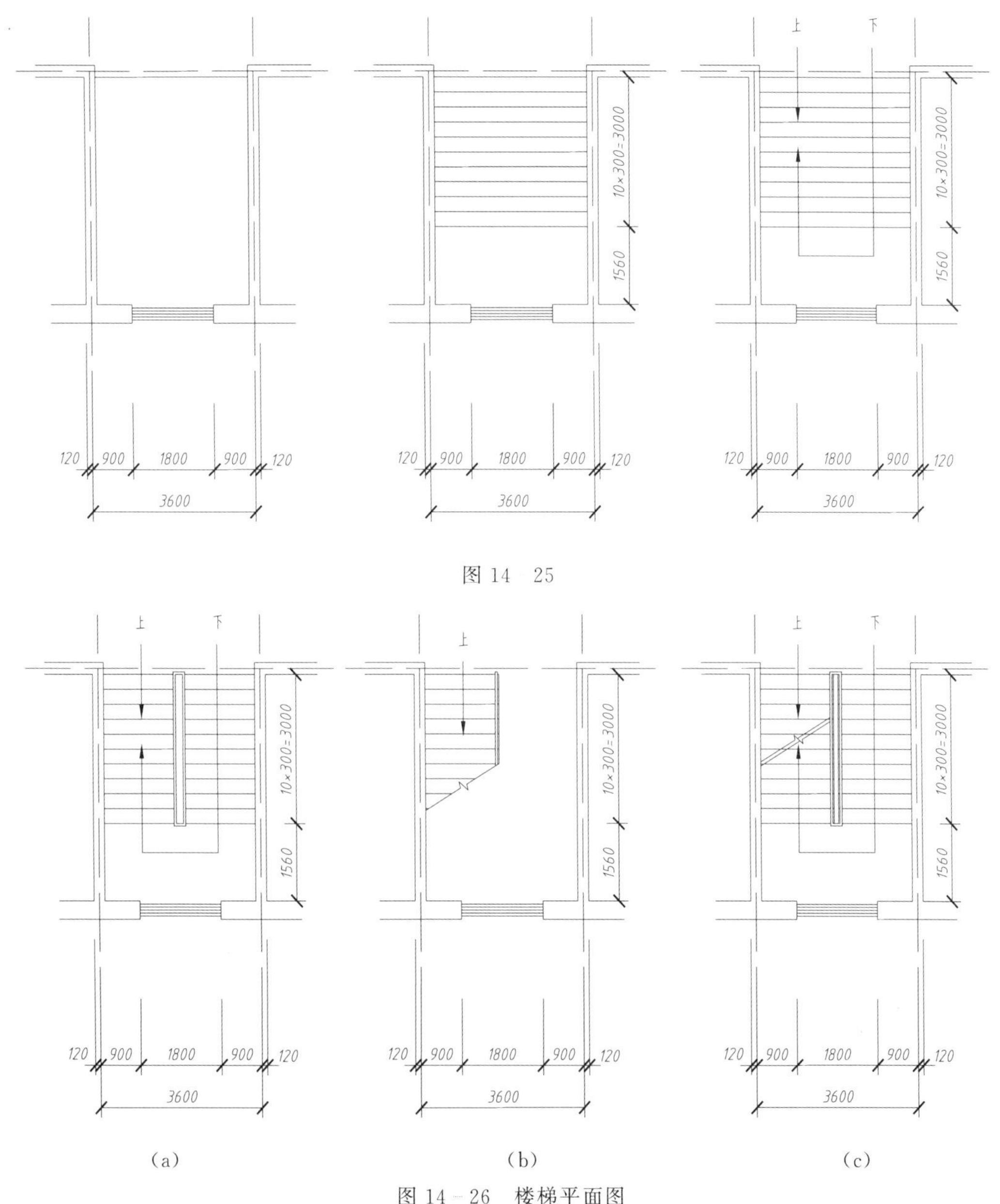

图 14－25

(a)

(b)

(c)

图 14－26 楼梯平面图

(5)绘制卫生间设施。

①设置“墙体”层为当前图层。采用多段线命令(P)或直线命令(L)绘制卫生间内墙，墙厚 120 mm。

②设置“设施”层为当前图层。按照图纸要求，利用直线命令(L)和偏移命令(O)绘制卫生间隔板，隔板厚 45 mm，间距为 900 mm。

③确定好拖布池、面盆、蹲便池的插入点，选择从 AutoCAD“设计中心”图库中插入适当比例的图形，如图 14－27、图 14－28 所示。

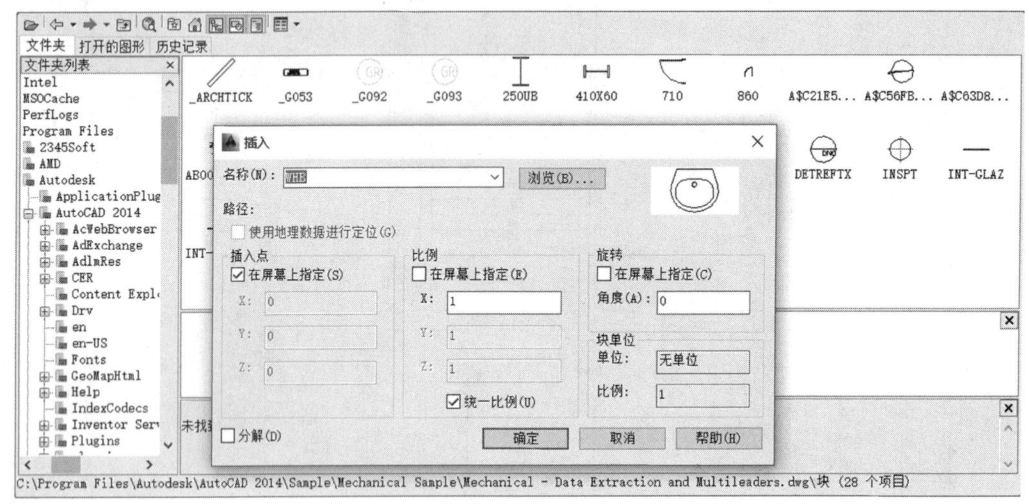

图 14-27　AutoCAD“设计中心”

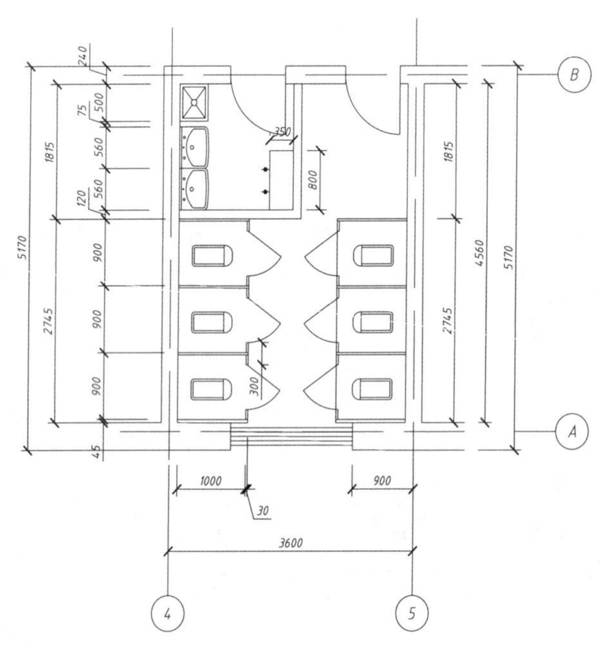

图 14-28　卫生间大样图

(6)绘制指北针。

建筑施工图中通常用指北针来指明建筑物的朝向。制图规范中规定，指北针的圆形直径一般设置为 24 mm，细实线绘制，指北针的宽度变化为 0～3 mm，宽度为 0 的一头应标识“北”或“N”。在图纸中可依据绘图比例放大指北针的比例。如图 14-29 所示。

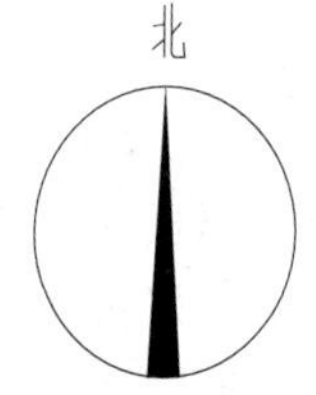

图 14-29　绘制指北针

第五步：进行尺寸标注、轴号、标高、剖切符号等。

(1)设置“尺寸标注”层为当前图层，对图形其余部分进行尺寸标注。标注过程中，可以使用基线标注、对齐标注、连续标注等方式，标注后的图形如图 14－30 所示。

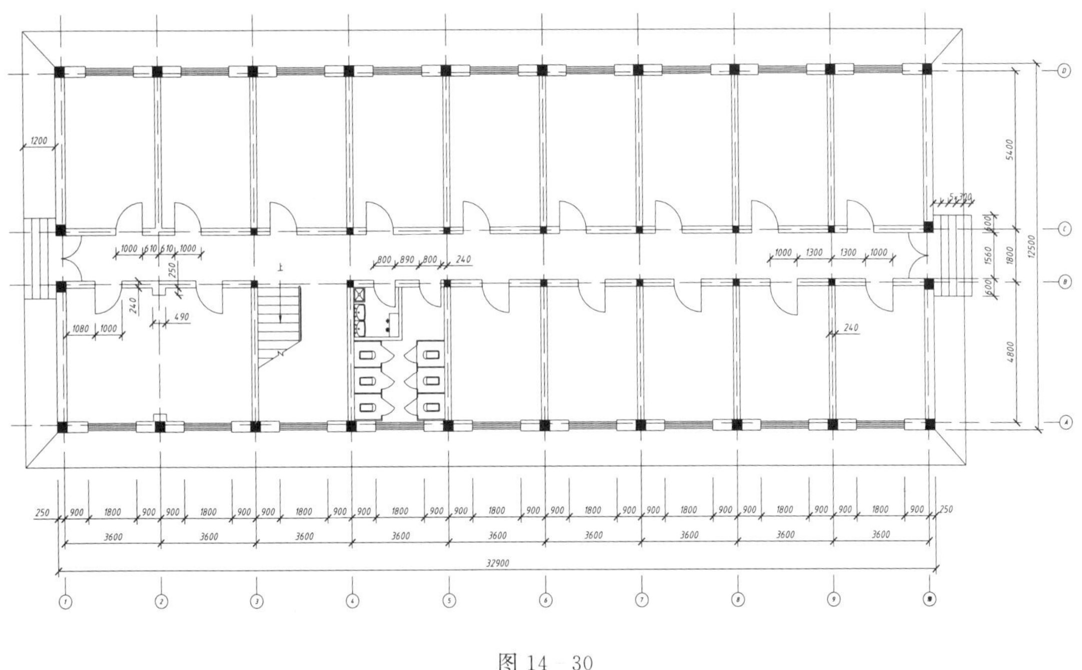

图 14－30

(2)标高的输入。

标高表示的是当前位置距离地面的高度，一般用等腰直角三角形和数字表示。在绘制时，按照制图规范绘制高度为 3 mm 的标高符号，在实际图纸中，根据绘图比例进行放大即可，如图 14－31 所示。

(3)剖切符号的绘制。

剖切线标示绘制剖面图时剖切的位置，我们通常用多段线来进行绘制。剖切位置线长度一般为 6～10 mm，投射方向线与剖切位置线垂直，其长度一般为 4～6 mm，在投射方向线一侧，用数字标示剖切面的序号，剖切符号成对出现。如图 14－32 所示。

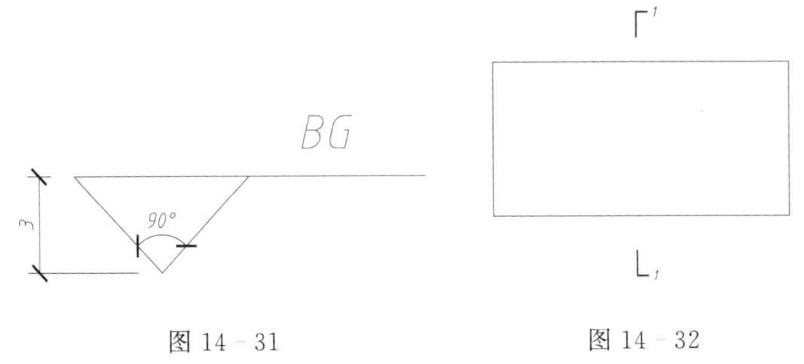

图 14－31　　图 14－32

第六步：文字标注，如门窗编号、材料表、设计说明等。

(1)设置“文本标注”层为当前图层，对房间的功能和规格型号进行标注。可以使用单行文本标注(DT)或多行文本标注(MT)，对输入错误的内容可以在文本上双击进入编辑界面。如图 14－33 示所示。

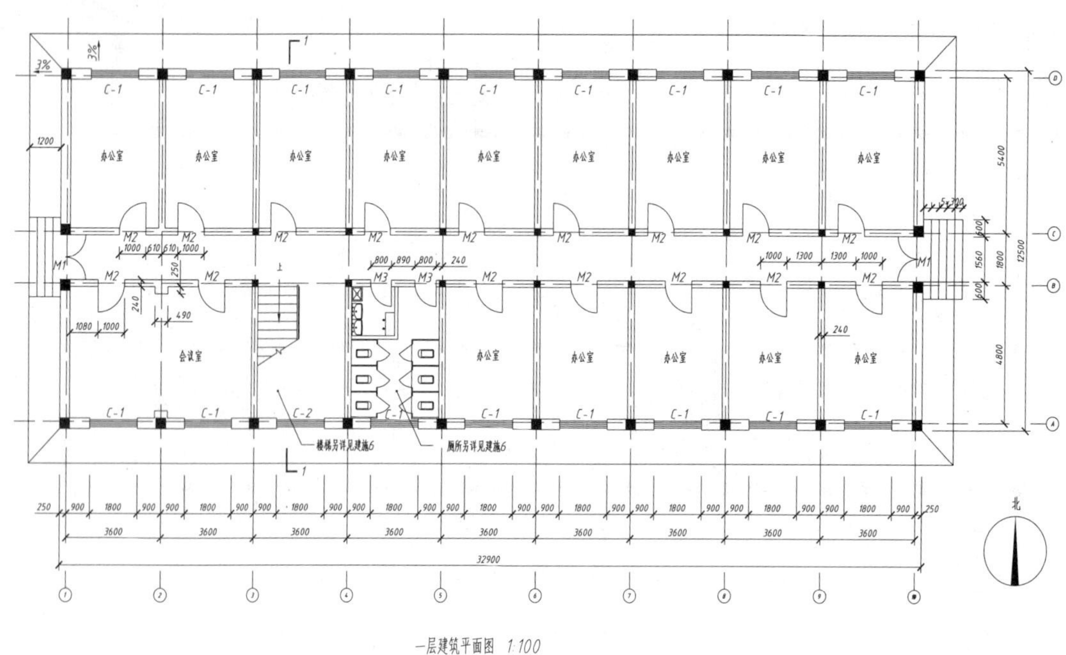

图 14－33

(2)绘制材料表，填写设计说明。

材料表用来表示设计图纸中的门窗等设施的规格和型号，可以使用 AutoCAD 中的绘制表格命令(table)来设计，材料表如图 14－34 所示。

设计说明是用来说明本套建筑的具体施工方案和施工要求。我们可以用多行文本(MT)进行书写、排版，如图 14－35 所示。

门窗表

类型	编号	洞口尺寸(mm)	数量	备注
门	M1	1560X2500	2	楼门，东西两侧各一扇
	M2	1000X2500	16	办公室门
	M3	800X2000	2	卫生间门
窗	C-1	1800X1800	8	标准窗台底距地 900mm
	C-2	1800X2000	8	标准窗台底距地 900mm
	C-3	1560X2000	1	西立面窗户距地 700mm

图 14－34

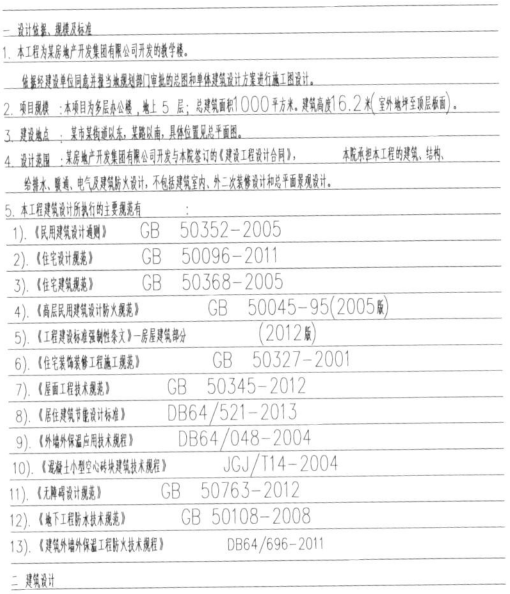

一 设计依据、规模及标准

1. 本工程为某房地产开发集团有限公司开发的教学楼。

依据经建设单位同意并报当地规划部门审批的总图和单体建筑设计方案进行施工图设计。

2. 项目规模 ：本项目为多层办公楼，地上 5 层；总建筑面积1000平方米。建筑高度16.2米（室外地坪至顶层板面）。

3. 建设地点 ：某市某街道以东，某路以南，具体位置见总平面图。

4. 设计范围 ：某房地产开发集团有限公司开发与本院签订的《建设工程设计合同》， 本院承担本工程的建筑、结构、给排水、暖通、电气及建筑防火设计，不包括建筑室内、外二次装修设计和总平面景观设计。

5. 本工程建筑设计所执行的主要规范有 ：

1).《民用建筑设计通则》 GB 50352-2005

2).《住宅设计规范》 GB 50096-2011

3).《住宅建筑规范》 GB 50368-2005

4).《高层民用建筑设计防火规范》 GB 50045-95(2005版)

5).《工程建设标准强制性条文》—房屋建筑部分 (2012版)

6).《住宅装饰装修工程施工规范》 GB 50327-2001

7).《屋面工程技术规范》 GB 50345-2012

8).《居住建筑节能设计标准》 DB64/521-2013

9).《外墙外保温应用技术规程》 DB64/048-2004

10).《混凝土小型空心砖块建筑技术规程》 JGJ/T14-2004

11).《无障碍设计规范》 GB 50763-2012

12).《地下工程防水技术规范》 GB 50108-2008

13).《建筑外墙外保温工程防火技术规程》 DB64/696-2011

二 建筑设计

图 14－35

【任务巩固与提高】

请绘制如图 14－36 所示的图纸。

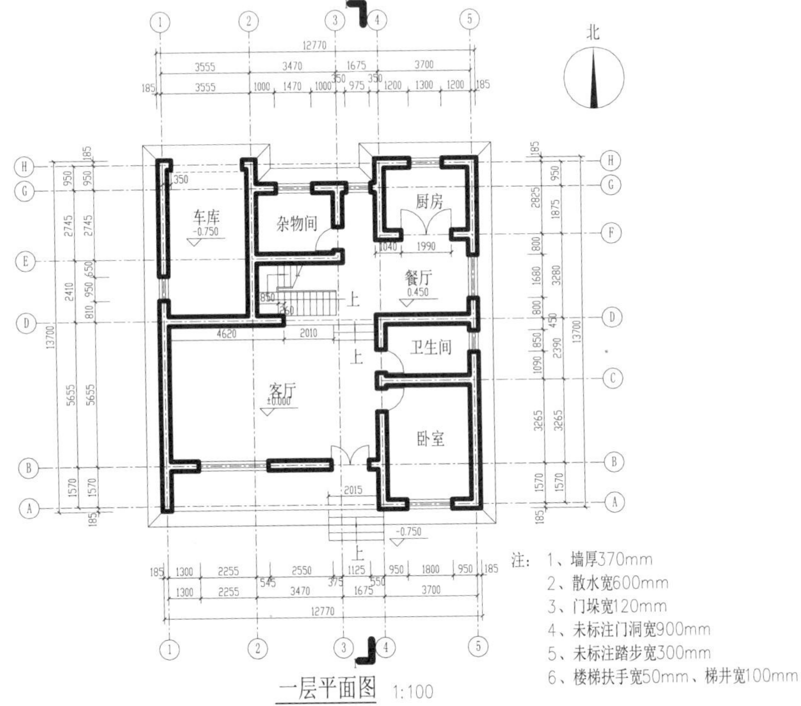

图 14－36

15 建筑立面图的绘制

【任务描述】

建筑立面图指的是在与建筑物立面平行的铅垂投影面上所作的投影图，简称立面图。通常立面图可以反映建筑物的外观、装饰材料、做法等。为了使立面图外形更清晰，通常使用粗实线表示立面图最外侧的轮廓线，室外地坪用标准粗度1.4倍的加粗线画，雨篷、阳台、柱子、窗台、台阶等投影线用中粗线画，门窗、水管等用细实线画。

本任务我们将以平面图绘制的建筑物为模型，绘制该模型的南立面图。

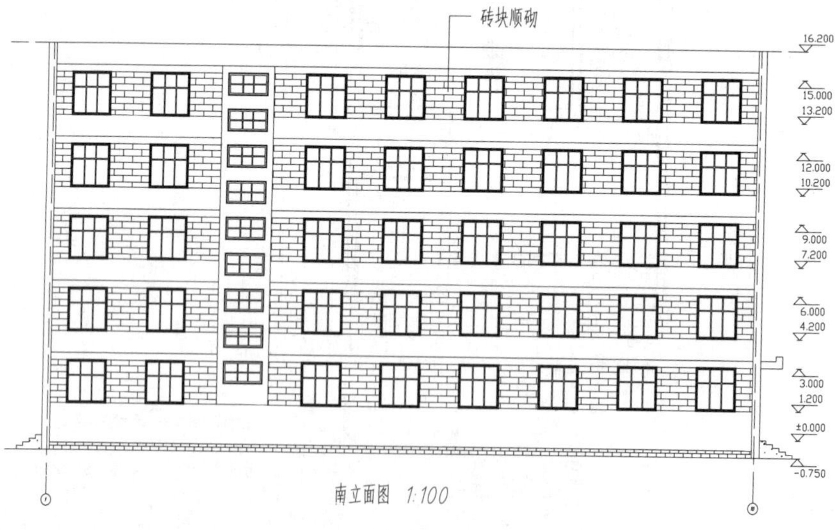

图 15-1

【任务目标】

了解建筑制图标准，了解建筑立面图的绘制内容，掌握建筑立面图的绘图要求，并能根据建筑施工图的特点，选用最适合、最便捷的绘图工具、编辑工具和绘图技巧，快速绘制建筑立面图。能准确选择合适的命令进行绘制。

【任务评价】

通过本任务的学习，学生能够对立面图进行正确的抄绘，强化对制图规范的理解，在日后的学习和工作中，能够达到独立绘制立面图图纸的目标。

【知识链接及操作】

1. 建筑立面图的定义

建筑物外墙面特征的正投影图称为建筑立面图，简称立面图。立面图主要反映房屋各部位的高度、外貌和装修要求，是建筑外装修的主要依据。

为了完整诠释所设计的建筑，设计师通常会绘出对应的 4 个立面，分别按照外貌特征命名为正立面图、背立面图和侧立面图，或者按照房屋朝向命名为东、西、南、北立面图。若建筑物立面没有要强调的构造，通常我们只需要绘制建筑物的主要出入口或能比较显著地反映出房屋外貌特征的那一面立面图，即正立面图。

2. 建筑立面图绘图的一般步骤

(1)画室外地平线、横向定位轴线、室内地坪线、楼面线、屋顶线和建筑物外轮廓线。

(2)画各层门窗洞口线。

(3)画墙面细部，如阳台、窗台、楣线、门窗细部分格、壁柱、室外台阶、花池等。

(4)检查无误后，按立面图的线型要求进行图线加深。

(5)标注标高、首尾轴线，书写墙面装修文字、图名、比例等，说明文字一般用 5 号字，图名用 10～14 号字。

3. 本任务涉及相关知识

(1)设置绘图环境及 A2 横式图框的绘制(见任务 2)。

(2)构造线及墙体的绘制(见任务 8)。

(3)绘制其他细部尺寸需要用到的命令(见任务 5、任务 6、任务 7)。

(4)外墙装饰面材料的绘制(见任务 9)。

(5)文本标注与应用、尺寸标注与应用(见任务 10、任务 13)。

(6)轴号的标注与标高的标注(见任务 12)。

【任务实施】

任务：图 15－1 所示立面图为任务 15 所示建筑物的正立面。下面，我们将具体介绍绘制建筑立面图的方法和步骤。

第一步：调用模板文件。

此时有两种方法打开模板文件。方法一，按照平面图的调用方法，继续调用“A2 建筑施工图样板 .dwt”的样板文件，另存为“立面图 .dwg”；方法二，打开“一层建筑平面图 .dwg”文件，另存为“建筑立面图 .dwg”，或直接将平面图、立面图绘制在一个文件中，将其改名为“某办公楼 .dwg”。

第二步：绘制定位轴线，并标注部分尺寸及轴号。

(1)调用复制命令(CP)，将建筑平面图中的 1 轴、10 轴、A 轴的轴线复制到空白处，再将 A 轴分别向下偏移 750 mm(标高为－0.75 m)，向上偏移 16200 mm(标高为 16.2 m)。

(2)将 1 轴、10 轴的上端延伸至标高为 16.2m 线处，形成屋顶轮廓线。

(3)标注 1 轴、10 轴轴号，此时可直接将“一层建筑平面图”中的轴号复制过来，或按照尺寸重新绘制，如图 15－2 所示。

图 15－2

第三步：绘制外墙轮廓线及室外地坪线。

(1)绘制外墙轮廓线。

①设置“墙线”层为当前图层。

②将 37 墙的样式置为当前，调用多线命令，从 1 轴与标高－0.75 m 线交点处向上绘制至屋顶，从屋顶垂直绘制至 9 轴与标高－0.75 m 交点处。连接屋顶直线，外墙绘制完毕，如图 15－3 所示。

图 15－3　绘制外墙轮廓线

(2)绘制室外地坪线。

①将标高为－0.75 m 的轴线切换至“室外地坪”层，将此线向上偏移 300 mm，生成踢脚线，并沿墙线修剪。

②设置“室外地坪”层为当前图层，对踢脚线内部选择名称为“AR－B816”的图案样例进行填充，如图 15－4、图 15－5 所示。

图 15－4

图 15－5

第四步：绘制细部，如门窗、台阶外墙装饰图案等。

(1)绘制窗台线。

①将标高为－0.45 m 的踢脚线向上偏移 450 mm，生成一条标高为 0 的线，随后将此线

向上偏移 1200 mm，生成一条窗台线，将窗台线分别向上偏移 1800 mm 和 2100 mm，生成首层的窗楣线，结果如图 15－6 所示。

②调用复制命令(CP)或阵列命令(AR)，将刚才绘制的窗台线和窗楣线进行复制，最终形成 5 层窗台线和窗楣线，结果如图 15－7 所示。

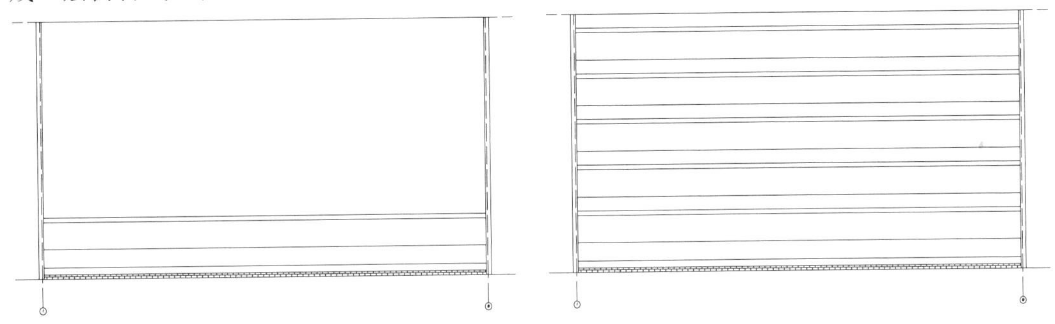

图 15－6　　图 15－7

(2)绘制窗户。

①在平面图的 1 轴和 2 轴之间绘制两条竖线，如图 15－8 所示，分别位于窗户的两侧，然后以外墙左下角点为基准点，将两条竖线复制至立面图相应的位置，如图 15－9 所示。

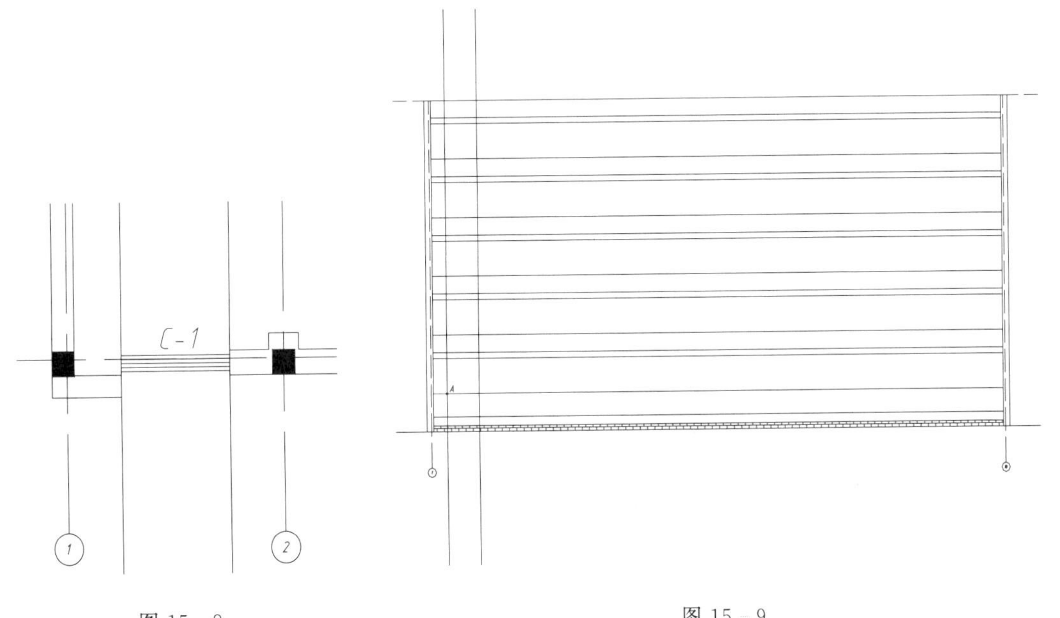

图 15－8　　图 15－9

②调用矩形命令(REC)，绘制 1800 mm×1800 mm 的窗框，并将其分别向内侧偏移 50 mm和75 mm，如图 15－10 所示。

③将中间的矩形分解，而后将上方的线向下偏移 585 mm，左侧的线向右侧偏移585 mm，右的线向左偏移 585 mm，如图 15－11 所示。

④调用偏移命令(O)，将内侧的窗格线分别向外侧偏移 20 mm，如图 15－12 所示。

⑤调用删除命令(E)和修剪命令(TR)，删除和修剪多余的线条后，如图 15－13 所示。

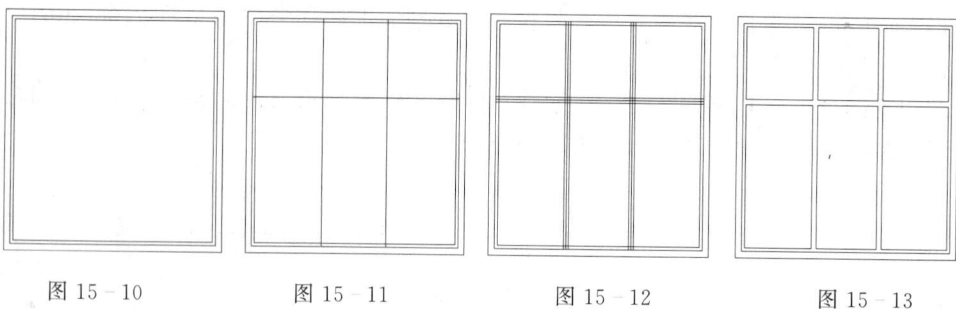

图 15－10　　图 15－11　　图 15－12　　图 15－13

⑥调用多段线编辑命令(PL)，修改外侧窗框的线宽为 50 mm，并将其保存成图块 C－1 立面，如图 15－14 所示。

⑦在 A 点处插入窗户块 C－1 立面，如图 15－15、图 15－16 所示。

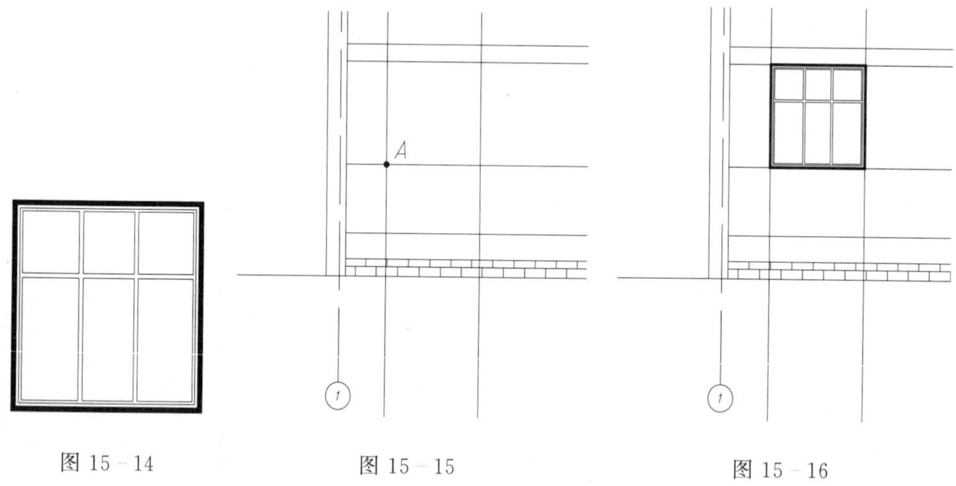

图 15－14　　图 15－15　　图 15－16

⑧删除窗户两旁的辅助线，将绘制在 A 点处的窗户进行 5 行 9 列的阵列，其行偏移为 3000 mm，列偏移为 3600 mm，结果如图 15－17 所示。

图 15－17

⑨绘制楼梯间窗户。将上图经过阵列命令(AR)绘制的窗户分解成单个窗户，随后删除楼梯间所在位置的窗户。绘制窗框，按照图 15-18 所示尺寸绘制楼梯间窗户，将其放置在相应位置上。需要注意的是，同一层窗户之间的间隔为 300 mm，相邻层窗户之间的间隔为 600 mm。楼梯间两侧的装饰线距窗户边框的距离为 400 mm。绘制结果如图 15-19 所示。

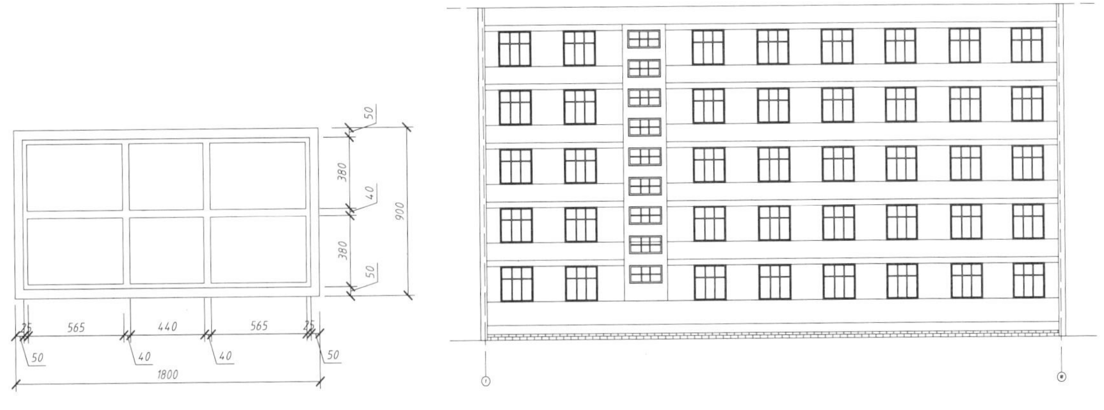

图 15-18　　图 15-19

(3)绘制雨篷。

调用直线命令或多段线命令，从一层窗楣线与 9 轴交点处向外侧开始绘制，尺寸如图 15-20 所示。

(4)绘制台阶。

①设置“台阶”层为当前图层。

②调用多段线命令(PL)，按照台阶的踏步高为 150 mm、踏步宽为 300 mm 进行绘制。

③对室外台阶进行图案填充。选择名称为“AR－CONC”的图案样例进行填充，如图 15-21 所示。填充效果如图 15-22 所示。

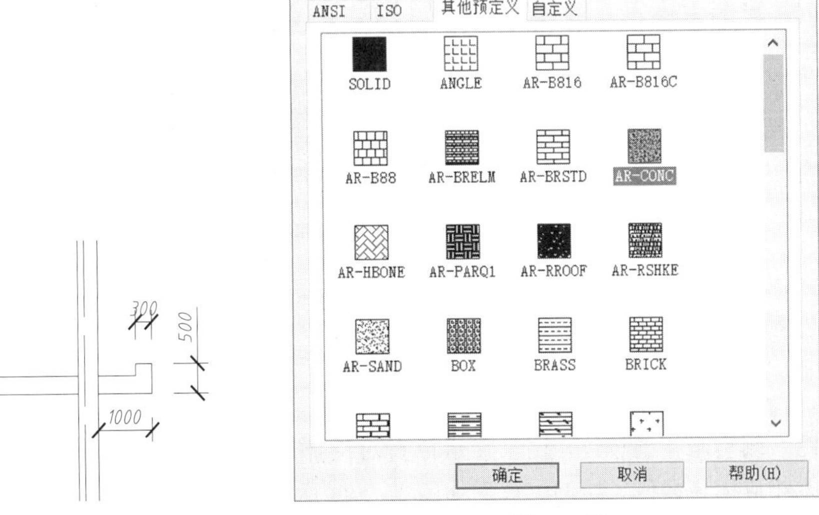

图 15-20　　图 15-21

图 15－22

(5)绘制外墙装饰图案。

删除标高为 0 的辅助线，立面墙选择名称为"AR－BRSTD"的图案样例进行填充，如图 15－23 所示。

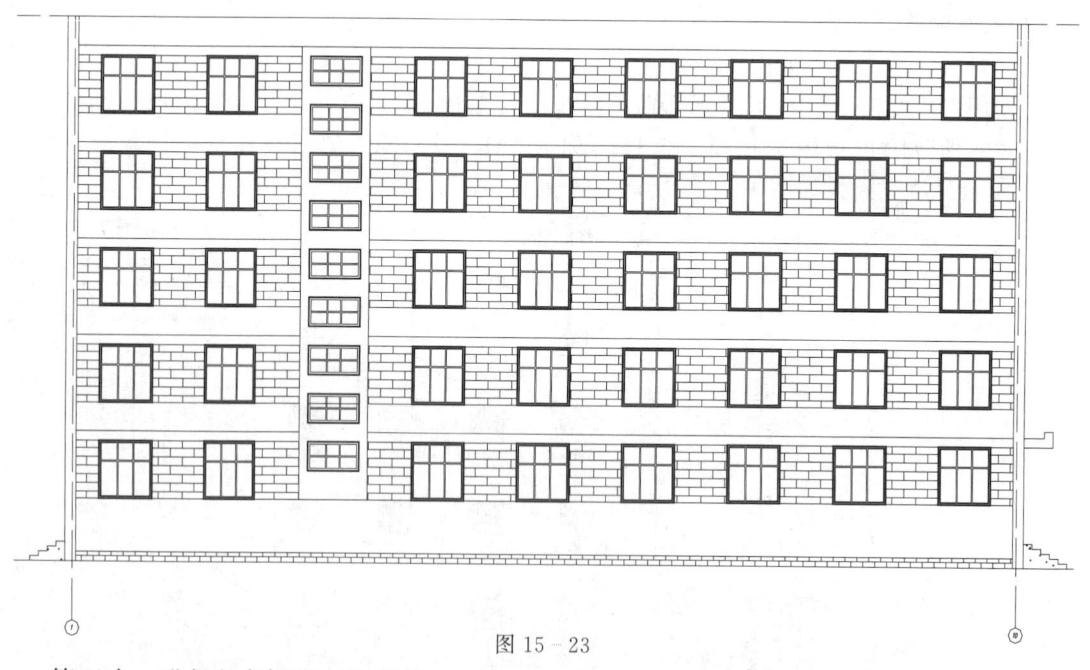

图 15－23

第五步：进行文本标注、标高等。

在立面图右侧绘制一条竖线，用来标示标高的位置，插入标高图块，按照提示位置插入标高，并修改相应标高数值，绘制完成后如图 15－24 所示。

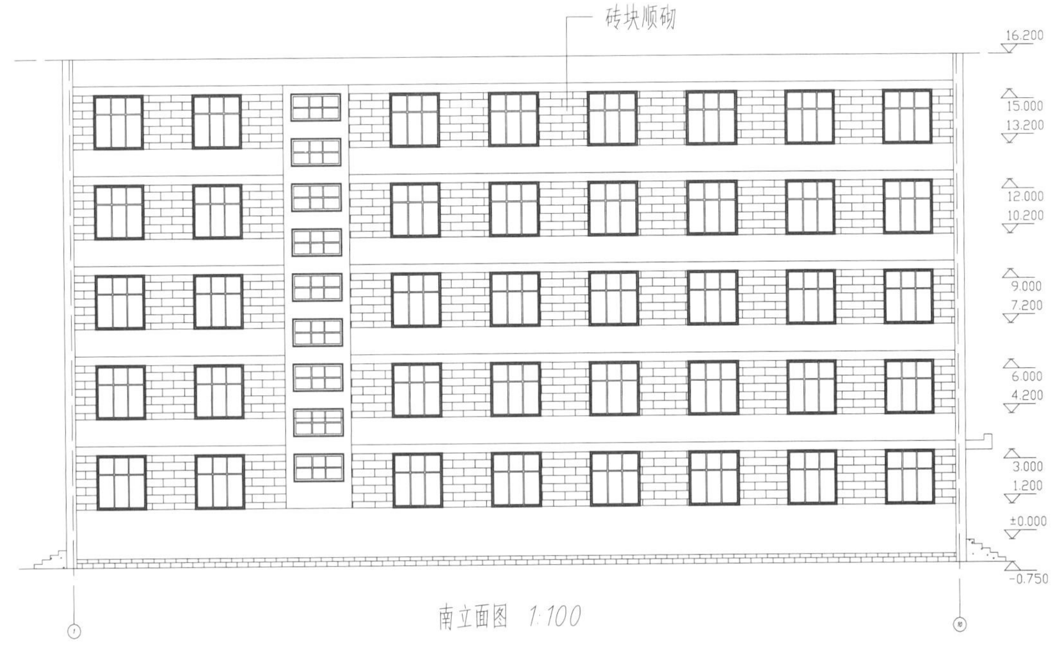

图 15－24

【任务巩固与提高】

请绘制如图 15－25 所示的立面图。

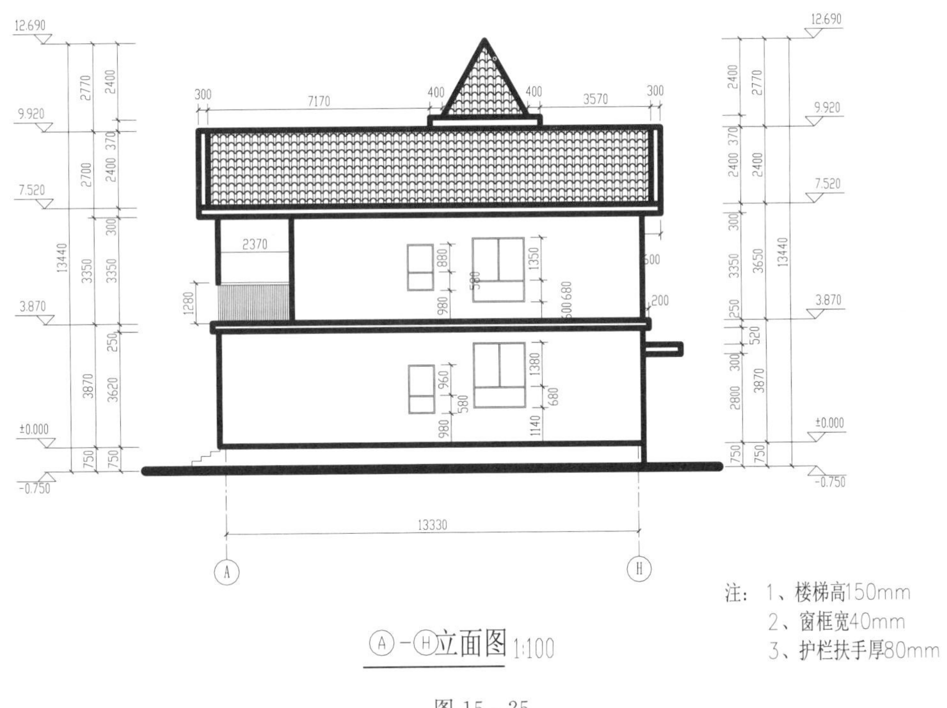

图 15－25

16 建筑剖面图的绘制

【任务描述】

剖面图用以表示房屋内部的结构或构造形式、分层情况和各部位的联系、材料及其高度等，是与平面图、立面图相互配合的不可缺少的重要图样之一。部切位置应选择能反映出房屋内部构造的比较复杂与典型的部位，并应通过门窗洞的位置。若为多层房屋，应选择在楼梯间或层高不同、层数不同的部位。剖面图的图名应与平面图上所标注剖切符号的编号一致，如 1－1 剖面图、2－2 剖面图等。

该任务同样以前两个任务所绘制的建筑物为模型，绘制该建筑物的剖面图。

【任务目标】

了解建筑制图标准，了解剖切位置、投影方向和绘图比例，了解楼梯、地、楼、屋面的构造及其他未剖切到的可见部分的构造特征，掌握建筑剖面图的绘图要求，并能根据建筑施工图的特点，选用最适合、最便捷的绘图工具、编辑工具和绘图技巧，快速绘制建筑剖面图。

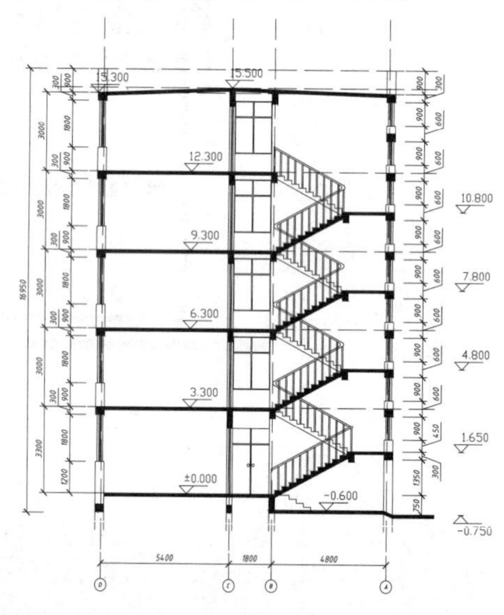

图 16－1

【任务评价】

通过本任务的学习，学生能够对图纸进行正确的抄绘，强化对制图规范的理解，在日后的学习和工作中，能够达到独立绘制工程图纸的目标。

【知识链接与操作】

1. 建筑剖面图的定义

假想用一个或一个以上的铅垂剖切平面剖切建筑物，得到的剖面图称为建筑剖面图，简称剖面图。建筑剖面图用以表示建筑内部的结构构造、垂直方向的分层情况、各层楼地面、屋顶的构造及相关尺寸、标高等。

剖切的位置常取楼梯间、门窗洞口及构造比较复杂的典型部位，剖面图的数量根据房屋的复杂程度和施工的实际需要而定。剖面图的名称必须与底层平面图上所标的剖切位置和剖视方向一致。

2. 建筑剖面图绘图的一般步骤

(1)根据进深尺寸，画出墙身的定位轴线；根据标高尺寸定出室内外地坪线、各楼面、屋面及女儿墙的高度位置。

(2)画出墙身、楼面、屋面轮廓。

(3)定门窗和楼梯位置，画出梯段、台阶、阳台、雨篷、烟道等。

(4)检查无误后，擦去多余作图线，按图线层次描深。画材料图例，注写标高、尺寸、图名、比例及文字说明。

3. 本任务涉及相关知识

(1)设置绘图环境及A2横式图框的绘制(见任务2)。

(2)构造线及墙体的绘制(见任务8)。

(3)绘制其他细部尺寸需要用到的命令(见任务5、任务6、任务7)。

(4)剖切面材料的绘制(见任务9)。

(5)文本标注与应用、尺寸标注与应用(见任务10、任务13)。

(6)轴号的标注与标高的标注(见任务12)。

【任务实施】

任务：任务描述中的剖面图为任务14中建筑物平面图所示的1-1剖面，下面我们将具体介绍绘制建筑剖面图的方法和步骤。

第一步：调用模板文件。

打开模板文件的方法与立面图相似。方法一，按照平面图的调用方法，继续调用“A2建筑施工图样板.dwt”的样板文件，另存为“剖面图.dwg”；方法二，打开“一层建筑平面图.dwg”文件，另存为“建筑剖面图.dwg”，或直接将平面图、立面图绘制在一个文件中，将其改名为“某办公楼.dwg”，保存。

第二步：绘制定位轴线，并标注部分尺寸及轴号。

(1)设置“轴线”层为当前图层。

(2)调用构造线命令或直线命令，绘制间隔为12000 mm的纵向定位轴线两条，间隔为16950 mm的横向定位轴线两条，如图16-2所示。

(3)调用偏移命令，将最下方轴线向上偏移750 mm，此线是标高为0的地平线。将右侧轴线向右偏移 5000 mm，可在此线与横向轴线的交点处绘制标高。将 A 轴轴线向左分别偏移 4800 mm，6600 mm。将标高为 0 的地平线依次向上偏移 3300 mm、6300 mm、9300 mm、12300 mm、15300 mm、16200 mm。最后，将轴号、部分轴线间的尺寸、标高进行标注，如图16－3 所示。

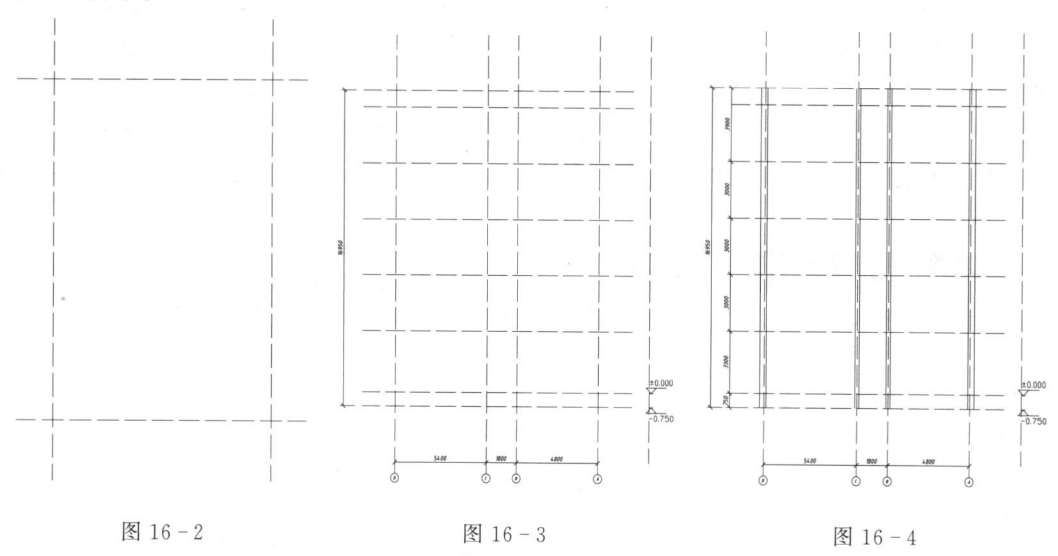

图 16－2　　图 16－3　　图 16－4

第三步：绘制墙线、室内外地面、各层楼面与楼梯平台线。

(1)绘制墙线。

①设置“墙线”层为当前图层。

②调用多线命令，绘制剖面墙体轮廓，如图 16－4 所示。

③调用直线命令或矩形命令，在二层楼板与 C 轴交点处绘制高度均为 300 mm 的过梁和圈梁，以及 400 mm 的梁，如图 16－5 所示。

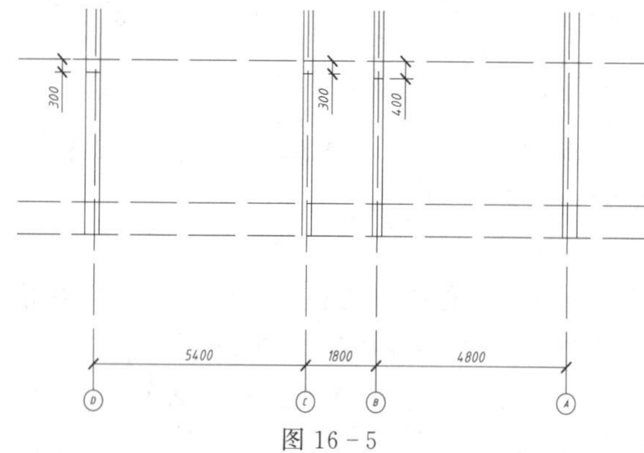

图 16－5

(2)绘制室外地面。

①设置“室外地坪”层为当前图层。

②将标高为－0.75 m 的轴线向上偏移 150 mm，此线为楼梯平台起始线。

③调用多线命令，使用基础样式，S＝120，对正位置为“上对正”，进行绘制。其中，这两条线上对正的基准线分别是标高－0.75 m 的室外地坪轴线和标高为－0.60 m 的室内楼梯

平台起始轴线，绘制完毕后将其分别调整至“室外地坪”层和“楼板”层，如图 16－6 所示。

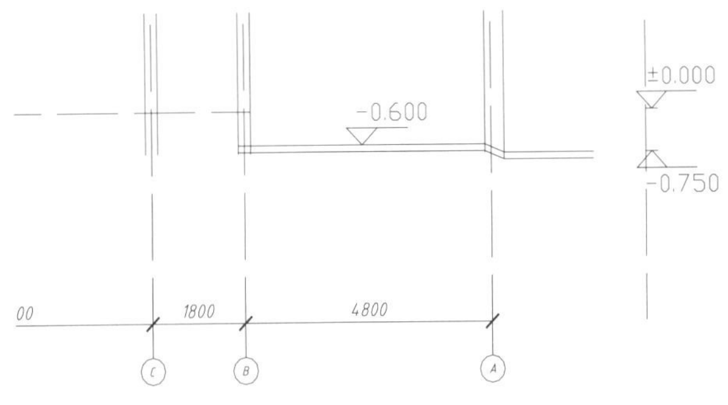

图 16－6

(3)绘制楼板。

①设置“楼板”层为当前图层。

②以标高为 0 的轴线为上对正基准线，调用多线命令，绘制厚度为 120 mm 的楼板。绘制方法和绘制楼梯平台相同。

③调用复制命令，将绘制好的一层楼板向上复制 3300 mm，适当拉伸楼板端点至墙体外侧边线处，得到二层楼板。绘制结果如图 16－7 所示。

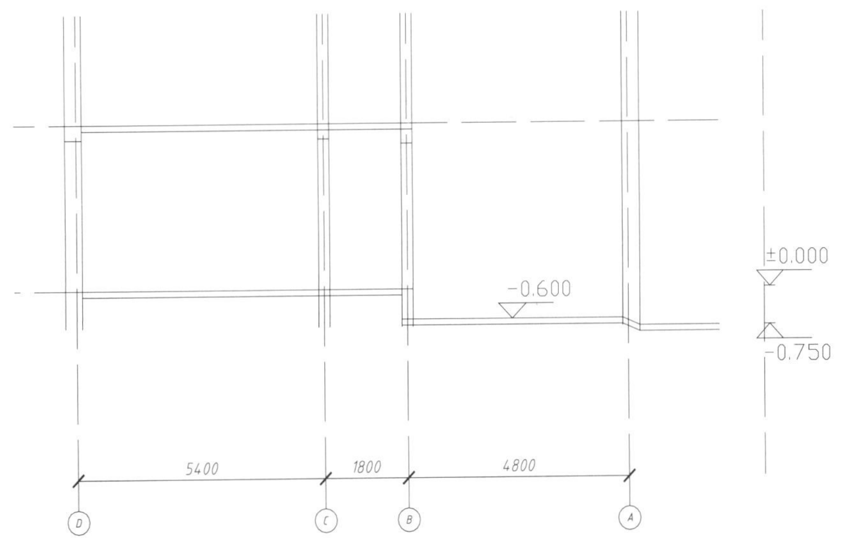

图 16－7

④调用图案填充命令，将楼板与梁进行图案填充，绘制结果如图 16－8 所示。

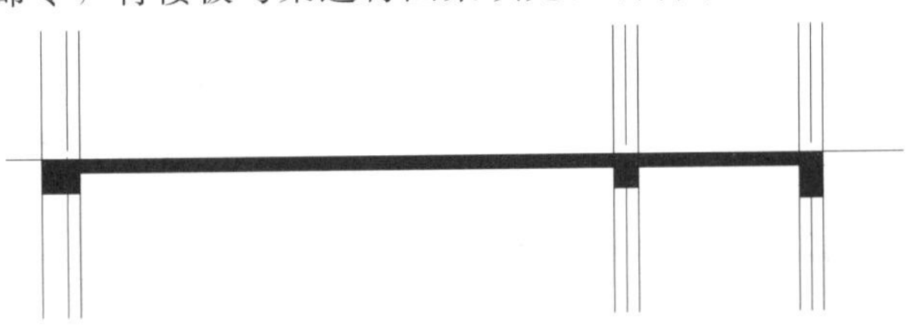

图 16－8

⑤调用复制命令，将二层楼板复制至三至五层楼板处。

⑥绘制底层基础，调用图案填充命令，将楼梯地平线处基础和室外基础进行图案填充，结果如图 16－9 所示。

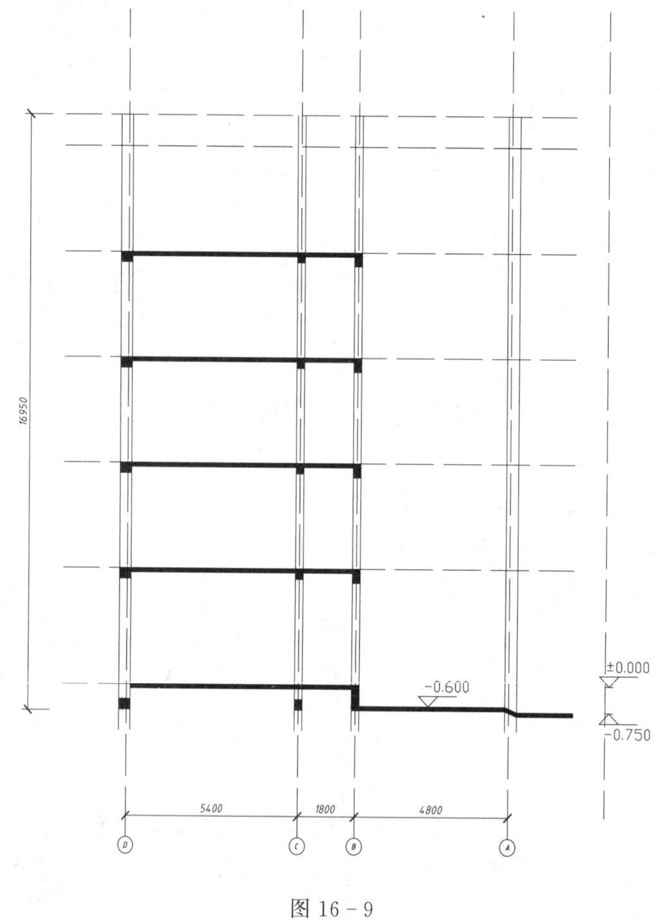

图 16－9

(4)绘制楼顶。

①设置“楼顶”层为当前图层。

②由于屋顶为斜顶，其标高差为 0.2 m，因此将标高为 15.3 m 的辅助线向上偏移0.2 m，得到屋顶最高处为此线和 C 轴交点。调用多线命令(PL)，选择上对正的方式，绘制厚度为 120 的屋顶楼板。

③调用分解命令，将屋顶楼板线分解成单线，调用延伸命令，将墙线延伸至屋顶楼板处。

④调用图案填充命令，将其填充。

按照二楼梁的尺寸结构绘制梁，绘制结果如图 16－10 所示。

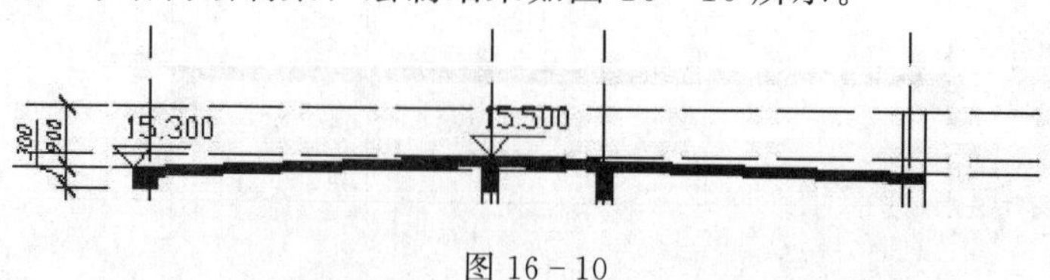

图 16－10

(5)绘制门窗。

①设置“门窗”层为当前图层。

②在空白处绘制C—1立面窗户，具体方法：绘制240 mm×1800 mm矩形，连接中线，将中线分别向两侧偏移40 mm，保存成图块，名称为C1—L，详细尺寸如图16-11 C1—L所示。

③在空白处绘制C—2立面窗户，具体方法：绘制240 mm×900 mm矩形，连接中线，将中线分别向两侧偏移40 mm，保存成图块，名称为C2—L，详细尺寸如图16-11 C2—L所示。

④在空白处绘制M—1门，具体方法：绘制1560 mm×2500 mm矩形，分解矩形，调用直线命令(L)连接垂直中线，将上方的线向下偏移580 mm，将这两条线分别向两侧偏移200 mm，修剪后保存成图块，名称为M1—L，详细尺寸如图16-11 M1—L所示。

⑤在空白处绘制C—3窗户，具体方法：绘制1560 mm×2000 mm矩形，分解矩形，调用直线命令(L)连接垂直中线，将上方的线向下偏移560 mm，将这两条线分别向两侧偏移200 mm，修剪后保存成图块，名称为C3—L，具体尺寸如图16-11 C3—L所示。

⑥在空白处绘制M—2门，具体方法：绘制1000 mm×2500 mm矩形，分解矩形，调用直线命令(L)连接垂直中线，将这条线分别向两侧偏移40 mm，保存成图块，名称为M2—L，具体尺寸如图16-11 M2—L所示。

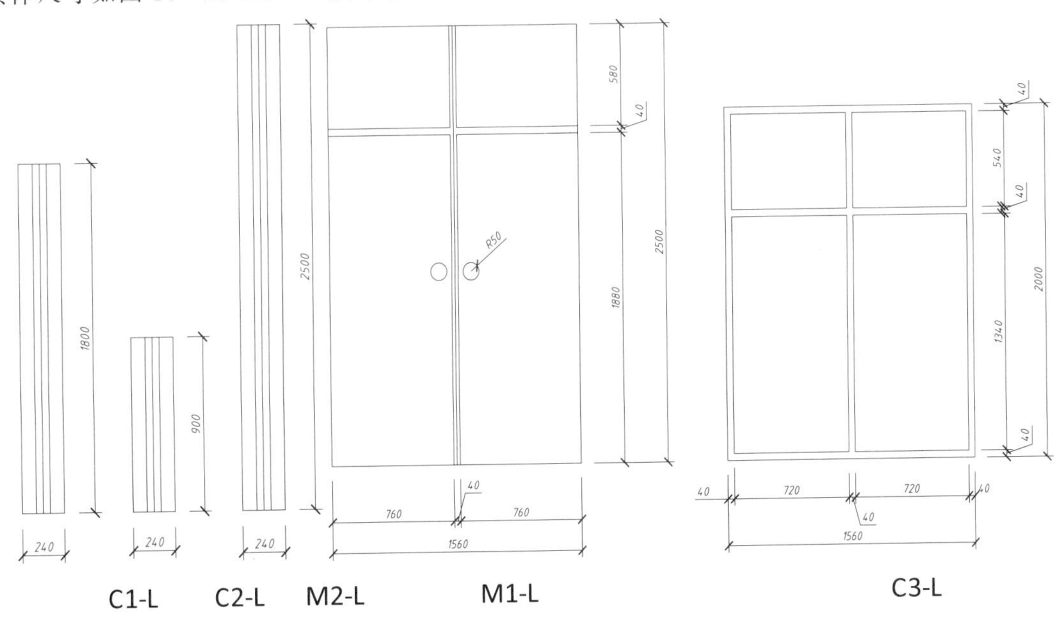

图16-11　门　窗

⑦设置“墙体”层为当前图层。

⑧绘制一层窗洞。调用直线命令，从标高为0处向上偏移捕捉1200 mm的位置，绘制水平线段，将此线段向上偏移1800 mm，修剪墙线，得到窗洞。如图16-12所示。

⑨绘制二至五层窗洞。从二层楼板向上偏移捕捉900 mm的位置绘制水平直线，修剪后，向上偏移1800 mm，修剪后得到二层窗洞。如图16-13所示。三至五层窗洞，可调用复制命

令(CP)进行操作。

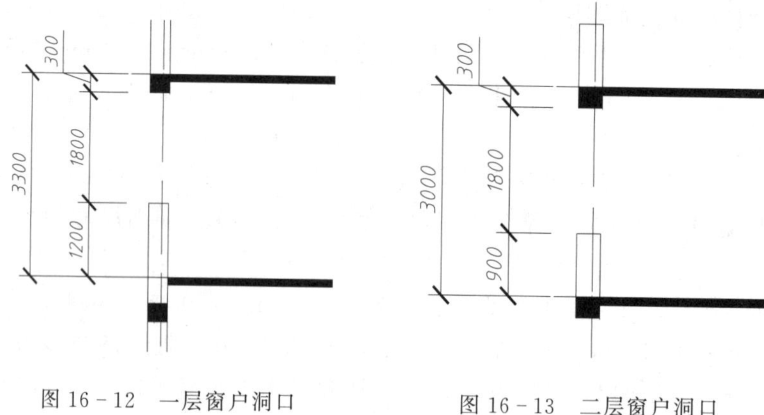

图 16－12　一层窗户洞口　　　　图 16－13　二层窗户洞口

⑩设置“标注”层为当前图层。标注 D 轴所对应的窗户尺寸及楼板标高。如图 16－14 所示。

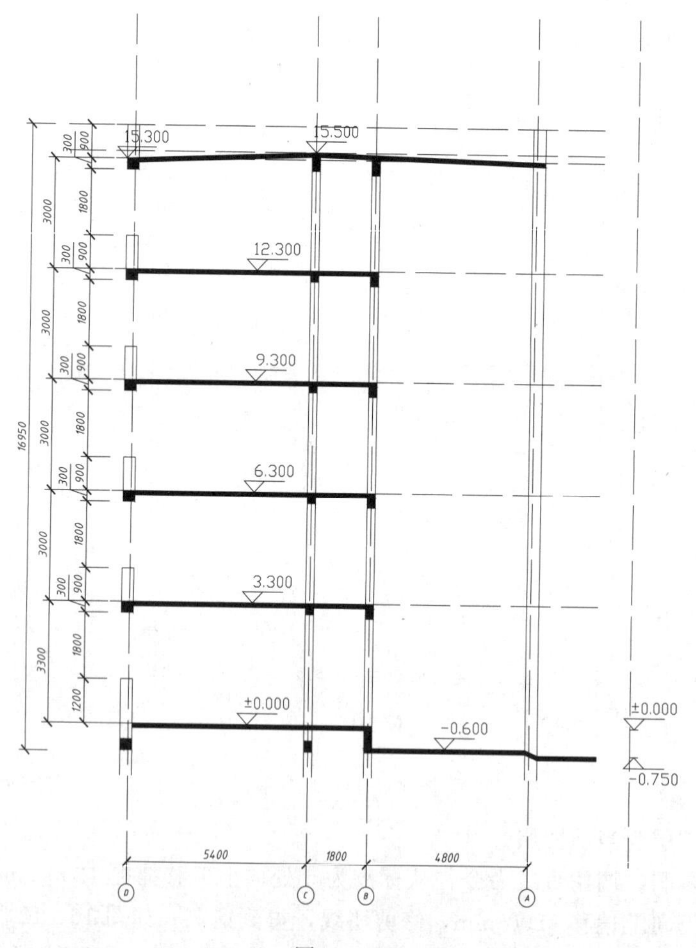

图 16－14

⑪利用同样的方法，绘制A轴所对应的窗洞。标注窗洞尺寸，如图16-15所示。

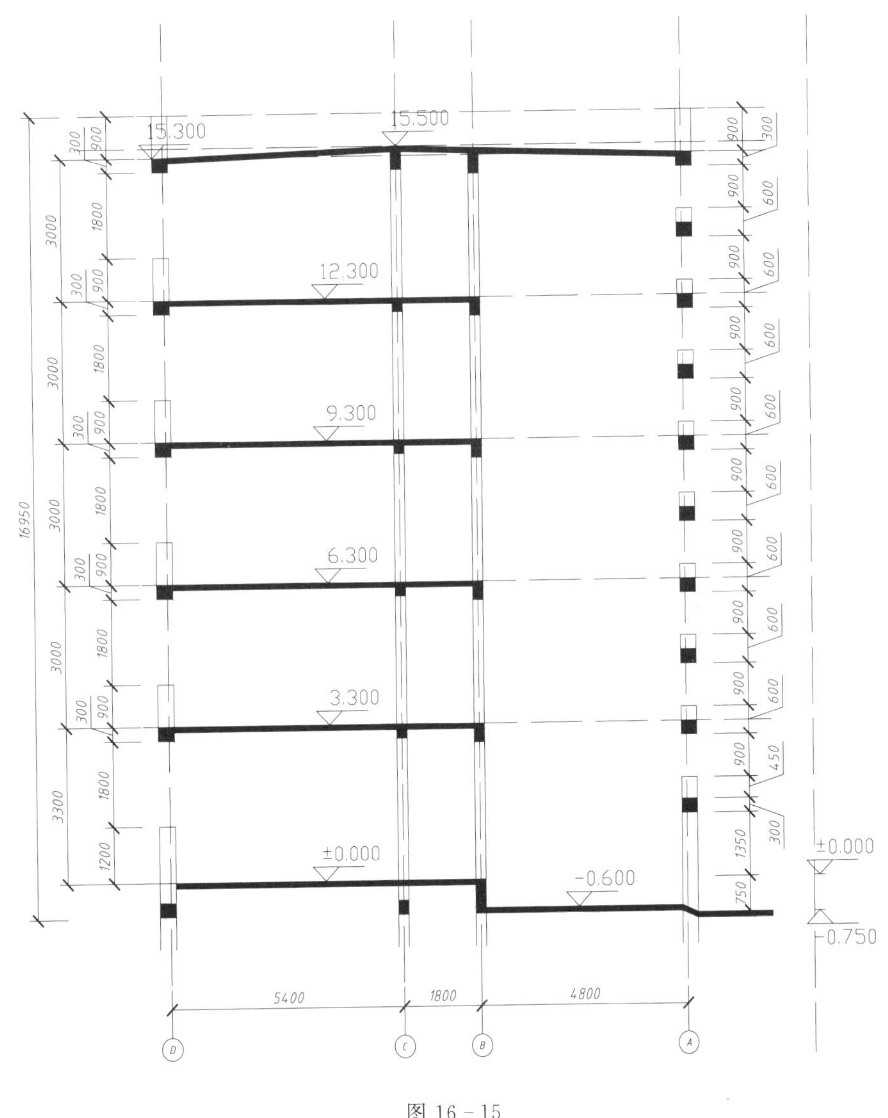

图16-15

⑫绘制C轴对应编号为M2的门。

⑬设置“标注”层为当前图层。

⑭在相应位置插入名称为C1—L和C2—L的窗户图块。结果如图16-16所示。

⑮在B轴与C轴之间插入之前绘制好的门窗图块。以地面左下角点为基点，插入名称为M1—L的图块，以窗户上边缘距楼板间隔300 mm为基点，插入名称为C3—L的图块。绘制完毕的图形如图16-17所示。

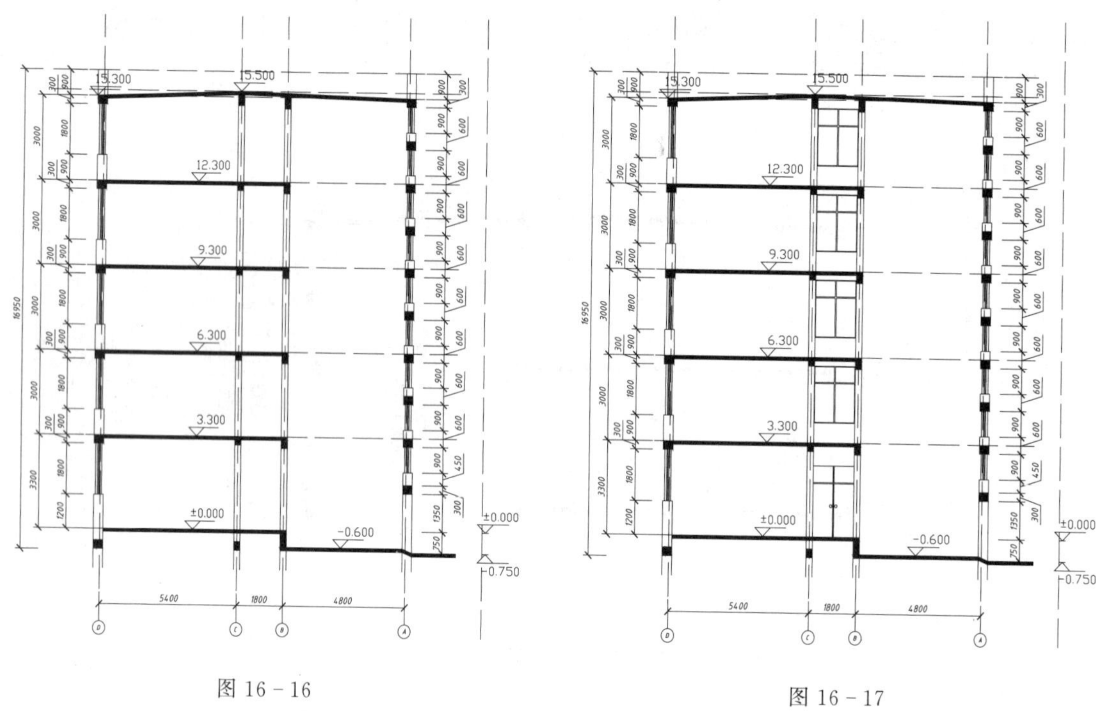

图 16－16

图 16－17

⑯设置“墙体”层为当前图层。

⑰在 C 轴所在墙体绘制高度为 2500 mm 的门洞，插入名称为 M2－L 的窗户图块，将 B 轴所在墙线分解，删除右侧墙线，绘制结果如图 16－18 所示。

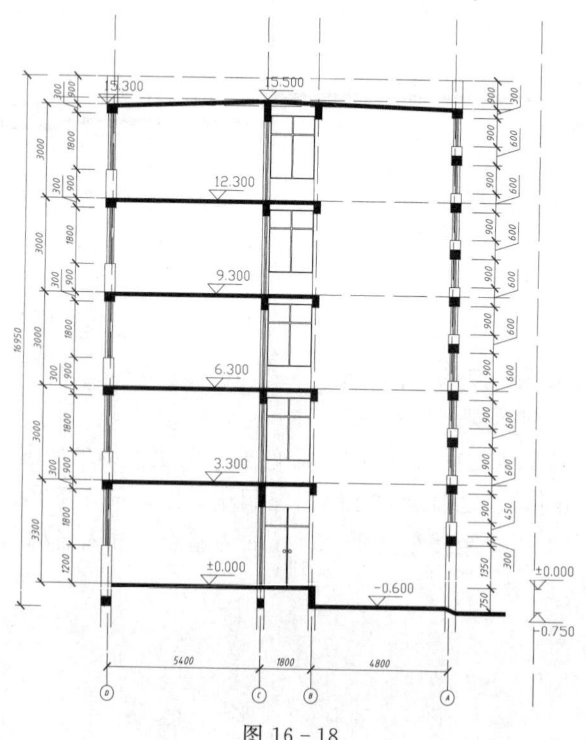

图 16－18

(6)绘制楼梯。

①设置"楼梯"层为当前图层。

②调用多段线命令(PL)，绘制第一阶台阶，踏步宽300 mm，踏步高150 mm。台阶如图16-19所示。

③在命令行输入命令：arrayclassic，回车确认后弹出"阵列"对话框，输入阵列参数。其中列偏移数值可点击按钮拾取台阶的斜边长度，阵列角度可点击按钮拾取此斜线与水平向右方向的夹角。具体参数值如图16-20所示。

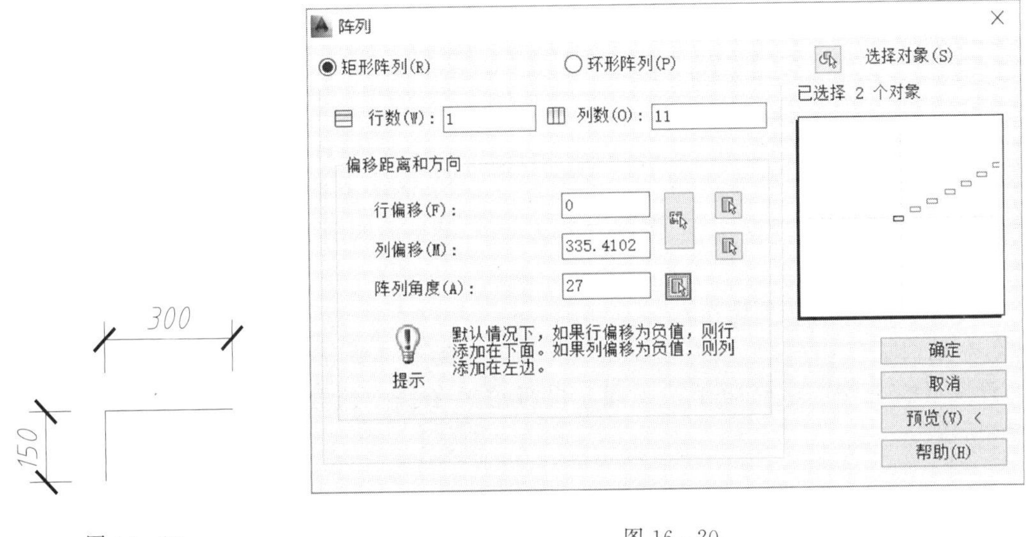

图16-19　　图16-20

④调用延伸命令(EX)将最上方阵列的台阶线延伸至墙体线上，如图16-21所示。

⑤用同样的方法绘制上行楼梯(平台至二层楼梯段)，如图16-22所示。

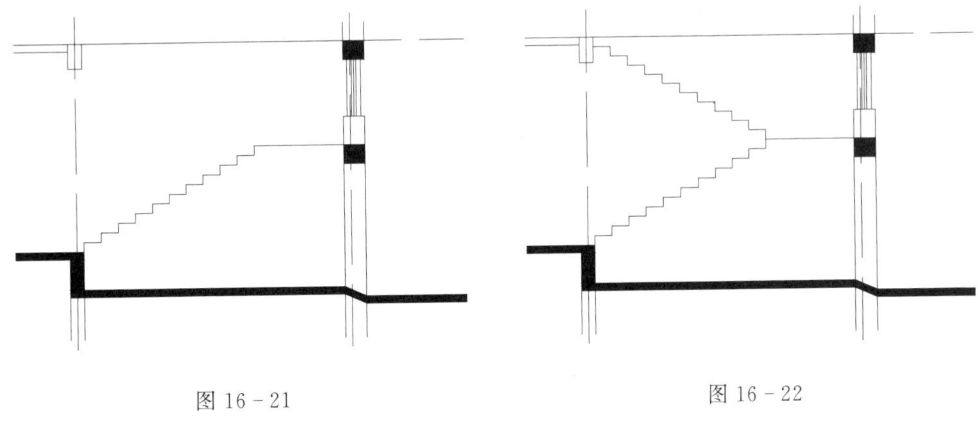

图16-21　　图16-22

⑥连接台阶始末两端，绘制两条辅助线，并将其向下偏移110 mm，如图16-23所示。删除辅助线，如图16-24所示。

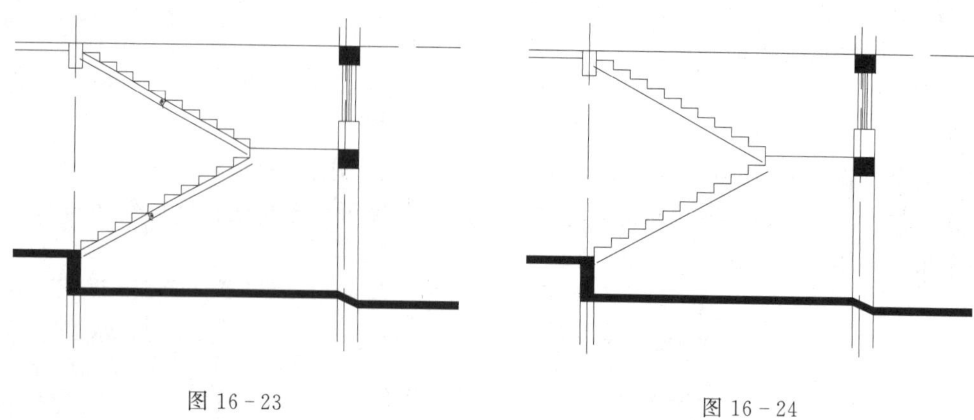

图 16－23　　　　图 16－24

⑦绘制平台梁。调用分解命令，将平台处台阶分解成单线，将平台直线向下偏移 100 mm，平台梁高度为 400 mm，宽度为 240 mm，修剪后的图形如图 16－25 所示。

(7)绘制扶手。

①设置“扶手”层为当前图层。

②以 *A*、*B*、*C*、*D* 四个点为基准点，分别向上绘制 900 mm 的垂线段，调用直线命令(L)，连接直线上端，形成两条扶手线，再将这两条扶手线分别向下偏移 60 mm，如图 16－26 所示。

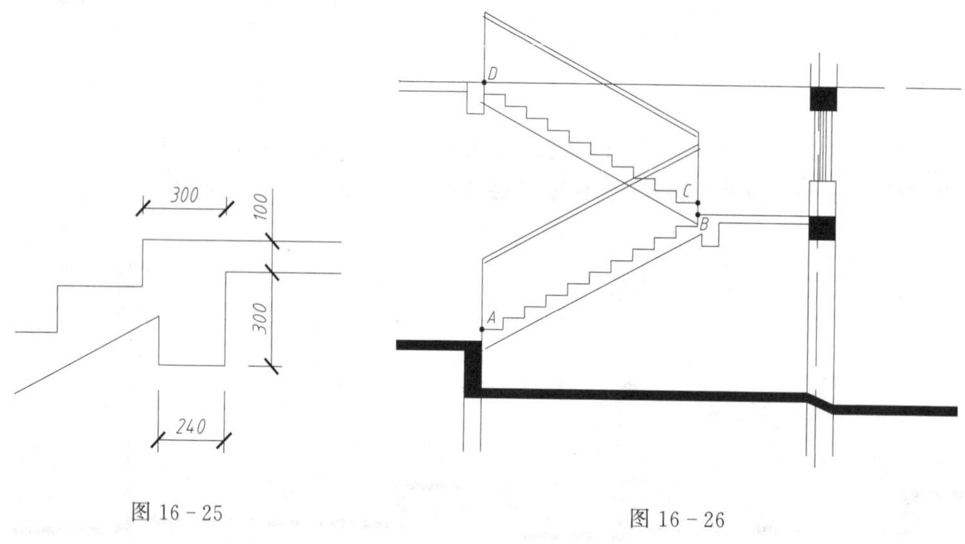

图 16－25　　　　图 16－26

③将 *A*、*D* 点所在垂线段向左移动 150 mm，*B* 点所在垂线段向右移动 150 mm，扶手转角处的尺寸为 80 mm，调用延伸命令(EX)，将部分线条进行延伸和修剪，绘图结果如图 16－27 所示。

④绘制其他台阶，其结果如图 16－28 所示。

⑤绘制护栏。调用多段线命令，采用基础样式，s=50，对正位置为“无”，找到踏步的中点向上进行绘制，其余的可调用复制命令(CP)或阵列命令(AR)完成。编辑转角处护栏，将线条向右侧偏移 50 mm，绘制结果如图 16－29 所示。

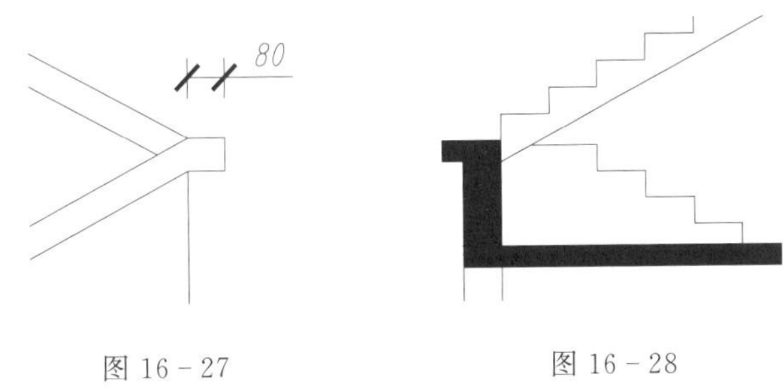

图 16－27　　图 16－28

⑥调用图案填充命令，对楼梯剖面进行填充，如图 16－30 所示。

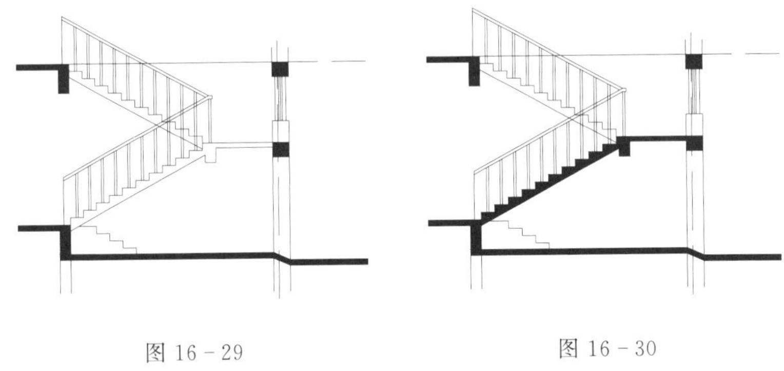

图 16－29　　图 16－30

⑦用同样的方法绘制二层楼梯，调用复制命令(CP)，将楼梯复制到三至五层，请注意一层的台阶数目和二层以上的台阶数目不同。其中，楼梯扶手转角半径为 80 mm。其结果如图 16－31 所示。

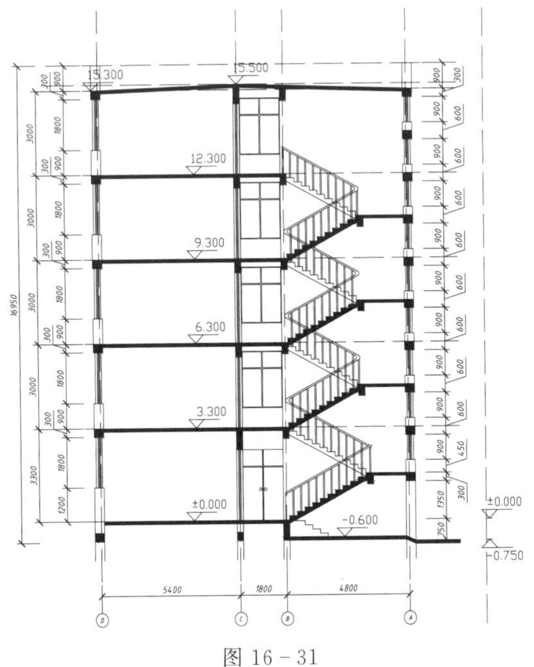

图 16－31

(8)尺寸标注。

①设置"标注"层为当前图层。

②按照节点位置，标注尺寸、标高，删除多余线条和标注，如图 16－32 所示。

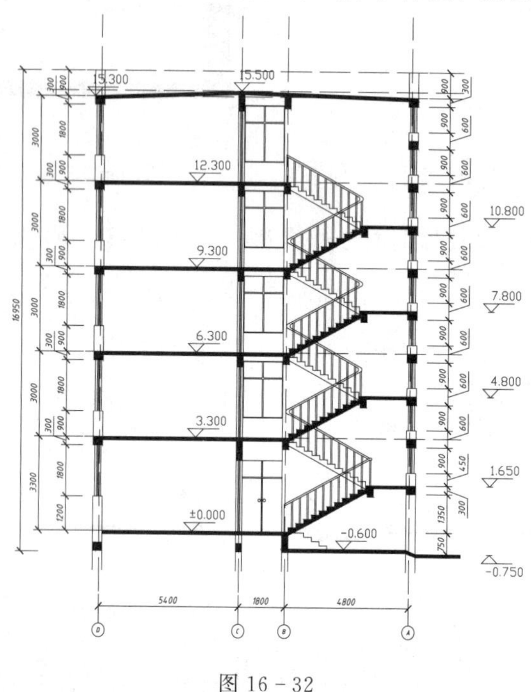

图 16－32

【任务巩固与提高】

绘制如图 16－33 所示的剖面图。

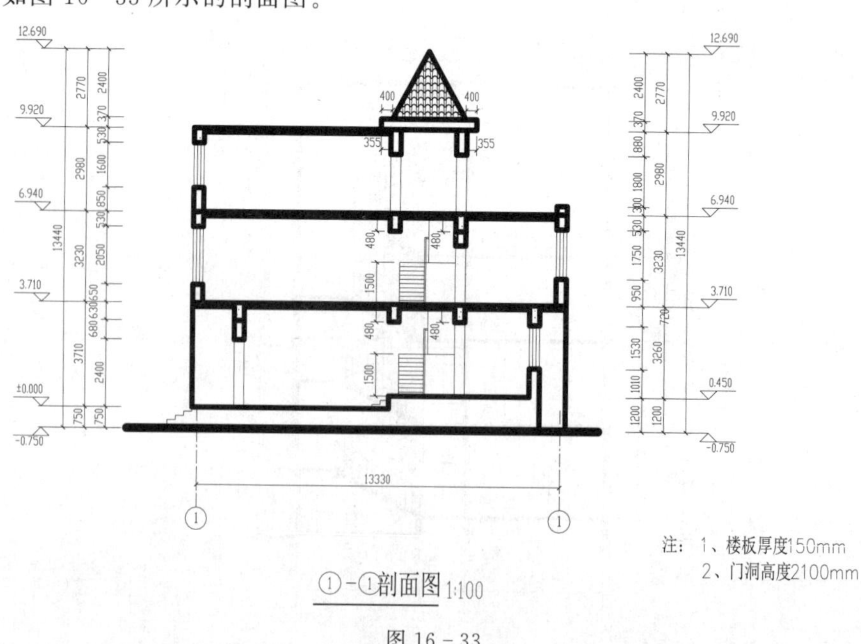

图 16－33

17 常用三维模型的绘制

【任务描述】

为了更形象地了解建筑物的外观和结构，我们通常采用建立三维立体模型的方法。在本任务中，我们在学习基本三维模型绘制方法的基础上，以任务12～14所绘制的建筑为例，向大家介绍绘制本三维模型的方法。通过学习本任务，学生应能够根据建筑三视图创建和编辑三维模型。

【任务目标】

熟练掌握绘制简单三维实体模型的方法，并能够利用三维编辑命令对图形进行编辑。

【任务评价】

三维模型是基于二维图形进行的绘制，需要绘图者能够灵活掌握坐标系空间。

【知识链接及操作】

AutoCAD 不但具有强大的二维绘图功能，还具备基本的三维造型能力。如果想绘制在任务 14 至任务 16 中提及的建筑模型，需要掌握以下 AutoCAD 三维绘图的基本知识。

17.1　三维几何模型分类

AutoCAD 三维建模提供了实体、曲面和网格对象来创建图形。

1. 实体建模

实体模型具有线、表面、体的全部信息，它表示三维对象的体积，并且具有特性，如质量、重心和惯性矩。可以从图元实体(如圆锥体、长方体、圆柱体和棱锥体)或通过拉伸、旋转、扫掠或放样闭合的二维对象来创建三维实体。还可以使用布尔运算(如并集、差集和交集)组合三维实体。下图显示先从闭合多段线拉伸，然后通过相交而组合的两个实体。如图 17－1 所示为实体模型。

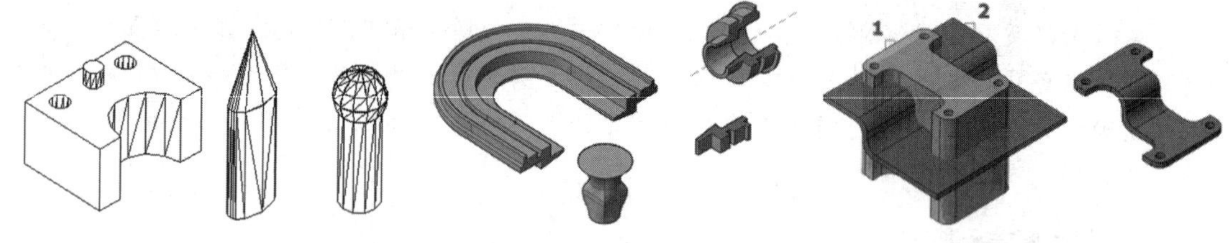

图 17－1　实体模型

2. 曲面建模

曲面模型是不具有质量或体积的薄抽壳。AutoCAD 提供两种类型的曲面：程序曲面和 NURBS 曲面。使用程序曲面可利用关联建模功能，而使用 NURBS 曲面可通过控制点来利用造型功能。

典型的建模工作流程是使用网格、实体和程序曲面创建基本模型，然后将它们转换为 NURBS 曲面。这样，用户不仅可以使用实体和网格提供的独特工具和图元形，还可使用曲面提供的造型功能：关联建模和 NURBS 建模。

可以使用某些用于实体模型的相同工具来创建曲面模型，如扫掠、放样、拉伸和旋转。还可以通过对其他曲面进行过渡、修补、偏移、创建圆角和延伸来创建曲面，如图 17－2 所示。

3. 网格建模

网格模型由用多边形(包括三角形和四边形)来定义三维形状的顶点、边和面组成，如图 17－3 所示。

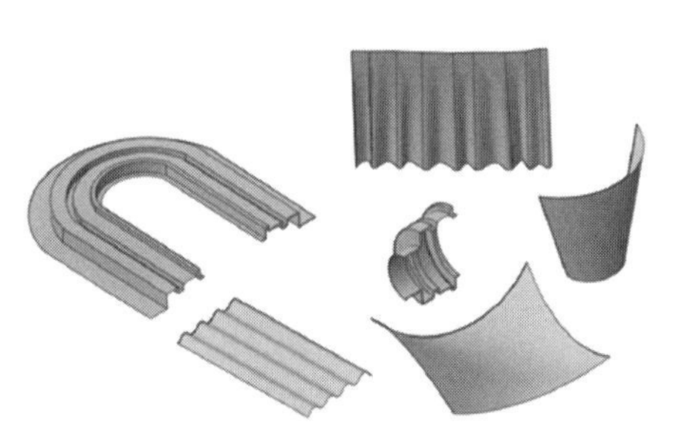
图 17－2

图 17－3

17.2　三维建模基础

1. 三维坐标系的定义

在构造三维立体模型时，为了便于画图，我们经常需要调整坐标系来完成特定的任务，因此如何正确调整三维实体模型的坐标系显得尤为重要。在使用 AutoCAD 绘制三维图形时我们最常用的是三维笛卡尔坐标。同二维坐标系一样，AutoCAD 中的三维坐标系有世界坐标系（WCS）和用户坐标系（UCS）两种形式。

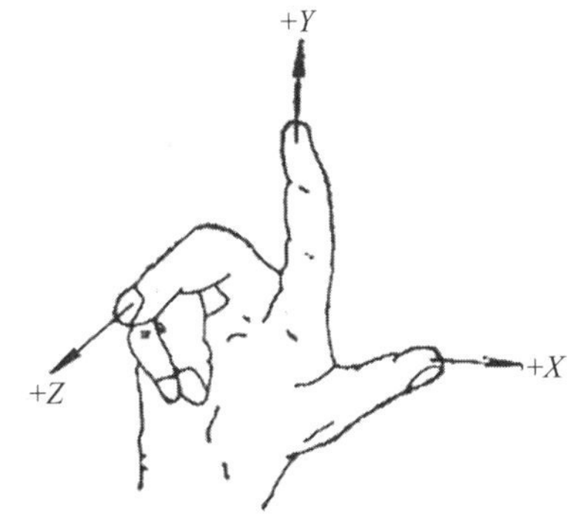

图 17－4　右手坐标系

三维笛卡尔坐标系是在二维笛卡尔坐标系的基础上根据右手定则增加第三维坐标（即 Z 轴）而形成的。一般来说，我们用“右手坐标系法”来确定各坐标轴的方向。如图 17－4 所示，将手背放在与图纸平行的方向，右手的大拇指指向 X 轴的正方向，食指指向 Y 轴正方向，中指与手心垂直，指向 Z 轴正方向，手指弯曲，所指示的方向为轴的正旋转方向。

2. 创建坐标系

(1)调用方法

键盘输入法：输入 UCS。

命令按钮法：

(2)命令及提示

命令: UCS

当前 UCS 名称: * 世界*

指定 UCS 的原点或 [面(F)/命名(NA)/对象(OB)/上一个(P)/视图(V)/世界(W)/X/Y/Z/Z 轴(ZA)] <世界>:

(3)参数说明

【指定 UCS 的原点】：通过输入新原点的位置，并确定 X、Y 轴的方向，从而建立新的 UCS。

【面(F)】：选定三维实体的某个面为 XOY 面。

【命名(NA)】：对最近一次操作过的三维坐标系进行命名，以便后续操作过程中调用。

【对象(OB)】：可以在所选择的图形对象上建立新的 UCS。

【上一个(P)】：恢复到上一个 UCS。

【视图(V)】：创建新的 UCS 的 XOY 平面与当前绘图窗口平行，且原点不变。

【世界(W)】：将当前用户坐标系设置为世界坐标系。

【X/Y/Z】：绕指定坐标轴(X、Y 或 Z 轴)旋转一定的角度，建立 UCS。

【Z 轴(ZA)】：用指定新原点和指定一点为 Z 轴正方向的方法，确定新的 UCS。

3. 标准视图

通常，我们通过改变不同的视图，来观察立体模型不同的侧面和效果。标准视图包括了 6 个方向的正视图及 4 个方向的轴测图。

(1)调用方法

菜单法：单击“视图”→“三维视图”→“俯视/仰视/左视/右视/主视/后视/西南等轴测/东南等轴测/东北等轴测/西北等轴测”菜单。

键盘输入法：输入 view。

命令按钮法：

在命令行中输入“view”或点击视图工具栏中第一个按钮，选择相应的视图置为当前，也可实现视图的转换。如图 17－5 所示为“视图管理器”对话框。

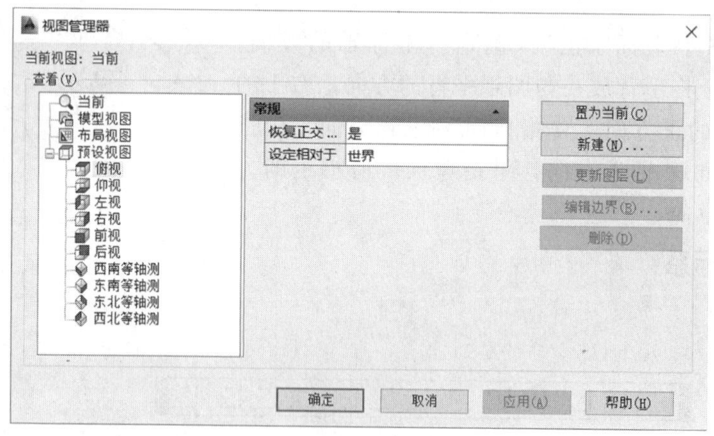

图 17－5 “视图管理器”对话框

4. 平面视图

用户可通过 plan 命令，以当前用户坐标系为参照，从平面视图查看或绘制图形。

(1)调用方法

菜单法：单击“视图”→“三维视图”→“平面视图”菜单。

键盘输入法：输入 plan。

(2)命令及提示

命令: plan

输入选项 [当前 UCS(C)/UCS(U)/世界(W)] <当前 UCS> :

(3)参数说明

【当前 UCS(C)】: 基于当前用户坐标系从平面视图查看图形。

【UCS(U)】: 基于以前保存的用户坐标系从平面视图查看图形。

【世界(W)】: 基于世界坐标系从平面视图查看图形。

5. 视觉样式

用户可通过设置当前视口的视觉样式，控制边、光源和着色的显示。

其中，视觉样式主要有二维线框、线框，将被其他对象遮挡的图线隐藏；或通过着色命令对模型实现表面着色。如图 17－6 所示为设置不同的视觉样式所显示的模型。

(1)调用方法

菜单法：单击"视图"→"视觉样式"菜单(图 17－7)。

键盘输入法：输入 vscurrent。

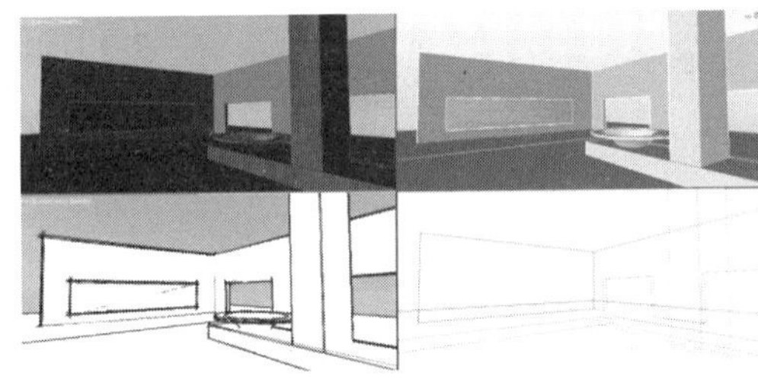

图 17－6

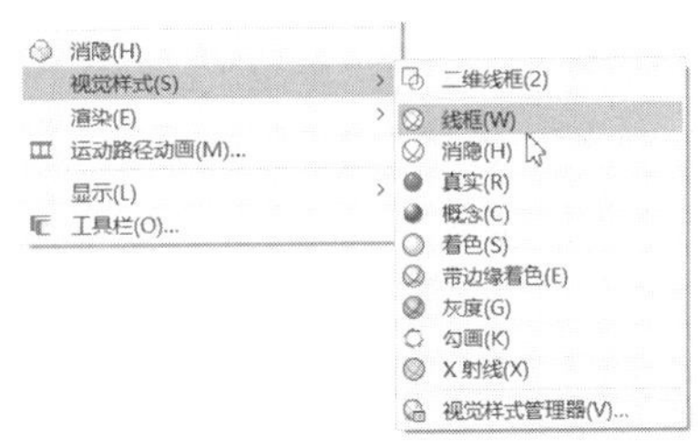

图 17－7

(2)命令及提示

命令: vscurrent

输入选项 [二维线框(2)/线框(W)/隐藏(H)/真实(R)/概念(C)/着色(S)/带边缘着色(E)/灰度(G)/勾画(SK)/X 射线(X)/其他(O)] <二维线框> :

(3)参数说明

【二维线框】: 显示用直线和曲线表示边界的对象。光栅和 OLE 对象、线型和线宽都是可见的。即使将 COMPASS 系统变量的值设置为 1，它也不会出现在二维线框视图中。

【线框(W)】: 显示用直线和曲线表示边界的对象。显示着色三维 UCS 图标。可将 COMPASS 系统变量设定为 1 来查看坐标轴。

【隐藏(H)】: 即消隐，用线框表示法显示对象，而隐藏表示背面的线。

【真实(R)】: 使用平滑着色和材质显示对象。

【概念(C)】: 使用平滑着色和古氏面样式显示对象。古氏面样式在冷暖颜色而不是明暗效果之间转换。效果缺乏真实感，但是可以更方便地查看模型的细节。

【着色(S)】: 使用平滑着色显示对象。

【带边缘着色(E)】: 使用平滑着色和可见边显示对象。

【灰度(G)】: 使用平滑着色和单色灰度显示对象。

【勾画(SK)】：使用线延伸和抖动边修改器显示手绘效果的对象。

【X 射线(X)】：以局部透明度显示对象。

【其他(O)】：按名称指定视觉样式。

17.3 实体模型建模

基本实体模型的创建包括长方体、球体、楔体、圆锥体、球体、圆柱体、圆环体等。

长方体

1. 长方体(box)

创建三维实体长方体，如图 17－8 所示。

(1)调用方法

菜单法：单击"绘图"→"建模"→"长方体"菜单。

命令按钮法：单击"建模"工具栏→(长方体)按钮。

键盘输入法：输入 box。

(2)命令及提示

命令: box

指定第一个角点或 [中心(C)]:

指定其他角点或 [立方体(C)/长度(L)]:

(3)参数说明

【指定第一个角点】：通过设置第一个角点开始绘制长方体，如图 17－8 所示。

【指定其他角点】：设置长方体底面的对角点和高度。

【中心(C)】：使用指定的中心点创建长方体。如图 17－9 所示。

【立方体(C)】：创建一个长、宽、高相同的长方体。

【长度(L)】：按照指定长、宽、高创建长方体。

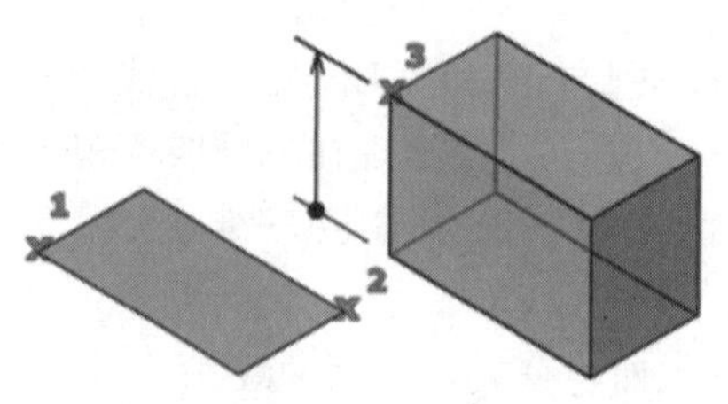

图 17－8 默认方法绘制长方体

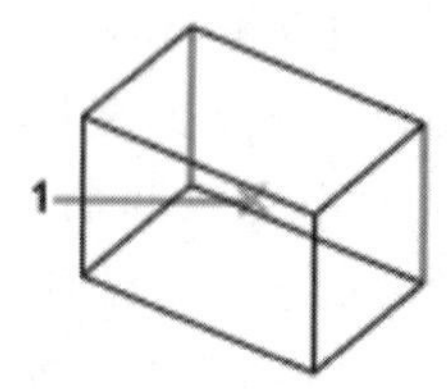

图 17－9 中心点方式创建三维实体

(4)实例应用

实例：创建长＝300 mm，宽＝80 mm，高＝40 mm 的立方体，如图 17－8 所示。

2. 楔体(wedge)

创建三维实体楔体。楔体倾斜方向始终沿 UCS 的 *X* 轴正方向。输入正值将沿当前 UCS

的 Z 轴正方向绘制高度。输入负值将沿 Z 轴负方向绘制高度。创建楔体，如图 17－10、图17－11、图17－12 所示。

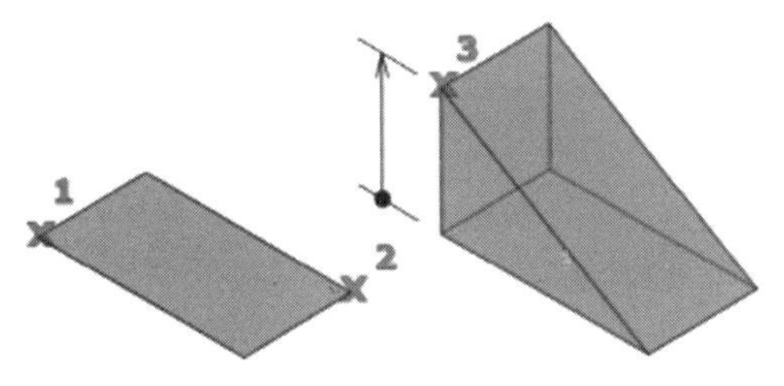

图 17－10

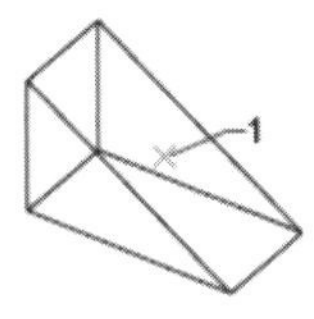

图 17－11

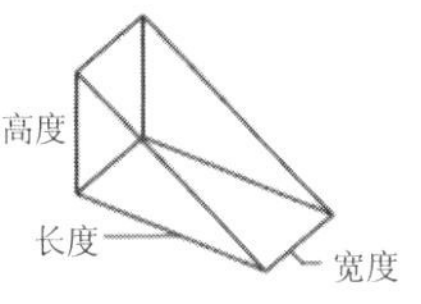

图 17－12

(1)调用方法

菜单法：单击“绘图”→“建模”→“楔体”菜单。

命令按钮法：单击“建模”工具栏→ (楔体)按钮。

键盘输入法：输入 wedge。

(2)命令及提示

命令: wedge

指定第一个角点或 [中心(C)]:

指定其他角点或 [立方体(C)/长度(L)]:

(3)参数说明

【指定第一个角点】：设定楔体底面的第一个角点。

【另一角点】：设定楔体底面的对角点，位于 XY 平面上，如图 17－10 所示。

【中心点】：使用指定的中心点创建楔体，如图 17－11 所示。

【立方体(C)】：创建等边楔体。

【长度(L)】：按照指定长、宽、高创建楔体，图 17－12 所示。

(4)实例应用

实例：绘制长＝30，宽＝80，高＝30 的楔体，如图 17－10 所示。

3. 圆锥体(cone)

创建三维实体圆锥体，如图 17－13 所示。

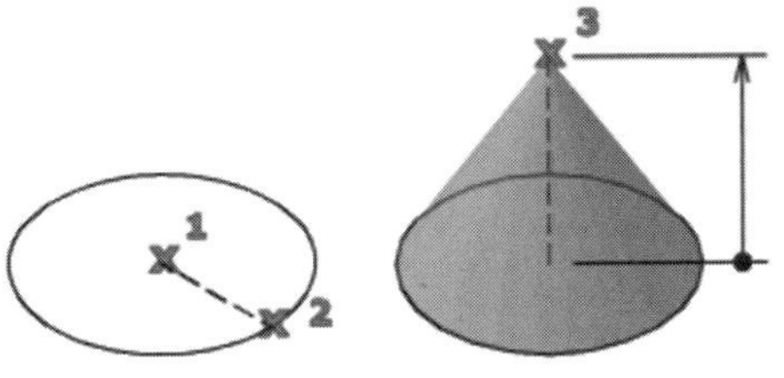

图 17－13

(1)调用方法

菜单法：单击“绘图”→“建模”→“圆锥体”菜单。

命令按钮法：单击“建模”工具栏→ (圆锥体)按钮。

键盘输入法：输入 cone。

(2)命令及提示

命令: cone

指定底面的中心点或 [三点(3P)/两点(2P)/切点、切点、半径(T)/椭圆(E)]:

(3)参数说明

【指定底面的中心点】：指定底面圆形或椭圆的圆心。

【三点(3P)】：通过指定三个点来定义圆锥体的底面周长和底面。

【两点(2P)】：通过指定两个点来定义圆锥体的底面直径。

【切点、切点、半径(T)】：定义具有指定半径，且与两个对象相切的圆锥体底面。

【椭圆(E)】：指定圆锥体的椭圆底面。

(4)实例应用

实例：绘制底面半径等于 50，高等于 80 的圆锥体，如图 17－13 所示。

球 体

4. 球体(sphere)

创建三维实体球体，如图 17－14 所示。

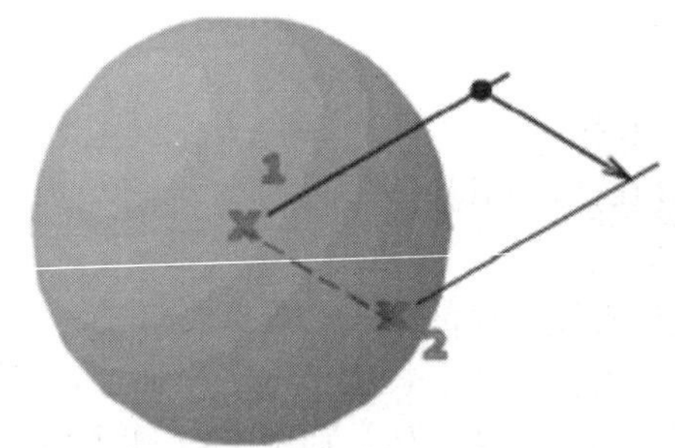

图 17－14

(1)调用方法

菜单法：单击“绘图”→“建模”→“球体”菜单。

命令按钮法：单击“建模”工具栏→ (球体)按钮。

键盘输入法：输入 sphere。

(2)命令及提示

命令: sphere

指定中心点或 [三点(3P)/两点(2P)/切点、切点、半径(T)]:

(3)参数说明

【指定中心点】：指定球体的圆心，如图 17－14 所示。

【三点(3P)】：通过在三维空间的任意位置指定三个点来定义球体的圆周。三个指定点也可以定义圆周平面。

【两点(2P)】：通过在三维空间的任意位置指定两个点来定义球体的圆周。第一点的 Z 值定义圆周所在平面。

【切点、切点、半径(T)】：通过指定半径定义可与两个对象相切的球体。指定的切点将投影到当前 UCS。

(4)实例应用

实例：绘制半径等于 50 的球体，如图 17-14 所示。

5. 圆柱体(cylinder)

圆柱体

创建三维实体圆柱体，如图 17-15 所示。

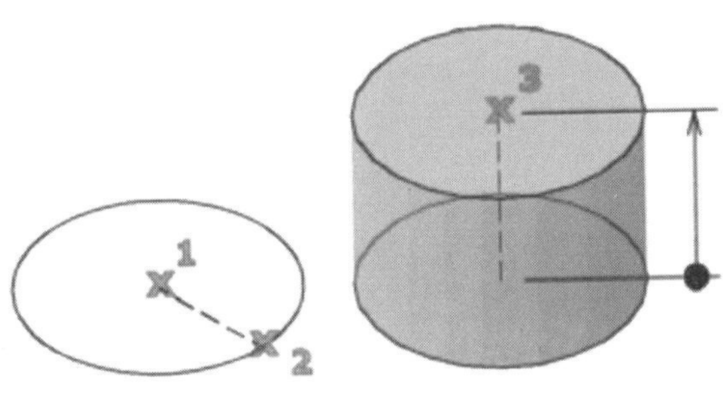

图 17-15　圆柱体

(1)调用方法

菜单法：单击“绘图”→“建模”→“圆柱体”菜单。

命令按钮法：单击“建模”工具栏→ (圆柱体)按钮。

键盘输入法：输入 cylinder。

(2)命令及提示

命令: cylinder

指定底面的中心点或 [三点(3P)/两点(2P)/切点、切点、半径(T)/椭圆(E)]:

指定底面半径或 [直径(D)] <1. 8512> :

指定高度或 [两点(2P)/轴端点(A)] <2. 6302> :

(3)参数说明

【指定底面的中心点】：指定底面圆心来确定圆柱体的底面半径或直径。

【三点(3P)】：通过指定三个点来定义圆柱体的底面周长和底面。

【两点(2P)】：通过指定两个点来定义圆柱体的底面直径。

【切点、切点、半径(T)】：定义具有指定半径，且与两个对象相切的圆柱体底面。

【椭圆(E)】：指定圆柱体的椭圆底面。

(4)实例应用

实例：绘制底面半径等于 50 mm，高等于 80 mm 的圆柱体，如图 17-15 所示。

6. 圆环体(torus)

圆环体

通过指定圆环体的圆心、半径或直径及围绕圆环体的圆管的半径或直径创建圆环体，如图 17-16 所示。

(1)调用方法

菜单法：单击“绘图”→“建模”→“圆环体”菜单。

命令按钮法：单击“建模”工具栏→ (圆环体)按钮。

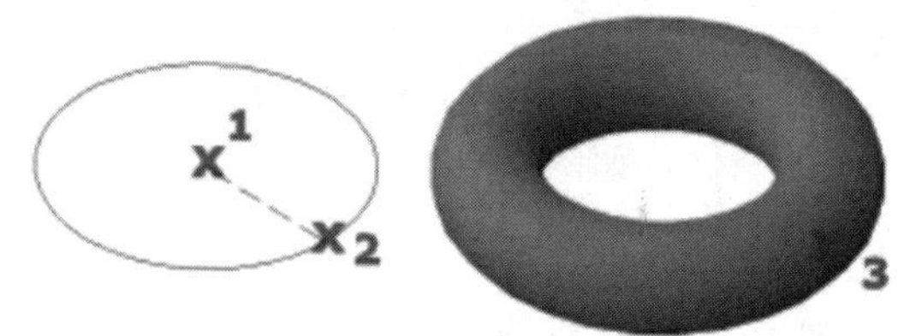

图 17－16　圆环体

键盘输入法：输入 torus。

(2)命令及提示

命令: torus

指定中心点或 [三点(3P)/两点(2P)/切点、切点、半径(T)]:

指定半径或 [直径(D)] <2. 5257> :

指定圆管半径或 [两点(2P)/直径(D)]:

(3)参数说明

【指定中心点】：指定圆环体的中心点。

【三点(3P)】：用指定的三个点定义圆环体的圆周。三个指定点也可以定义圆周平面。

【两点(2P)】：用指定的两个点定义圆环体的圆周。第一点的 Z 值定义圆周所在平面。

【切点、切点、半径(T)】：使用指定半径定义可与两个对象相切的圆环体。指定的切点将投影到当前 UCS。

【半径】：定义圆环体半径。

【圆管半径】：定义圆环体的半径(从圆环体中心到圆管中心的距离)。负的半径值创建形似美式橄榄球的实体。

(4)实例应用

实例：绘制圆环体半径等于 100 mm，圆管半径等于 10 mm 的圆环体，如图 17－16 所示。

棱锥体

7. 棱锥体(pyramid)

创建三维实体棱锥体，可以使用基点的中心、边的中点和可确定高度的另一点来定义棱锥体，如图 17－17 所示。

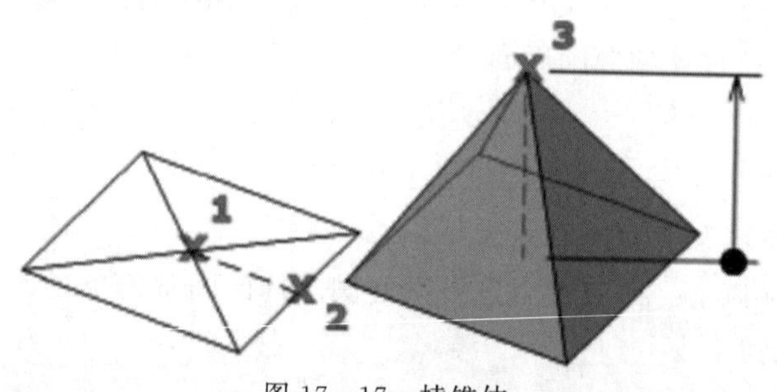

图 17－17　棱锥体

(1)调用方法

菜单法：单击“绘图”→“建模”→“棱锥体”菜单。

命令按钮法：单击“建模”工具栏→ （棱锥体）按钮。

键盘输入法：输入 pyramid。

（2）命令及提示

命令: pyramid

4 个侧面 外切

指定底面的中心点或 [边(E)/侧面(S)]:

指定底面半径或 [内接(I)] <4. 9525> :

指定高度或 [两点(2P)/轴端点(A)/顶面半径(T)] <3. 0793> :

（3）参数说明

【指定底面的中心点】：设定棱锥体底面的中心点。

【边(E)】：设定棱锥体底面一条边的长度，如指定两点时所指明的长度一样。

【侧面(S)】：设定棱锥体的侧面数。输入 3 到 32 之间的正值。

【内接(I)】：指定棱锥体的底面是内接的还是绘制在底面半径内。

【两点(2P)】：指定棱锥体的高度为两个指定点之间的距离。

【轴端点(A)】：指定棱锥体轴的端点位置。该端点是棱锥体的顶点。轴端点可以位于三维空间的任意位置。轴端点定义了棱锥体的长度和方向。

【顶面半径(T)】：指定创建棱锥体平截面时棱锥体的顶面半径。

（4）实例应用

实例：绘制棱锥底边长度为 30 mm 的 4 面棱锥，如图 17 - 17 所示。

8. 多段体(polysolid)

多段体

创建有固定高度和宽度的三维墙状实体，如图 17 - 18 所示。

（1）调用方法

菜单法：单击“绘图”→“建模”→“多段体”菜单。

命令按钮法：单击“建模”工具栏→ （多段体）按钮。

键盘输入法：输入 polysolid。

（2）命令及提示

命令: polysolid 高度 = 80. 0000, 宽度 = 5. 0000, 对正 = 居中

指定起点或 [对象(O)/高度(H)/宽度(W)/对正(J)] <对象> :

指定下一个点或 [圆弧(A)/放弃(U)]:

（3）参数说明

【指定起点】：指定多段体线段的起点。

【对象(O)】：指定要转换为实体的对象。其对象可以是直线、圆弧、二维多段线、圆。

【高度(H)】：指定实体的高度。

【宽度(W)】：指定实体的宽度。

【对正(J)】：使用命令定义轮廓时，可以将实体的宽度和高度设定为左对正、右对正或居中。对正方式由轮廓的第一条线段的

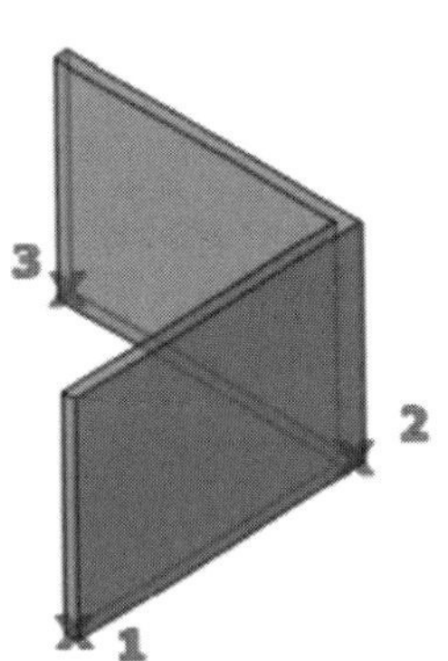

图 17 - 18 多段体

起始方向决定。

【下一个点】：指定多段体轮廓的下一个点。

【圆弧(A)】：将圆弧段添加到实体中。圆弧的默认起始方向与上次绘制的线段相切。可以使用“方向”选项指定不同的起始方向。

【放弃(U)】：删除最后添加到实体的线段。

(4)实例应用

实例：使用多段体命令绘制完成如图 17－19 所示高度为 2.7 m 的 240 墙体。

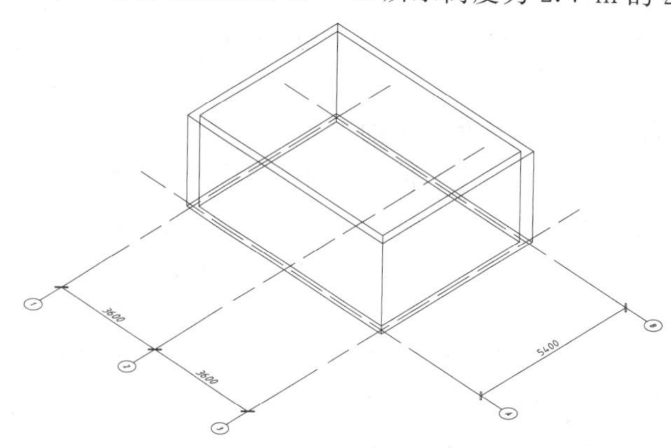

图 17－19

操作步骤：

第一步：调用“多段体”命令。

第二步：设置相关参数(墙体宽度为 240，墙体高度为 2700)。

第三步：绘制墙体。

17.4　三维实体编辑操作

布尔运算

1. 布尔运算

在三维建模时，布尔运算可以灵活地对实体进行交集、并集、差集操作，从而形成复合实体，如图 17－20 所示。布尔运算常用的三种方法如下。

(1)并集(union 或)：调用布尔交集命令，可以将两个或两个以上的实体合并，形成一个整体。如图 17－21 所示。

(2)差集(subtract 或)：调用布尔差集命令，可以从一组实体中删除另一组实体与其有公共区域部分的实体，从而形成新的实体。如图 17－22 所示。

(3)交集(intersect 或)：调用布尔交集命令，可以创建属于多个实体的公共区域的实体。如图 17－23 所示。

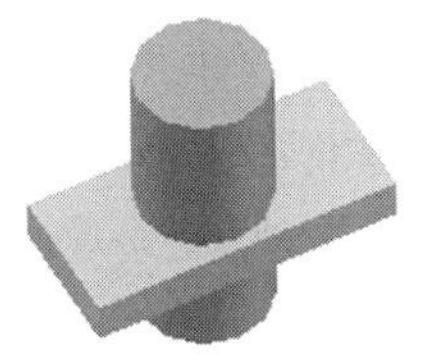

图 17－20 实体对象

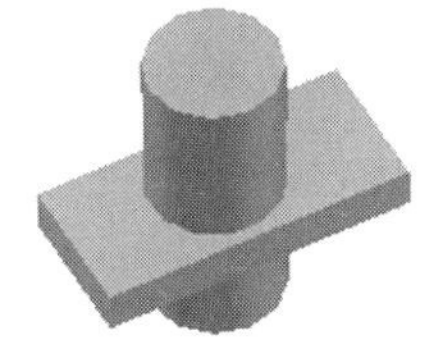

图 17－21 并 集

图 17－22 差 集

图 17－23 交 集

2. 拉 伸

通过三维拉伸命令，可将二维或三维曲线创建成三维实体或曲面，如图 17－24 所示。

三维拉伸

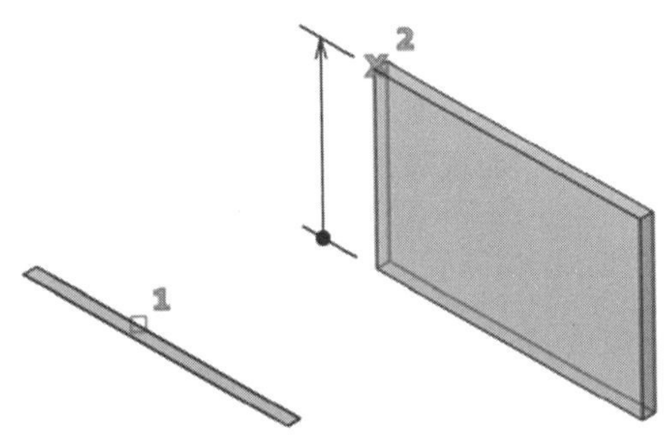

图 17－24

(1)调用方法

菜单法：单击“绘图”→“建模”→“拉伸”菜单。

命令按钮法：单击“建模”工具栏→ (拉伸)按钮。

键盘输入法：输入 extrude 或 EXT。

(2)命令及提示

命令: extrude

当前线框密度： Isolines= 4，闭合轮廓创建模式 = 实体

选择要拉伸的对象或 [模式(MO)]: 找到 1 个

选择要拉伸的对象或 [模式(MO)]:

指定拉伸的高度或 [方向(D)/路径(P)/倾斜角(T)/表达式(E)] <- 3. 6962> :

(3)参数说明

【选择要拉伸的对象】：鼠标点选要拉伸的对象。

【模式(MO)】：控制拉伸对象是实体还是曲面。

【拉伸的高度】：沿正或负 Z 轴拉伸选定对象。方向基于创建对象时的 UCS，或(对于多个选择)基于最近创建的对象的原始 UCS。

【方向(D)】：用两个指定点指定拉伸的长度和方向。(方向不能与拉伸创建的扫掠曲线所在的平面平行。)

【路径(P)】：指定基于选定对象的拉伸路径。路径将移动到轮廓的质心。然后沿选定路

径拉伸选定对象的轮廓以创建实体或曲面。

【倾斜角(T)】：指定拉伸的倾斜角。正角度表示从基准对象逐渐变细地拉伸，负角度表示从基准对象逐渐变粗地拉伸。默认角度 0 表示在与二维对象所在平面垂直的方向上进行拉伸。所有选定的对象和环都将倾斜到相同的角度。

【表达式(E)】：输入公式或方程式以指定拉伸高度。

(4)实例应用

实例：将图 17－24 中的矩形拉伸形成立方体。

操作步骤：

第一步：绘制长 2400 mm，宽 2000 mm 的矩形，调整绘图环境为某轴测图。

第二步：调用三维拉伸命令，指定拉伸的方向为向上，输入拉伸高度为 1000 mm。

3. 旋　转

通过绕轴扫掠对象创建三维实体或曲面。其中，旋转路径和轮廓曲线可以是曲面、圆弧、椭圆弧、实体、样条曲线、多段线、面域等，如图 17－25 所示。

三维旋转

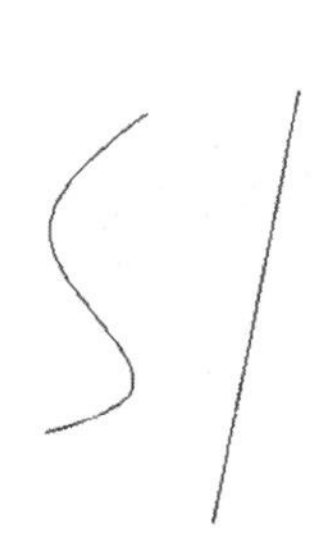

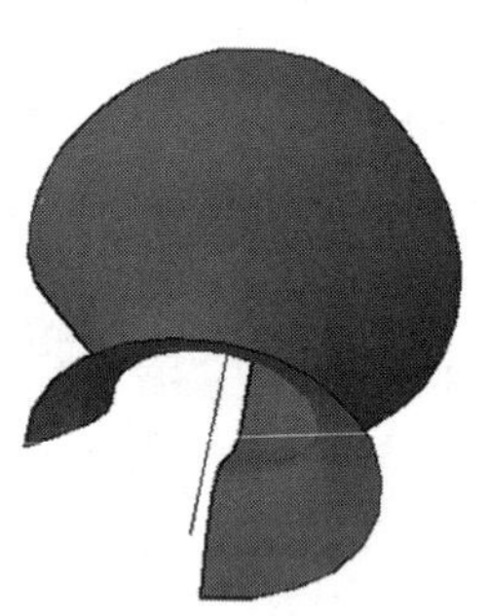

图 17－25

(1)调用方法

菜单法：单击“绘图”→“建模”→“旋转”菜单。

命令按钮法：单击“建模”工具栏→ (旋转)按钮。

键盘输入法：输入 revolve。

(2)命令及提示

命令: revolve

当前线框密度： Isolines= 4，闭合轮廓创建模式 = 实体

选择要旋转的对象或 [模式(MO)]: 指定对角点: 找到 0 个

选择要旋转的对象或 [模式(MO)]: 找到 1 个

指定轴起点或根据以下选项之一定义轴 [对象(O)/X/Y/Z] <对象> : o

选择对象:

指定旋转角度或 [起点角度(ST)/反转(R)/表达式(EX)] <360> :

(3)参数说明

【要旋转的对象】：指定要绕某个轴旋转的对象。

【模式(MO)】：控制旋转动作是创建实体还是曲面。会将曲面延伸为 NURBS 曲面或程

序曲面，具体取决于 SURFACEMODELINGMODE 系统变量。

【指定轴起点】：指定旋转轴的第一个点。轴的正方向从第一点指向第二点。

【对象(O)】：指定要用作轴的现有对象。轴的正方向从该对象的最近端点指向最远端点。

【X/Y/Z】：将当前 UCS 的 X 轴/Y 轴/Z 轴正向设定为轴的正方向。

【指定旋转角度】：指定选定对象绕轴旋转的距离。正角度将按逆时针方向旋转对象，负角度将按顺时针方向旋转对象，还可以拖动光标以指定和预览旋转角度。

【起点角度(ST)】：为从旋转对象所在平面开始的旋转指定偏移。可以拖动光标以指定和预览对象的起点角度。

【反转(R)】：更改旋转方向，类似于输入负角度值。右侧的旋转对象显示按照与左侧对象相同的角度旋转，但使用反转选项的样条曲线。

【表达式(EX)】：输入公式或方程式以指定旋转角度。

(4)实例应用

实例：按照图 17－25 左图所示绘制图形，进行旋转后形成右图所示模型。

【任务实施】

任务：绘制如图 17－48 所示的三维模型。

绘制该三维模型时，我们将按照以下步骤进行操作：

绘制轴网→绘制墙体→绘制门窗→绘制楼梯→绘制楼板→复制一层图形至 2～5 层→绘制楼顶。

第一步：绘制轴网。

在绘制三维模型时，绘制轴网是为了帮助大家确定墙体的底边位置，因此我们可以根据平面图重新绘制轴线并标注，或将其复制过来，最后将图形切换至“西南等轴测”模型空间下，如图 17－26 所示。

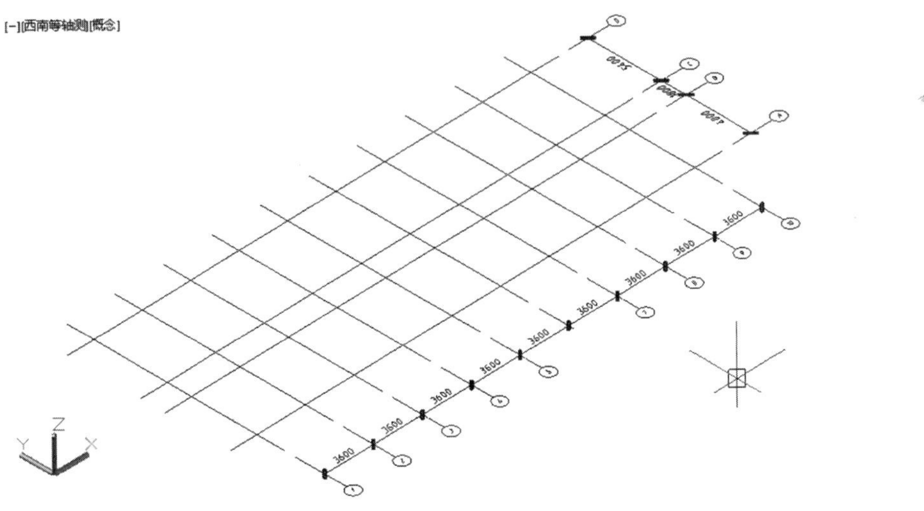

图 17－26

第二步：绘制墙体。

我们使用多段体命令绘制墙体，具体方法见任务 14 中关于多段体命令的讲解。操作步骤如下：

(1)绘制外墙。

调用多段体命令，设置高度=3300 mm，宽度=250 mm，对正方式=右对正，按照顺时针方向绘制外墙墙体；设置高度=3300 mm，宽度=120 mm，对正方式=左对正，按照顺时针方向绘制外墙墙体。需要注意的是，两端墙体绘制的起点、经过点均一致。最后，调用布尔运算操作中的合并，将二者合并，绘制结果如图 17 - 27 所示。

(2)绘制隔墙。

调用多段体命令，设置高度=3300 mm，宽度=240 mm，对正方式=居中，按照从上到下的顺序绘制内墙墙体，若尺寸一致，可重复绘制或调用复制命令(CP)、阵列命令(AR)，绘制过程如图 17 - 28 所示。

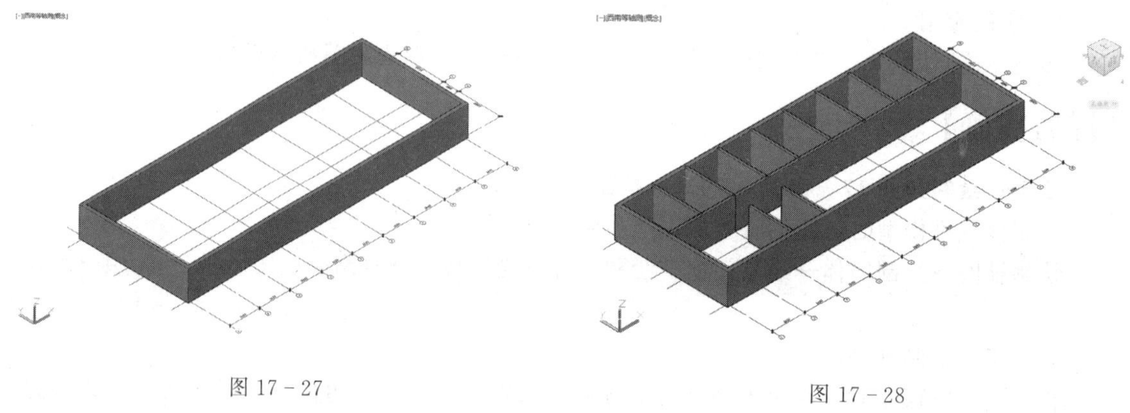

图 17 - 27　　图 17 - 28

(3)整合墙体。

结合平面图，调整墙体，调用布尔运算中的交集命令，选择内外墙体，回车确认后，内外墙即整合成一个整体。如图 17 - 29 所示。

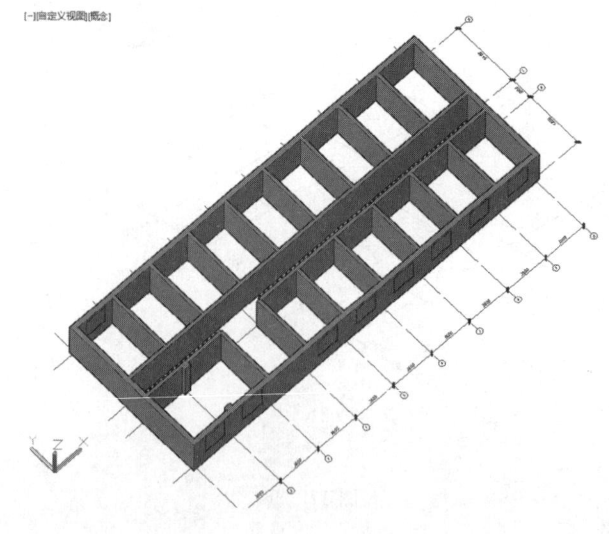

图 17 - 29

第三步：绘制门窗。

结合设计说明、材料表和设计图，我们可以得出建筑物门窗的规格与型号。因此，可以结合用户坐标系变换，按照尺寸绘图，将其放置在正确的位置。这样，在完成一层门窗绘制的基础上将其复制至其他层，即可完成所有门窗的绘制。具体操作步骤如下：

(1)切换用户坐标系。

调用 UCS 命令，以 X 轴为旋转轴，旋转 90°，将 XOY 绘图面切换至与南立面平行的面上。坐标方位变换如图 17－30 所示。

图 17－30

(2)绘制一层窗户。

①复制立面图中已经绘制好的窗户 C—1，将其转换成面域后，调用布尔运算操作中的差集命令，如图 17－31 所示，组合成窗户面。然后，调用三维旋转命令，将其旋转至与南立面平行的面上，沿 Z 轴方向拉伸 120 mm，形成窗户模型如图 17－32(a)所示，调用矩形命令绘制一个 1800 mm×1800 mm 的窗框，将其拉伸 370 mm，形成窗框模型，其结果如图 17－32(b)所示。

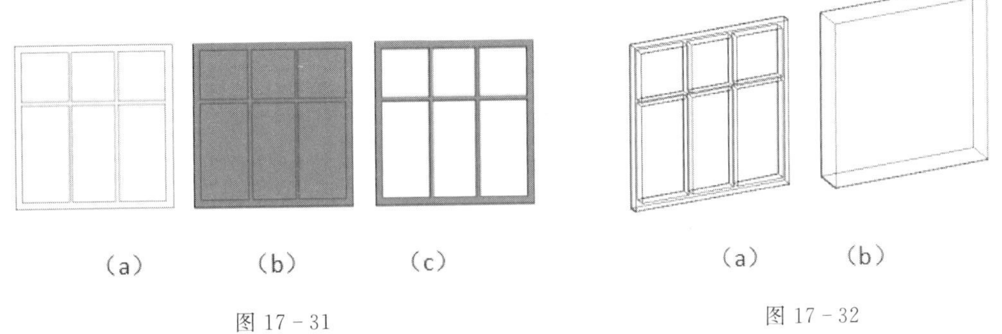

图 17－31 图 17－32

②调用移动命令(M)，结合偏移捕捉命令，将窗框模型移动至距离南立面墙体左下角点向上偏移 1200 mm，向右偏移 1150 mm 的位置上。然后，调用“三维复制”命令将窗框复制至所有名称为 C—1 窗户处。绘制过程如图 17－33 所示。

③调用布尔运算操作中的差集，从墙体模型中减去窗框模型，绘制结果如图 17－34 所示。

④调用复制命令(CP)，以之前绘制好的窗户模型的左下边框的中点为基点，复制至窗框的左下边框中点处，将已经绘制好的窗户和墙体合并，如图 17－35 所示。

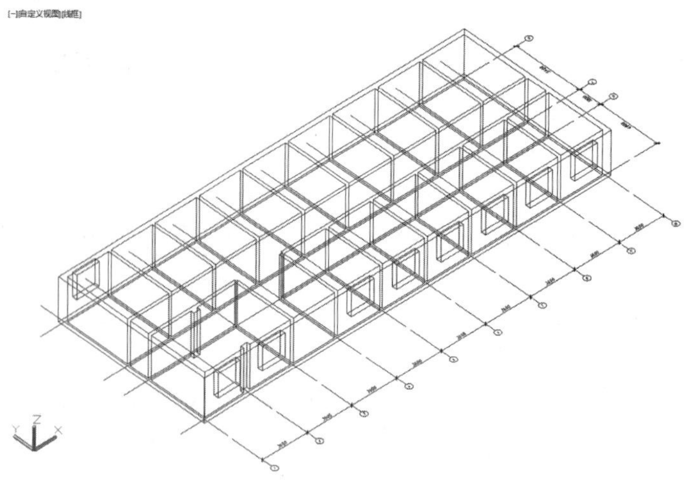

图 17－33

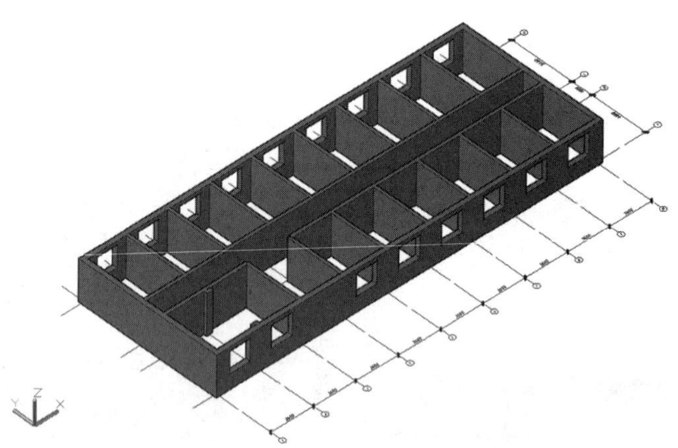

图 17－34

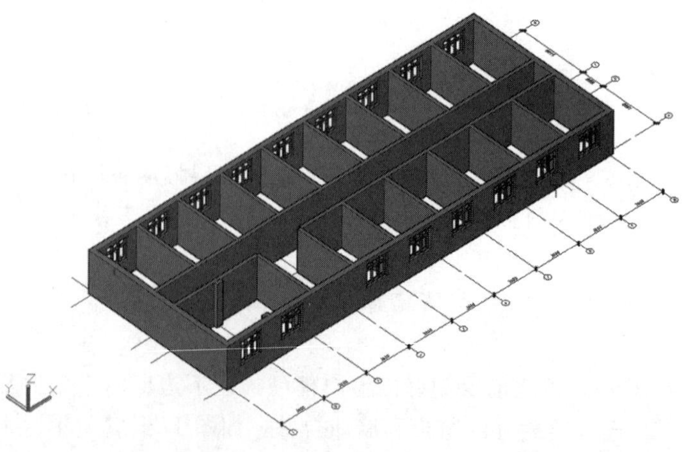

图 17－35

⑤绘制楼梯间窗户C—2模型。

楼梯间窗户的绘制方法与C—1一样。绘制1800 mm×900 mm的窗框，细部尺寸如图17-36所示，绘制完毕的三维模型如图17-37所示。

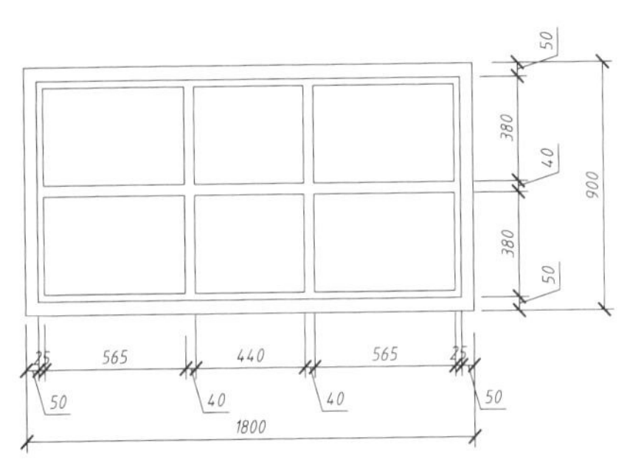

图17-36 窗户C—2尺寸

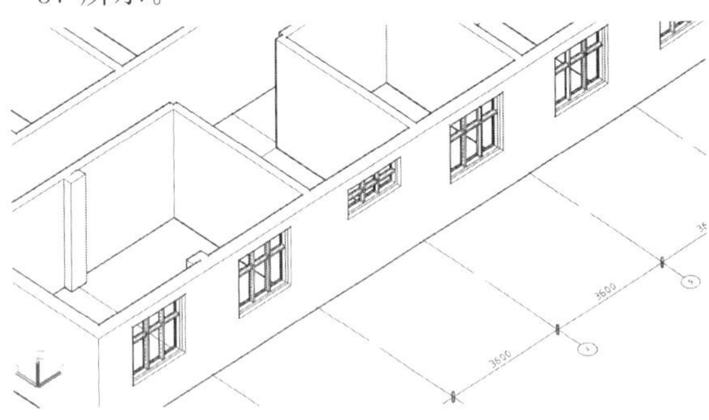

图17-37

(3)绘制一层门洞。

在三维模型中，我们通常只绘制门洞，以此来表示此处放置了该尺寸的门。

①本模型中共涉及三种类型的门，M1(1560 mm×2500 mm)、M2(1000 mm×2500 mm)、M3(800 mm×2000 mm)。因此，我们按照门的尺寸绘制矩形，将其拉伸至大于等于墙体的厚度即可。

②将三种类型的门复制至正确的位置后，调用布尔运算操作中的差集命令，打开门洞。至此为止，一层的门窗都绘制完毕。绘制结果如图17-38所示。

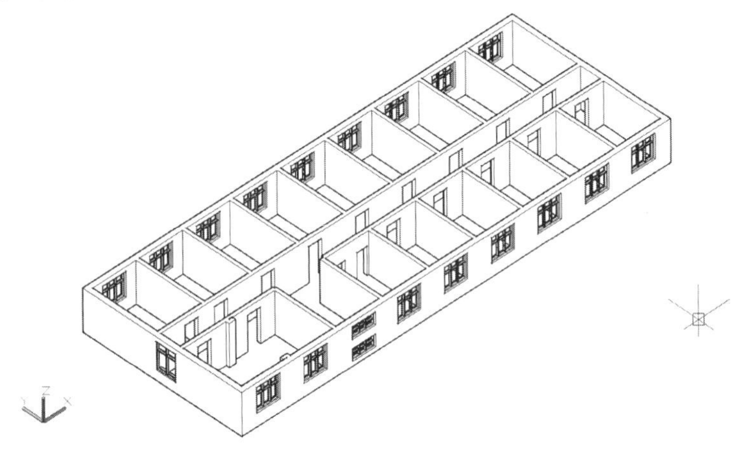

图17-38

第四步：绘制楼梯。

绘制楼梯时，我们要参照楼梯的平面图和剖面图。

(1)绘制一层楼梯。

①在“西南等轴测”模型空间下，将一层楼梯剖面图复制过来，将其转换成两个面域，分别是左侧楼梯和右侧楼梯，如图17-39所示。

②将楼梯面域旋转至与东立面平行的平面上，如图17-40所示。

③分别向两侧拉伸两个面域，尺寸均为 1680 mm，拉伸结果如图 17－41 所示。

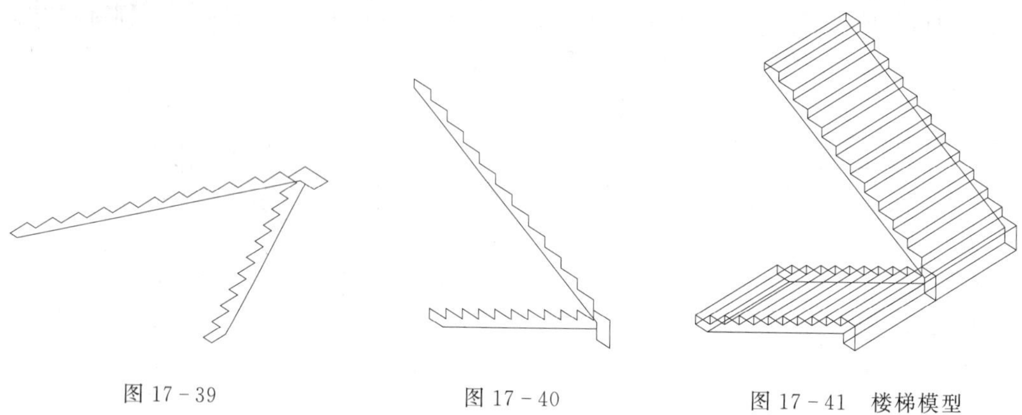

图 17－39　　图 17－40　　图 17－41　楼梯模型

(2)绘制一层楼梯平台。

①切换坐标系至楼梯踏步高所在面，如图 17－42 所示。

②以楼梯上最上方台阶角点(即图 17－43 中小黑点处)为基点绘制矩形，长 1560 mm，宽 100 mm，并将其拉伸 1260 mm，如图 17－43 所示。

③调用布尔运算操作中的并集命令，合并这三个对象，使其成为一个整体。

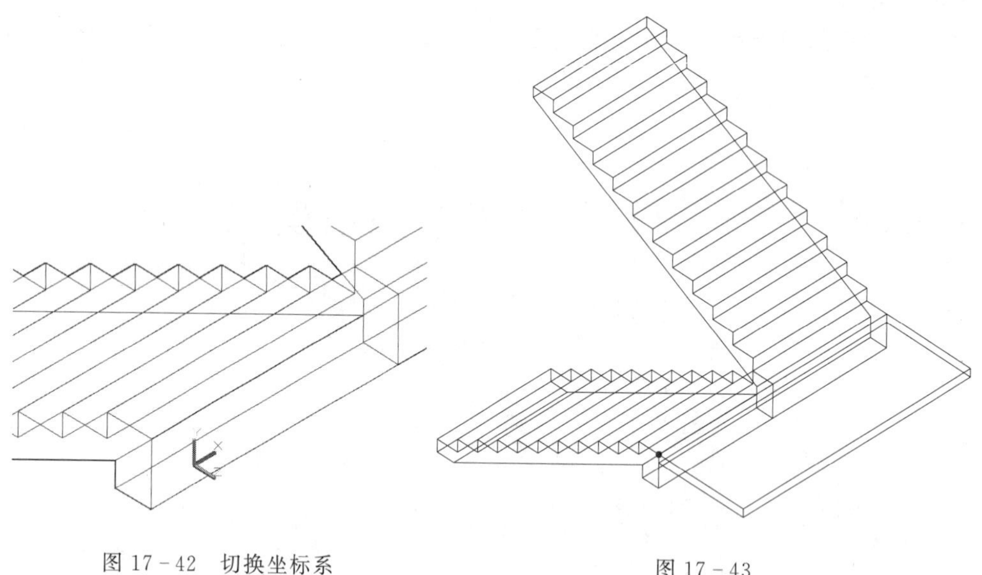

图 17－42　切换坐标系　　图 17－43

(3)移动楼梯模型至一楼楼梯间。

①调用移动命令(M)，将绘制好的楼梯模型移动至楼梯间，如图 17 - 44 所示。

②调用布尔运算操作中的并集命令，使一层所有成为一个整体。

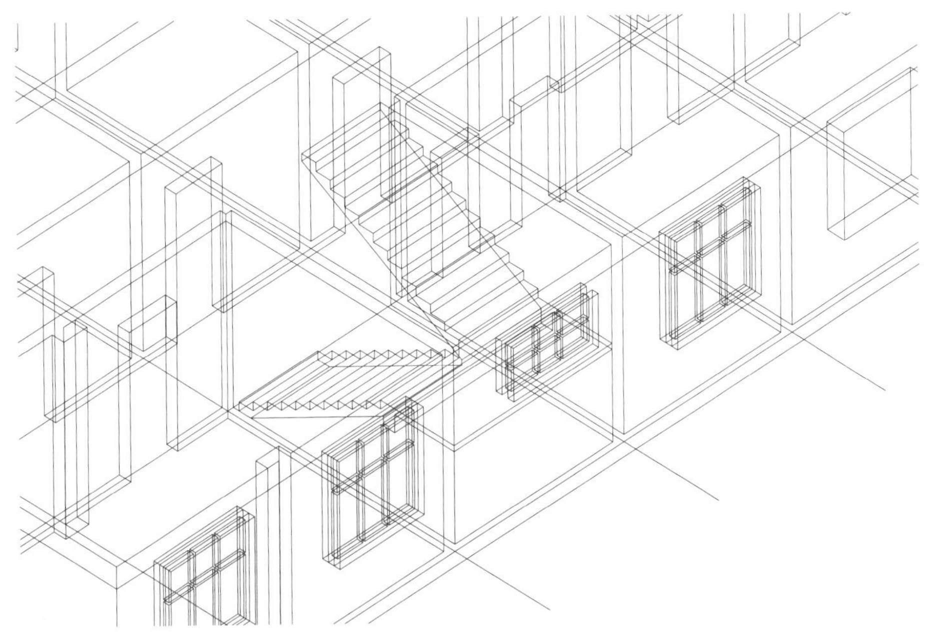

图 17 - 44

第五步：绘制楼板。

建筑物的楼板可由长方体绘制，首先，绘制的是一层地面楼板。

(1)设置当前坐标系 *XOY* 平面与地面平行。

(2)绘制长方体，长 32900 mm，宽 12500 mm，高 100 mm，绘制完毕，将其放置在一层地面处。

第六步：绘制二层楼板、墙体、门窗。

(1)绘制二层楼板。需要注意的是楼梯绘制洞口。

(2)绘制二层墙体、门窗方法与一层相同，只是此时请留意踏步台阶的个数。

(3)绘制西立面墙窗户 C—3 模型。

其绘制方法与 C—1 相同，其尺寸如图 17 - 45 所示，绘制完毕的局部三维模型如图 17 - 46 所示。完整二层模型如图 17 - 47 所示。

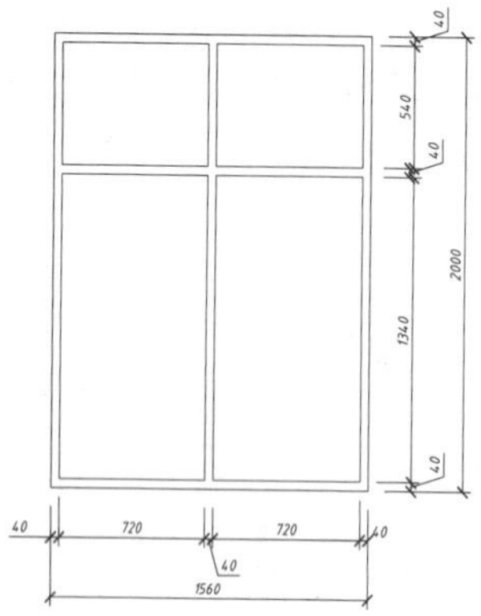

图 17 - 45

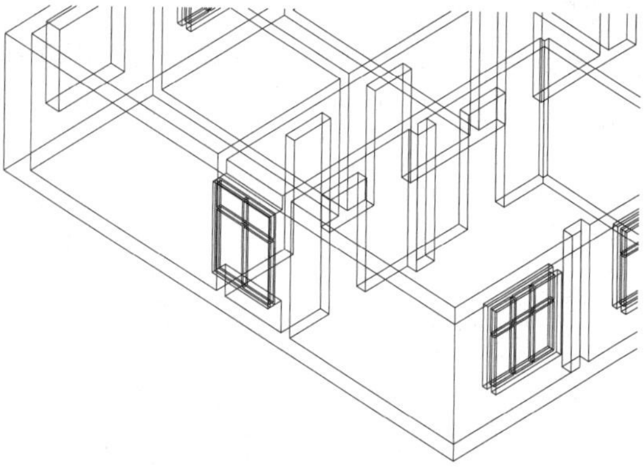

图 17 - 46

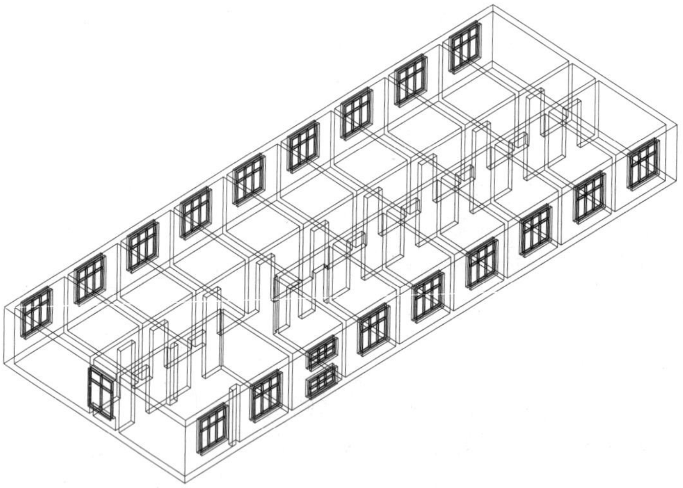

图 17 - 47

第七步：按照类似方法绘制三至五层的三维模型，需要注意的是，及时添加每层楼的楼板，如图 17 - 48 所示。

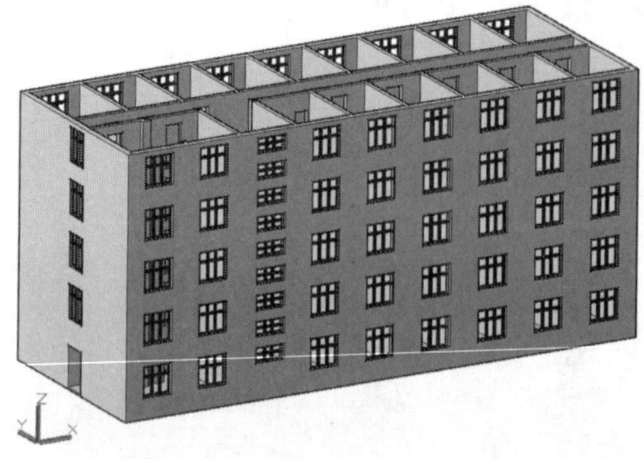

图 17 - 48

【任务巩固与提高】

请绘制如图 17－49、图 17－50 所示的三维模型。

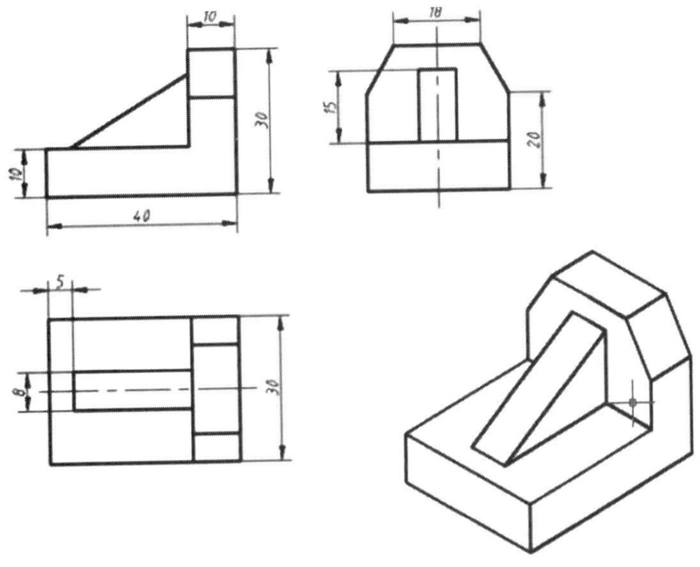

图 17－49

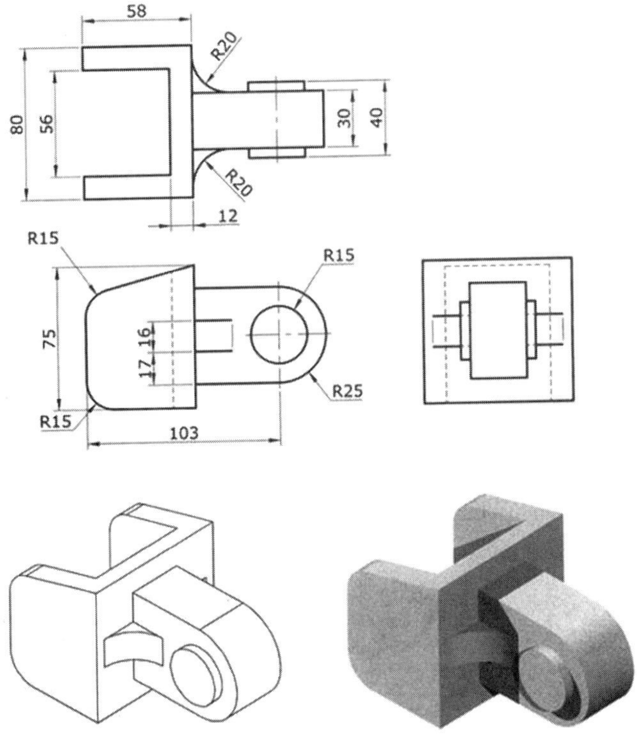

图 17－50

18 图纸的输出打印及布局

【任务描述】

图纸的输出与打印是绘图工作的重要组成部分。本任务将介绍图纸打印的方法及图纸布局的管理、布局、页面设置等。绘图人员在使用 AutoCAD 软件精确绘制出图纸之后，就可以进行图纸的输出和打印了。习惯上，我们把图形数据从数字形式转换成模拟形式，然后驱动绘图仪或打印机在图纸上绘制出图形，这是通过绘图仪和打印机的驱动程序实现的。

【任务目标】

通过本任务的学习，掌握模型空间与图形空间的切换，学习创建和使用布局，掌握图形打印的基本方法和技巧，并能够正确对图纸进行输出打印。

【任务评价】

通过图纸的输出打印，将任务 14 绘制建筑平面图虚拟打印在 A2 横放的图纸上，最后保存成“一层平面图 . pdf”。

【知识链接及操作】

AutoCAD 的打印功能和一般文档的打印步骤是相近的，它们的不同之处在于，AutoCAD 的图形绘制在多个图层上，而且每个图层都具有不同的特性(颜色、线型、线宽)。如果完全按照绘图设置的颜色、线型和线宽进行打印，那么打印出来的图纸可能会不够清晰，因此我们需要在打印图纸之前对图纸的属性进行设置。

18.1　一般图纸的打印

一般图纸的打印

第一步：打开需要打印的图纸，从文件菜单中选择“打印”，弹出打印窗口，如图 18－1 所示。

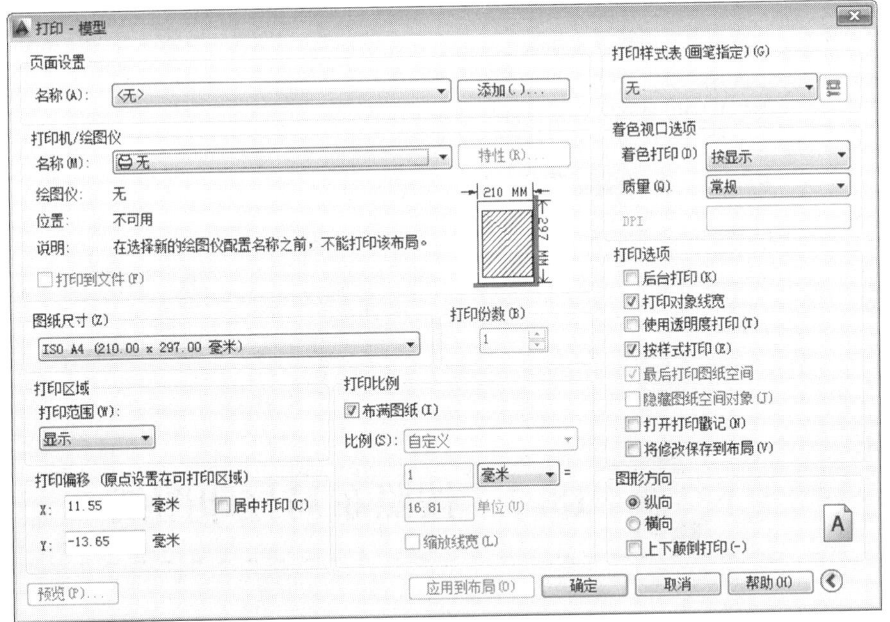

图 18－1　打印设置窗口

第二步：在打印界面选择打印机，如图 18－2 所示。

第三步：选择要打印的纸张类型，如图 18－3 所示。选择好打印机后，务必设置打印机的纸张，使其与打印图纸的纸张类型保持一致。

第四步：选择打印范围。在打印范围中，可选择窗口打印、按显示的图纸打印、按图形界限打印，如图 18－4 所示。若选择打印范围为窗口，则系统会跳转到绘图界面，用户可在此时用鼠标从需要打印图纸的左上角向右下角框选。

第五步：设置打印样式。一般我们将打印样式设置为“monochrome. ctb”，该样式表示黑白打印，即将图层中设置的对象颜色均按照“黑/白”打印，如图 18－5 所示。

第六步：设置打印位置。一般我们将打印的图纸设置成居中打印，如图 18－6 所示。

第七步：打印图纸。将打印图纸的设置都设置完毕后，点击“确定”即开始打印。

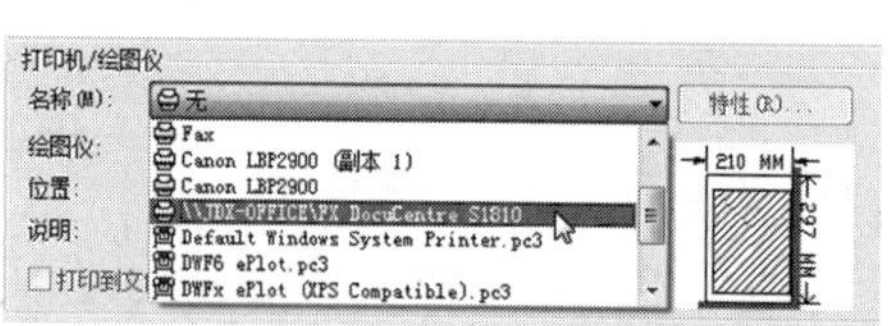

图 18－2

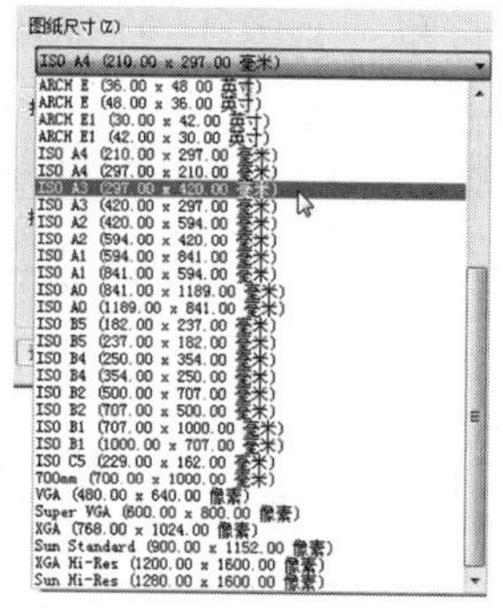

图 18－3

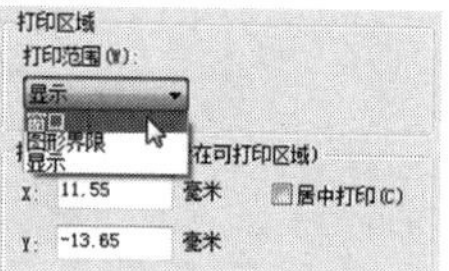

图 18－4

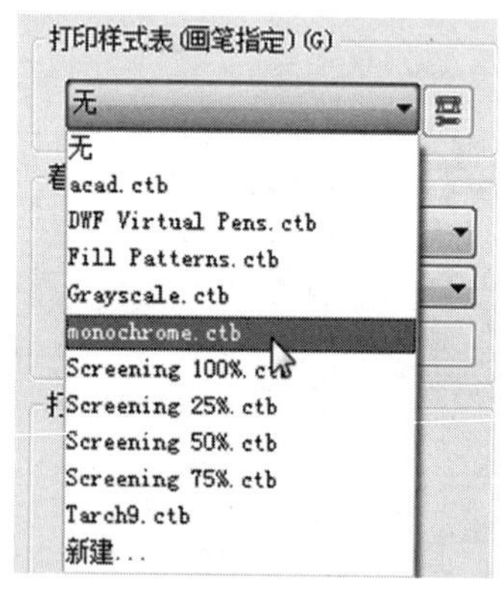

图 18－5

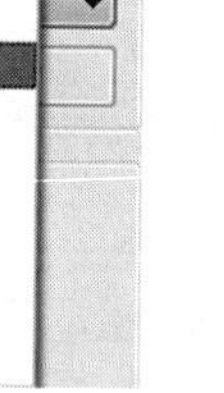

图 18－6

按照布局打印图纸

18.2 按照布局打印图纸

1. 创建打印布局

在 AutoCAD 中，图纸空间是以布局的形式来使用的。一个图形文件可以包含多个布局，且每个布局都是独立的打印输出图纸空间。我们可以通过单击绘图区底部的“模型”或“布局”灵活地在模型空间和布局空间中进行切换。

在创建布局时，可以使用以下方法进行操作。

右键法：在标签“布局 1”上点击右键→选择新建布局，如图 18－7 所示。

菜单法：点击“插入”菜单→“布局”→“新建布局”→确认新布局的名称→回车，如图 18－8 所示。

2. 设置布局样式

在新建一个“布局”之后，通常都会对其进行页面设置，主要对布局对应的打印设备、布局的图纸尺寸、布局的打印区域、打印比例等进行设置。这样一来，我们可以在真实打印之前提前预览图纸的打印效果，提高制图效率。

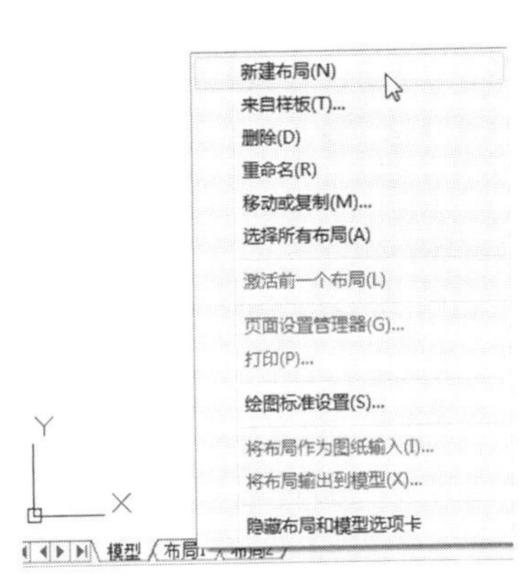

图 18－7　右键法新建布局

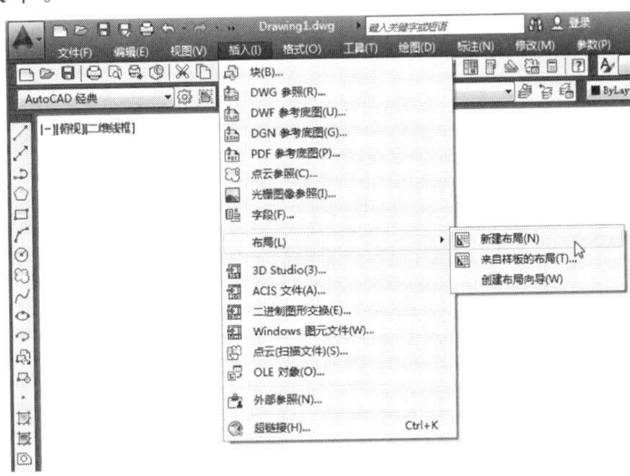

图 18－8　菜单法新建布局

(1)调用方法

菜单法：单击"菜单"→"页面设置管理器(G)…"菜单(图 18－9)。

键盘输入法：输入 pagesetup。

快捷键法：在"布局"按钮处点击右键选择"页面设置管理器"。

(2)命令及提示

调用命令后，弹出"页面设置管理器"窗口，如图 18－9 所示。当点击"修改"按钮后，弹出"页面设置－布局"窗口，如图 18－10 所示。

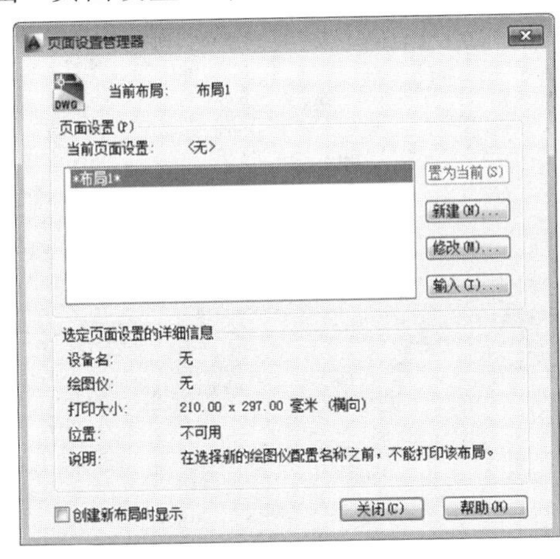

图 18－9　"页面设置管理器"窗口

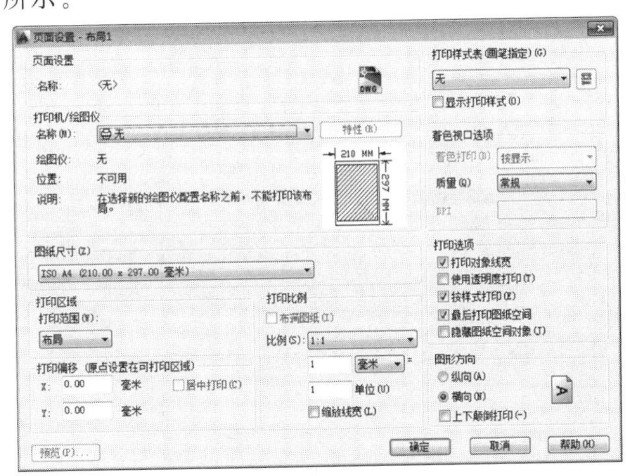

图 18－10　"页面设置－布局"窗口

(3)参数说明

【置为当前】：将所选页面设置设定为当前布局的当前页面设置，不能将当前布局设定为当前页面设置。"置为当前"对图纸集不可用。

【新建】：显示"新建页面设置"对话框，从中可以为新建页面设置输入名称，并指定要使用的基础页面设置。

【修改】：显示“页面设置”对话框，从中可以编辑所选页面设置。

【打印机/绘图仪】：指定打印或发布布局或图纸时使用的已配置的打印设备。

【图纸尺寸】：显示所选打印设备可用的标准图纸尺寸。

【打印区域】：指定要打印的图形区域。可按照范围、显示、视图、窗口的方式进行选择。

【打印偏移】：指定打印区域相对于可打印区域左下角或图纸边界的偏移。

【打印比例】：控制图形单位与打印单位之间的相对尺寸。

【打印样式表】：设定、编辑打印样式表，或者创建新的打印样式表。

【着色视口选项】：指定着色或渲染视口的打印方式，并确定它们的分辨率级别和每英寸点数（DPI）。

【质量】：指定着色或渲染视口的打印分辨率。

【打印选项】：指定线宽、透明度、打印样式、着色打印和对象的打印次序等选项。

【图形方向】：为支持纵向或横向的绘图仪指定图形在图纸上的打印方向。

3. 打印布局

我们可以将设置好的布局样式进行打印。

方法：在“文件”菜单中选择“打印”，设置打印机为“DWG To PDF. pc3”，点击“确定”后，保存打印文件即可。

【任务实施】

任务：对建筑平面图进行打印输出。

打印输出之前，需要按照以下步骤进行操作：

(1)新建“布局 3”，点击右键，选择“页面设置管理器”，弹出窗口如图 18－11 所示。

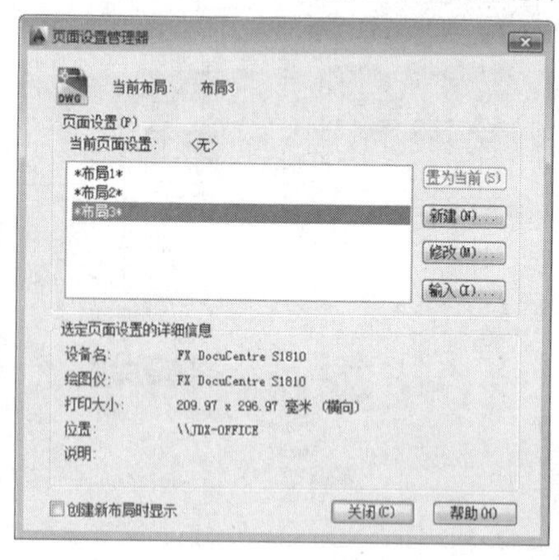

图 18－11 页面设置管理器

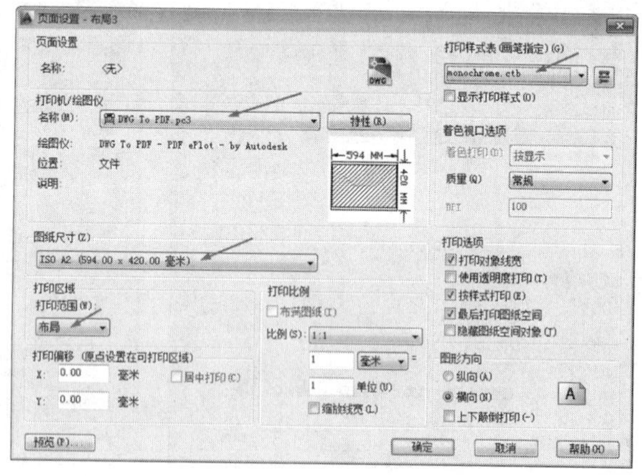

图 18－12 “页面设置”设置

(2)点击“修改…”按钮，弹出“页面设置”窗口，如图 18－12 所示，在打印机的设置中，分别进行如下设置：

①选择名称为“DWG To PDF. pc3”的打印方式。

②图纸的尺寸选择“ISO A2 (594.00 mm×420.00 mm)”，如图 18－13 所示。

③ 点击“特性”按钮，选择“修改标准图纸尺寸可打印区域”，拉动滑块，选择图纸为

ISOA2(594 mm×420 mm)，点击“修改…”，修改可打印区域的上下左右边距均为“0”，点击“下一步”，如图 18 - 14 所示。

④修改“打印范围”为“布局”。

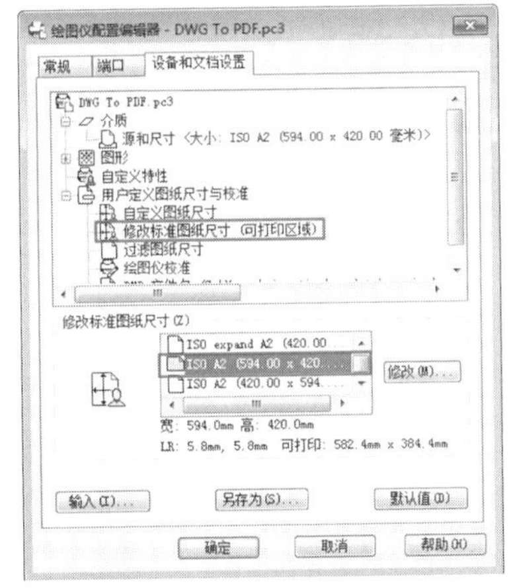

图 18 - 13　修改图纸尺寸

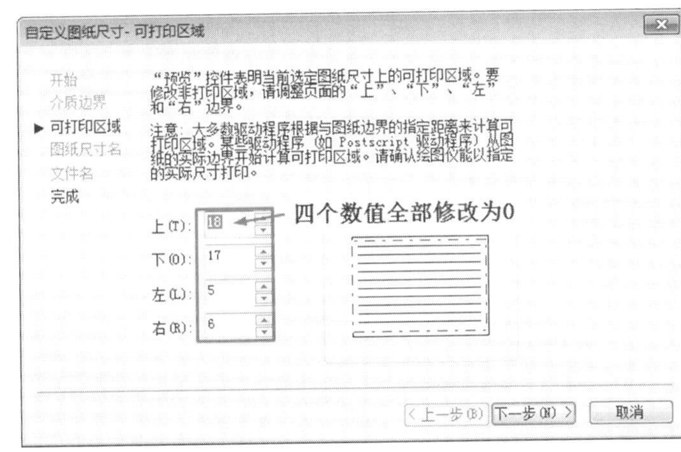

图 18 - 14　设置打印区域的页面距

⑤设置“打印样式”为“monochrome. ctb”，黑白打印。

⑥单击“确定”，布局设置完毕。

(3)删除原视口，创建新视口。

①选择原视口，删除(DEL)。

②调用粘贴命令，粘贴之前绘制好的 A2 标准图框至该窗口，基点以左下角为准。结果如图 18 - 15 所示。

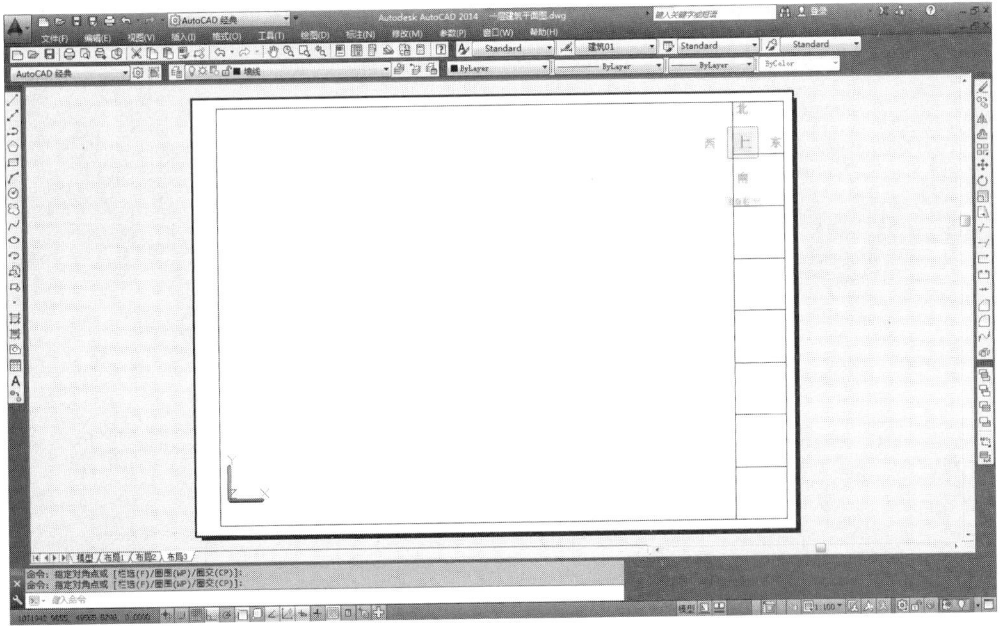

图 18 - 15

③输入“MV”，创建一个视口。

④调用“视口”，调整其输出比例为 1∶100，如图 18－16 所示。

⑤打印布局。在“文件”菜单中选择“打印”，就可以将图纸保存为 pdf 文档。

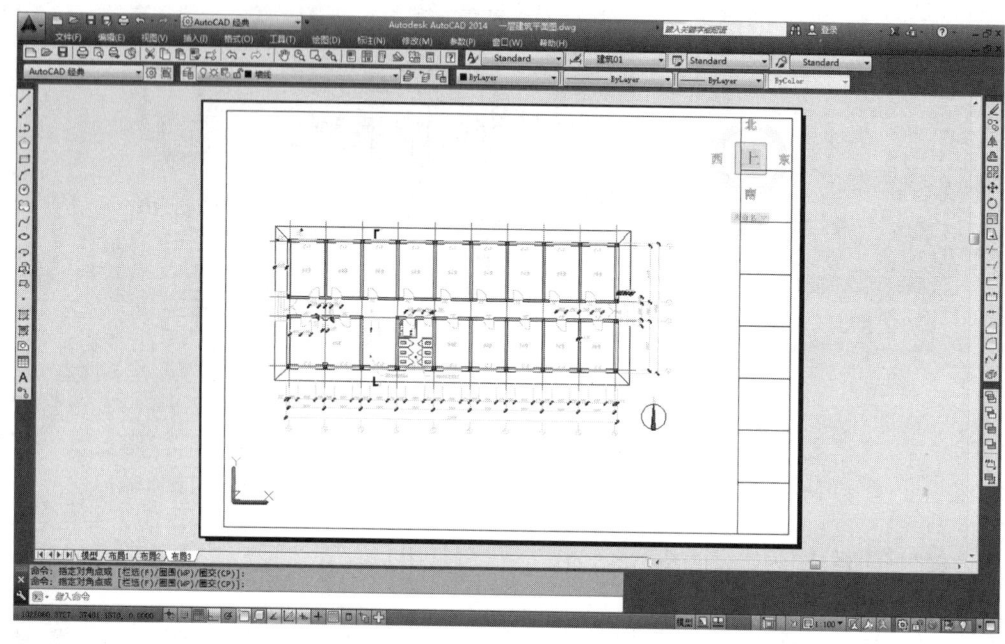

图 18－16

【任务巩固与提高】

请将之前绘制的建筑平面图、立面图和剖面图进行打印输出，要求将图纸输出在 A3 横式放置的图纸上。

19 建筑电气工程图的绘制

【任务描述】

建筑电气工程图是阐述电气系统工作原理的图纸。一个完整的施工图还需要提供建筑电气工程图。同学们需要在掌握相关电气图的基本知识、了解各种电气图形符号和电气图结构等要素的基础上，才能正确绘制电气工程图，在这里我们从绘制方法入手，绘制简单的电气图。

【任务目标】

熟悉电气工程图的绘制要求和绘制方法，利用所学知识正确绘制电气图例、照明平面图及系统图等电气工程图。

【任务评价】

在绘制建筑电气工程图之前，一定要对制图规范和标准有所了解，这样才能在正确的位置绘制图例。

【知识链接及操作】

19.1 建筑电气工程图的概念和分类

1. 概 念

电气图是用各种电气符号、带注释的线框、简化的外形来表示的系统、设备、装置、元件等之间的相互关系的一种图。

2. 分 类

建筑电气工程图是应用非常广泛的电气图，我们可以用它来说明建筑中电气工程的构成和功能。一个建筑电气工程的规模大小不同，其图纸的数量和种类也是不同的。

常用的建筑电气工程图可以由目录、设计说明、图例、设备材料明细表、电气总平面图、电气系统图、电气平面图、设备布置图、安装接线图、控制原理图、二次接线图、大样图组成。通过这些图纸，设计人员、安装人员和操作人员才能进行有效的沟通。

19.2 建筑电气工程图的绘制方法

我们通常用建筑电气工程图来描述电气设备或系统的工作原理，在建筑电气工程图中，我们可以用图线将电气图形符号、带注释的线框及简化外形的电气设备进行连接。它是电气设计人员、安装人员、操作人员之间沟通的工程语言。在绘制建筑电气工程图时，我们需要按照国家标准 GB/T 18135—2008《电气工程 CAD 制图规则》进行规范的绘制。

1. 线路的表示方法

(1)多线表示法。

元件之间的连线按照导线的实际走向一根一根地分别画出，如图 19-1 所示。

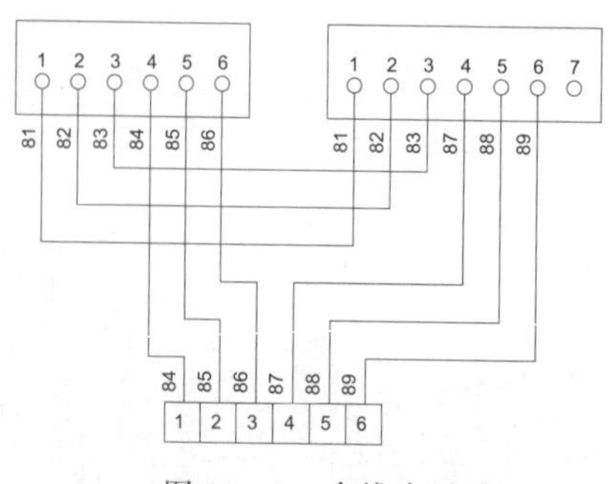

图 19-1 多线表示法

(2)单线表示法。

各元件之间走向一致的连接导线可用一条线表示，即图上的一根线实际代表一束线，如图 19－2 所示。

图 19－2　单线表示法

(3)组合表示法。

单线表示法和多线表示法可以组合使用。

2. 元件的表示方法

(1)集中表示法。

集中表示法也叫整体表示法，是把一个电器的各个元件集中在一起绘制。集中表示法绘制的图整体性较强，电器元件之间的相互关系比较直观，适用于简单的电气图，如图 19－3 所示。

图 19－3　集中表示法

(2)分开表示法。

分开表示法也称展开表示法，是把一个电器的各个部分在图中按作用、功能分开布置，而它们之间的关系用文字代号来表示。一个复杂的电路图，用分开表示法能得到一个清晰的图面，易于阅读，便于了解整套装置的动作顺序和工作原理，如图 19－4 所示。

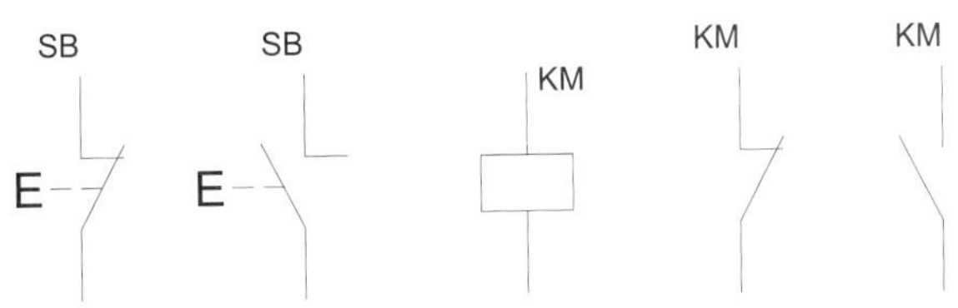

图 19－4　分开表示法

3. 建图的布局方法

(1)功能布局法。

功能布局法是指在图中，元件符号的位置，只考虑元件之间的功能关系，而不考虑实际位置的一种布局方法。系统图、电路图都采用此方法。

(2)位置布局法。

位置布局法是指在图中，元件符号的位置按该元件的实际位置在图中布局。平面图、安装接线图采用这种布局方法。

4. 终端表示法

当电路图很复杂时，需要几张图纸才能绘出，那么对于连接到另一张图纸上的连接线，应在中断处注明图号、张次、图幅分区代号等。

5. 电气工程图特点

(1)电气工程图、平面图、安装接线图、原理图的主要形式是简图，可以用图形符号或简化外形表示系统或设备之间的相互关系。

(2)图形符号、文字符号和项目代号是构成电气工程图的基本要素，一个系统通常由许多元件组成。在电气工程图中并不按比例绘出其外形尺寸，而是采用图形符号表示，并用符号、安装代号来说明电气装置、设备和线路的安装位置、相互关系和辐射方法等。

(3)电气设备和线路在平面图中用图例表示，其空间位置不用立面图表示，而是在平面图上标注安装标高或用施工说明来表示。

19.3 常用电气符号图例的绘制

在建筑电气工程图中，需要用电气图形符号、带注释的线框及简化外形的电气设备来表示真实的设备，因此以下仅罗列部分出现较多的符号图例，见表 19－1。

表 19－1 常用符号图例

序　号	图形符号	说　明	序　号	图形符号	说　明
1		动力照明配电箱	6		球形灯
2		照明配电箱	7		暗装插座
3		事故照明配电箱	8	K	空调插座
4		吸顶灯	9		明装插座
5		普通灯	10		电话机一般符号

续 表

序 号	图形符号	说 明	序 号	图形符号	说 明
11		具有指示灯的开关	17		按钮一般符号
12		单极、双极、三极开关	18		按钮盒
13		暗装	19		在专用电路上的事故照明灯
14		密闭(防水)	20		荧光灯的一般符号
15		电铃	21		三管荧光灯
16		防爆			

19.4 建筑电气照明平面图概述及其绘制

1. 电气照明平面图概述

(1)基本概念。

电气照明平面图是在建筑平面图的基础上设计绘制的，是电气照明工程图中最主要的图纸，表示了电气线路的布置，以及灯具、开关插座、配电箱、表盘等电器设备，并标注位置、标高及其他安装要求。

(2)表达内容。

① 配电箱的型号、数量、安装位置、标高及配电箱的电气系统等。

② 线路的配电方式、敷设位置、线路的走向、倒显的型号、规格、根数及导线的连接方法等。

③ 灯具的类型、功率、安装位置、距地高度及控制方式等。

④ 插座及其他电器的类型、容量、安装位置、安装高度等。

(3)绘制步骤。

① 设置绘图环境。

② 绘制轴线。

③ 绘制建筑构件。

④ 绘制各种细部。

⑤ 绘制照明设备(灯具、开关、线路、插座、照明配电箱、进线标识等)。

⑥ 相关标注。

⑦ 添加图框和标题。

⑧ 打印输出。

2. 电气照明设备定位及其布置指导

(1)灯具、开关、配电箱的布置及线路连接要以经济、美观、需要为准。

(2)在插座的布置、进线标识与线路布置中,进线标识常放在楼梯休息平台上方。

【任务实施】

任务:请绘制如下照明平面图,如图 19-5 所示。

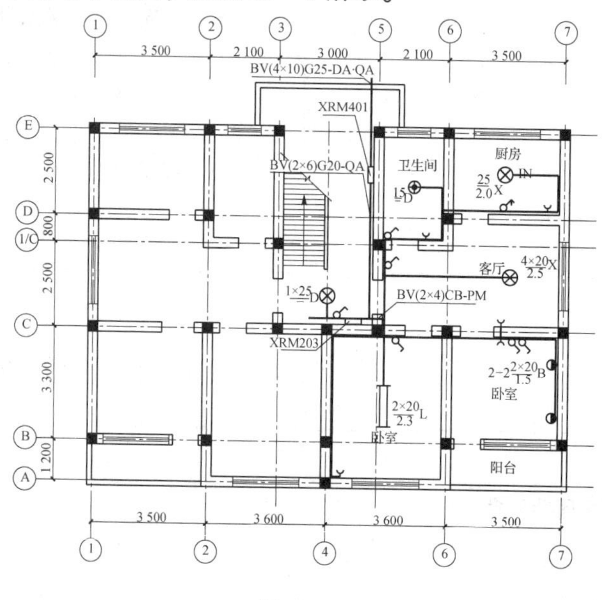

图 19-5

第一步:设置绘图环境。

第二步:绘制其建筑平面图,其中未标注尺寸按照一般建筑规范设计即可。如图 19-6 所示。

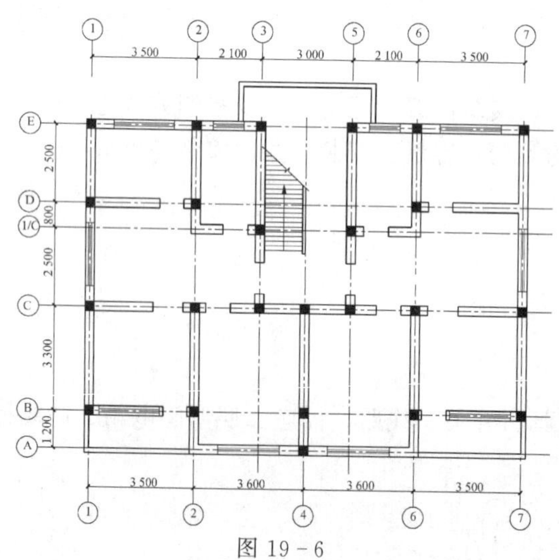

图 19-6

第三步：绘制图例，图例见表 19－2。

表 19－2　图　例

名　称	电气符号	名　称	电气符号
电度表	Wh	单极单控开关	
日光灯		单极拉线开关	
白炽灯		单极延时开关	
小花灯		电源插座	
壁灯		吸顶灯	
配电箱			

第四步：将绘制好的电气符号和照明线路绘制在建筑平面图中，如图 19－7、图 19－8 所示。

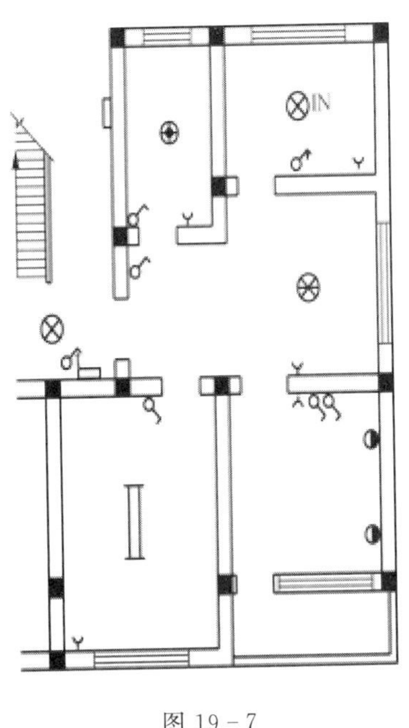

图 19－7

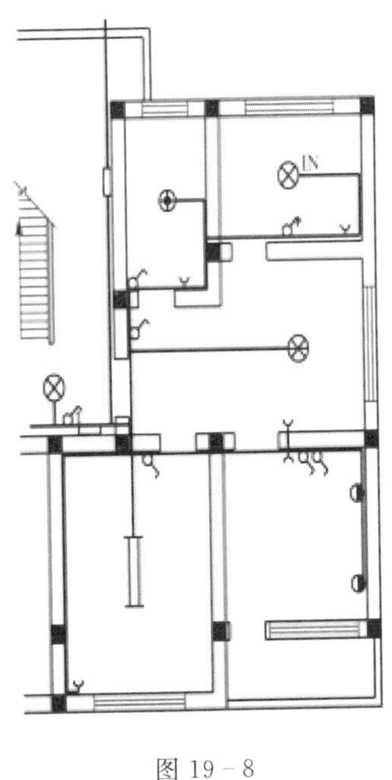

图 19－8

【任务巩固与提高】

1. 绘制某住宅的配电系统图，如图 19－9 所示。

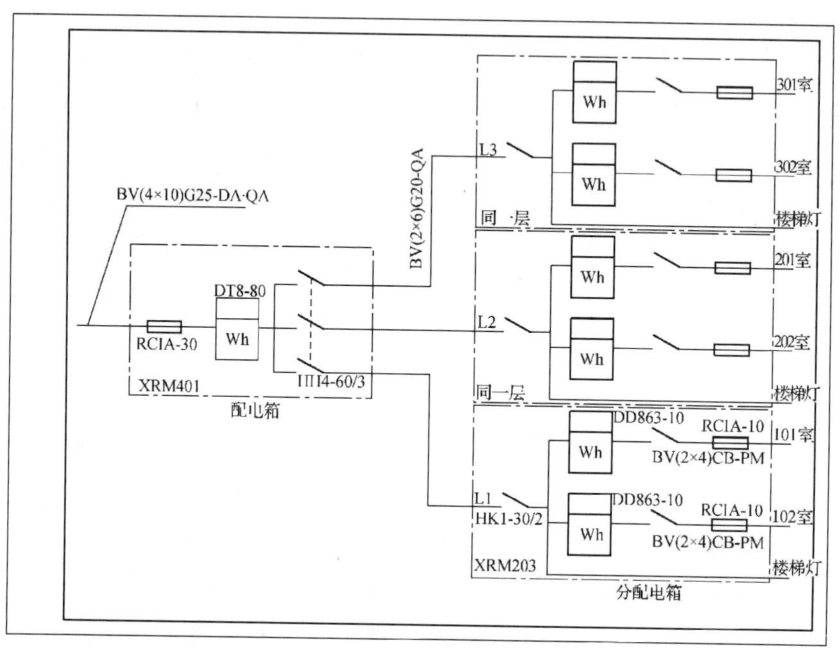

图 19－9

2. 绘制有线电视系统图及说明，如图 19－10 所示。

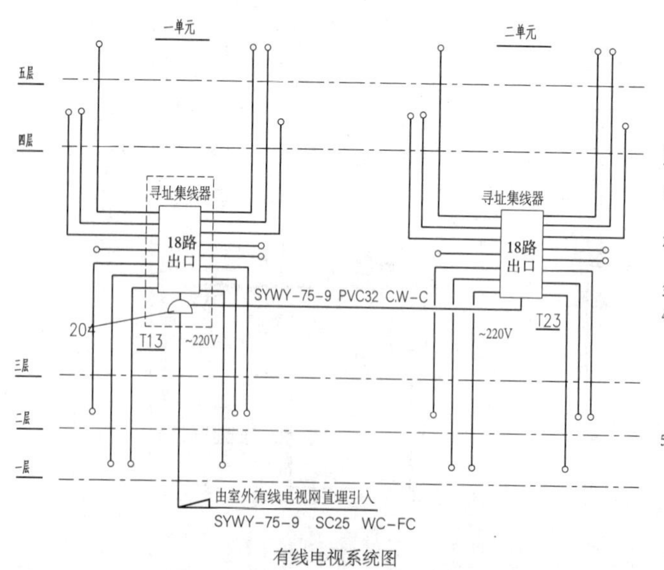

有线电视系统说明：

1. 有线电视信号由室外有线电视网直埋，引入至三层集线分支器分配器一体箱T13。
2. 各单元楼梯间集线器的暗埋箱及过路分线箱上沿均距顶0.3米，用户插座均距地0.3米，均为暗装。
3. 集线器~220V电源引自本单元底层照明配电箱的有线电视专用回路。
4. 图中主干线采用SYWY-75-9型电视电缆，由集线器至用户终端的支线采用SYWV-75-5型电视电缆。在每个单元的一层，二层，四层~五层楼梯间各安装一个过路分线箱，安装位置见平面图。楼层之间PVC管暗埋，单根-5电缆用PVC20管，2~4根-5电缆用PVC25管，6根-5电缆用PVC32管。
5. 施工时，应与土建工程密切配合，按图中的走线进行预埋穿管，并将进线电缆的穿线钢管在入户处与总等电位端子箱连接。

图 19－10

20 给水排水施工图的绘制

【任务描述】

本任务我们将结合 AutoCAD 绘制给排水施工图。在图纸中按照要求布置排水管道，明确卫生设施的形状、大小、位置及安装方式等。

【任务目标】

利用之前学习的 AutoCAD 软件的各种命令绘制给定建筑给排水工程施工图。熟悉一些常用的给排水施工图绘图技巧，了解建筑给排水工程施工图的绘制规范和标准。能够正确绘制建筑给排水平面图、系统原理图、轴测图、大样图、详图等。

【任务评价】

给排水施工图与建筑工程图、电气工程图有较大的区别，主要绘制的是卫生设施及管线的安装位置、方式及走向，因此需要大家熟记给排水施工图的绘制要求，按照规范进行绘制。

【知识链接及操作】

20.1 建筑给排水施工图的概念和分类

1. 概　念

建筑给排水施工图是工程项目中单项工程的组成部分之一，它是确定工程造价和组织施工的主要依据。建筑给排水工程图按照设计任务要求，图纸中需要表示给排水管道的类型、平面布置和空间位置，明确卫生设施的形状、大小、位置以及安装方式等。

2. 分　类

建筑内部的给排水工程的设计是通过建筑给排水平面图、系统原理图、轴测图、大样图、详图、主要设备材料表等图纸来表达的。

(1)室内给水系统。

室内给水系统由供水管、水表节点、给水管网、用水和配水设备、给水附件组成，按照有无加压和流量调节设备分为直接供水方式，水泵、水箱供水方式和气压给水装置供水方式等；按水平干管敷设位置的不同，可分为下行上给式、上行下给式、分区共给式。

(2)室内排水系统。

根据建筑的性质，排水系统分为生产污水管道系统、雨水管道系统和生活污水管道系统三类。

(3)消防给水系统。

消防给水系统可以分为普通消防给水系统、自动喷洒消防给水系统、水木消防给水系统三类。

20.2 建筑给排水平面图的绘制方法

在绘制建筑给排水平面图时，我们需要按照《给水排水制图标准 GB/T 50106－2001》和《建筑给排水设计规范 GB 50015－2010》中的要求对图纸进行绘制。

1. 图示特点

(1)给排水施工图的图样一般采用正投影绘制，系统图采用轴测投影图绘制。

(2)图示的管道、器材和设备一般采用国家有关制图标准规定的图例来表示。

(3)图线：在新设计的各种给水、排水管线中分别采用粗实线、粗虚线表示。独立画出的排水系统图，排水管线也可采用粗实线绘制。

(4)比例：建筑给排水平面图绘图比例与建筑平面图比例相同，必要时可采用较大的比例。在系统图中，如局部表达困难时，该处可不按比例绘制。

2. 管道画法及标注的一般规定

(1)管道画法。

给排水施工图是民用建筑中常见的管道施工图的一种，管道施工图从图形上可分成单线图和双线图，如图 20－1 所示。

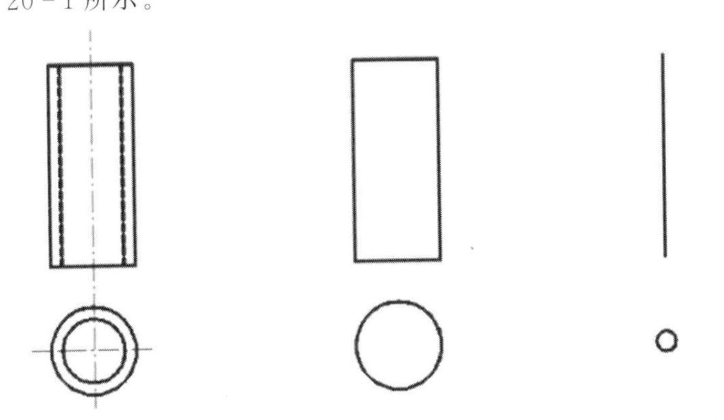

图 20－1 管道画法

(2)管径。

管径应以毫米为单位。不同的管材，管径的表示方式不同。镀锌或不镀锌钢管、铸铁管等管材，管径以公称直径表示，如 DN15、DN20，如图 20－2 所示。

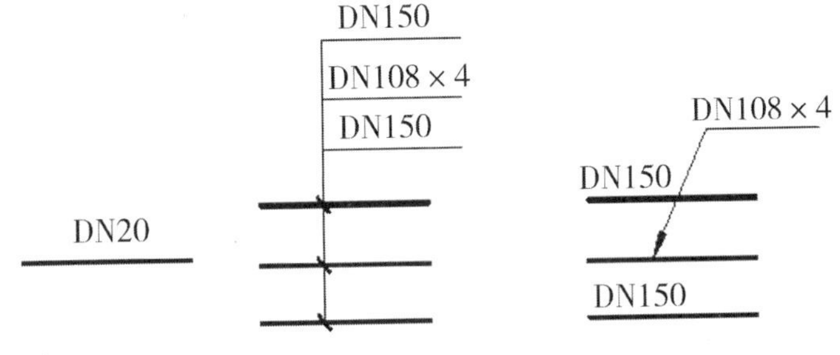

图 20－2

(3)编号。

当建筑物的给排水进出口数量多于 1 个时，要进行编号以方便索引，索引符号如图 20－3 所示。

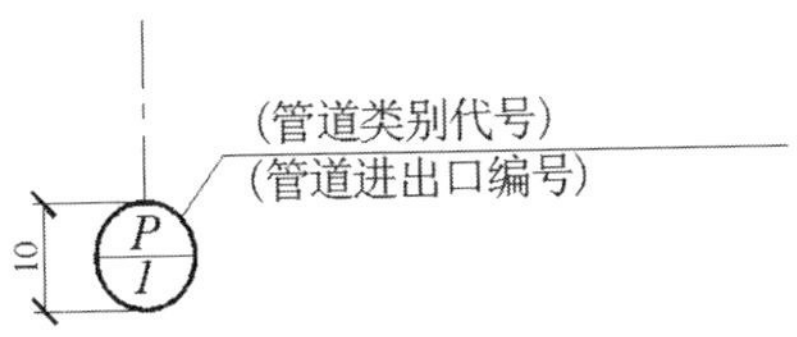

图 20－3 给排水进出口编号方法

建筑物内穿过楼层的立管，数量多于 1 个时，也要进行编号索引，索引符号如图 20－4 所示。

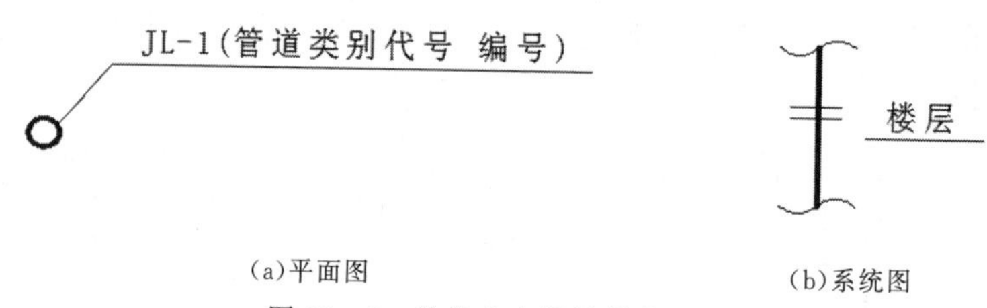

(a)平面图　　(b)系统图

图 20－4　给排水立管编号表示法

(4)管道的转向、连接和交叉的表示如图 20－5 所示。

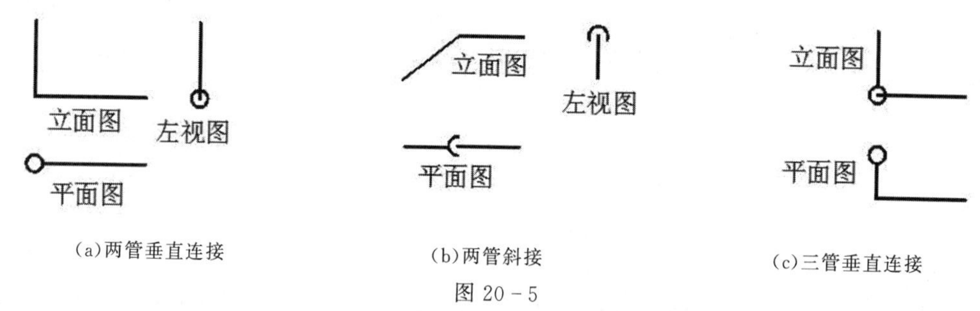

(a)两管垂直连接　　(b)两管斜接　　(c)三管垂直连接

图 20－5

20.3　常用给排水符号图例的绘制

表 20－1　常用图例

序　号	图形符号	说　明	序　号	图形符号	说　明
1	J	给水管	8		消防喷头(闭式)
2	P	排水管	9		水龙头
3		软管	10		止回阀
4		交叉管	11		水流指示器
5		消火栓用管	12		水表井
6		灭火器	13		清扫口
7		消火栓	14		圆形地漏

续 表

序 号	图形符号	说 明	序 号	图形符号	说 明
15		通气帽	18		闸阀
16		排水漏斗	19		截止阀
17		存水弯	20		消防报警阀

20.4 建筑给水平面图绘制内容及其绘制步骤

1. 绘制内容

(1)室内给水平面图的绘制内容。

室内给水平面图是以建筑平面图为基础(建筑平面以细线画出),表明给水管道、用水设备、器材等平面位置的图样。

其主要反映下列内容:

① 表明房屋的平面形状及尺寸,用水房间在建筑中的平面位置。

② 表明室外水源接口位置,底层引入管位置及管道直径等。

③ 表明给水管道的主管位置、编号、管径、支管的平面走向、管径及有关平面尺寸等。

④ 表明用水器材和设备的位置、型号及安装方式等。

(2)室内给水系统图的绘制内容。

① 表明建筑的层高、楼层位置(用水平线示意)、管道及管径与建筑层高的关系等,如设有屋面水箱或地下加压泵站,则还应标明水箱、泵站等内容。

② 表明给水管网及用水设备的空间关系(前后、左右、上下),以及管道的空间走向等。

③ 表明控水器材、配水器材、水表、管道半径等位置、管道直径及安装方法等,通常用DN 表示。

④ 表明给水系统图的编号。

(3)给水施工详图的绘制内容。

给水施工详图是详细标明给水施工图中某一部分管道、设备、器材的安装大样图。

(4)目录、说明的绘制内容。

目录表明室内给水施工图的编排顺序及每张图的图名。说明是对室内给排水施工图的施工安装要求、引用标准图、管材材质及连接方法、设备规格型号等内容,通过文字一一说明。

2. 一般绘制步骤

(1)设置绘图环境。

(2)建立与给排水相关的图层。

(3)绘制轴线。

(4)绘制给排水平面图。

(5)插入相应的给排水附件图块。

(6)标注给排水管管径及其他尺寸。

【任务实施】

任务：请绘制卫生间给排水平面图，如图 20－6 所示。

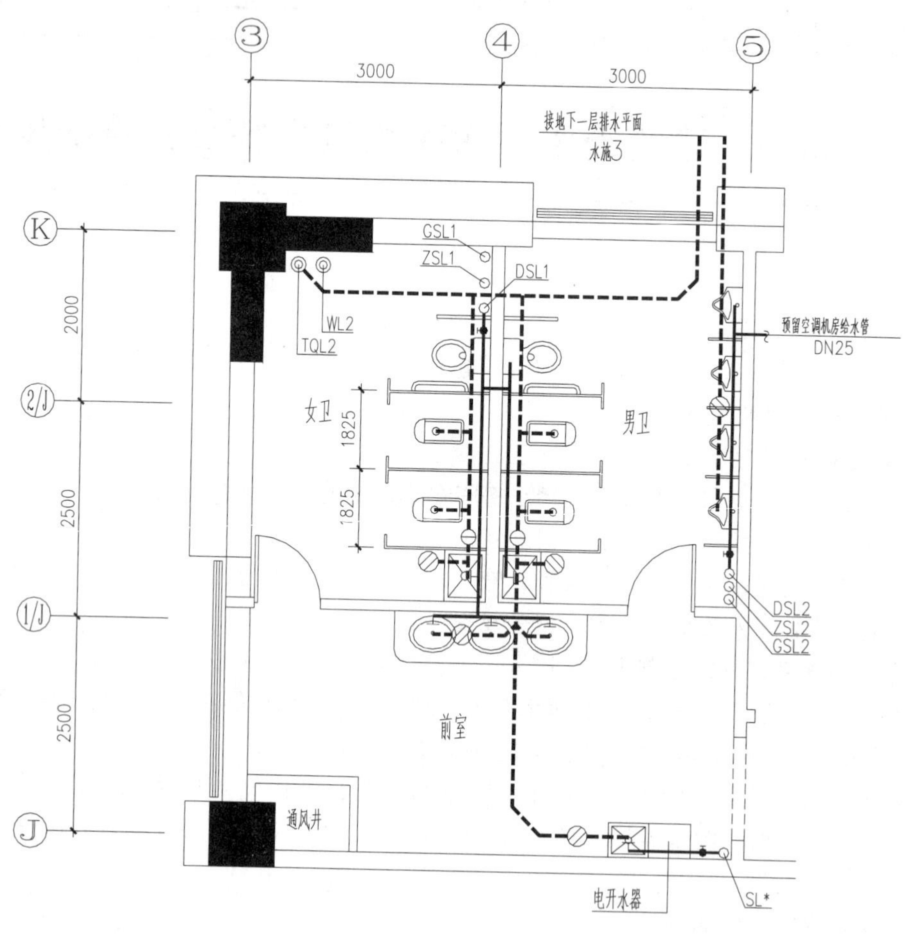

图 20－6

操作骤步：

第一步：设置绘图环境。

第二步：绘制平面图。

第三步：绘制卫生洁具。

第四步：绘制给排水管道及设备。

第五步：标注管径及其他。

【任务巩固与提高】

1. 请绘制如图 20－7 所示的给水系统图。

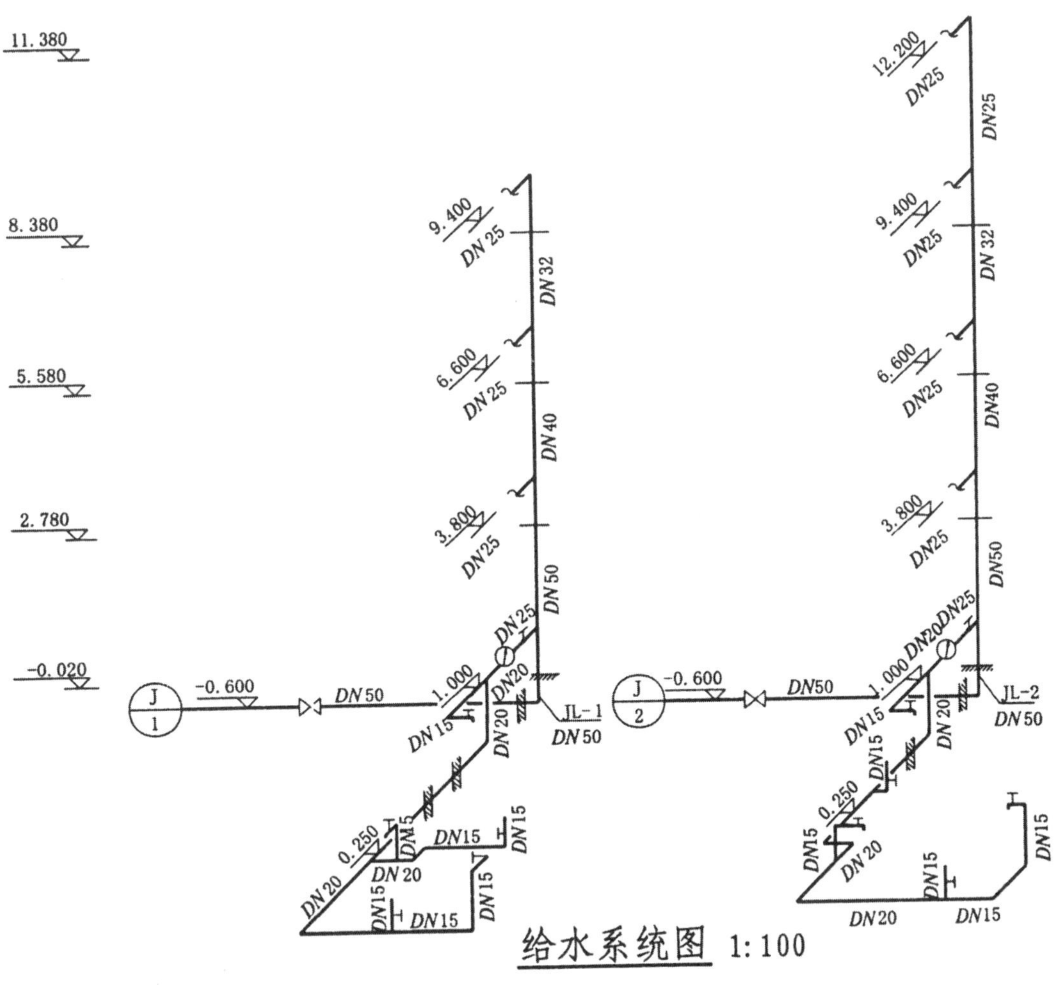

图 20－7

2. 请绘制如图 20 - 8 所示的排水系统图。

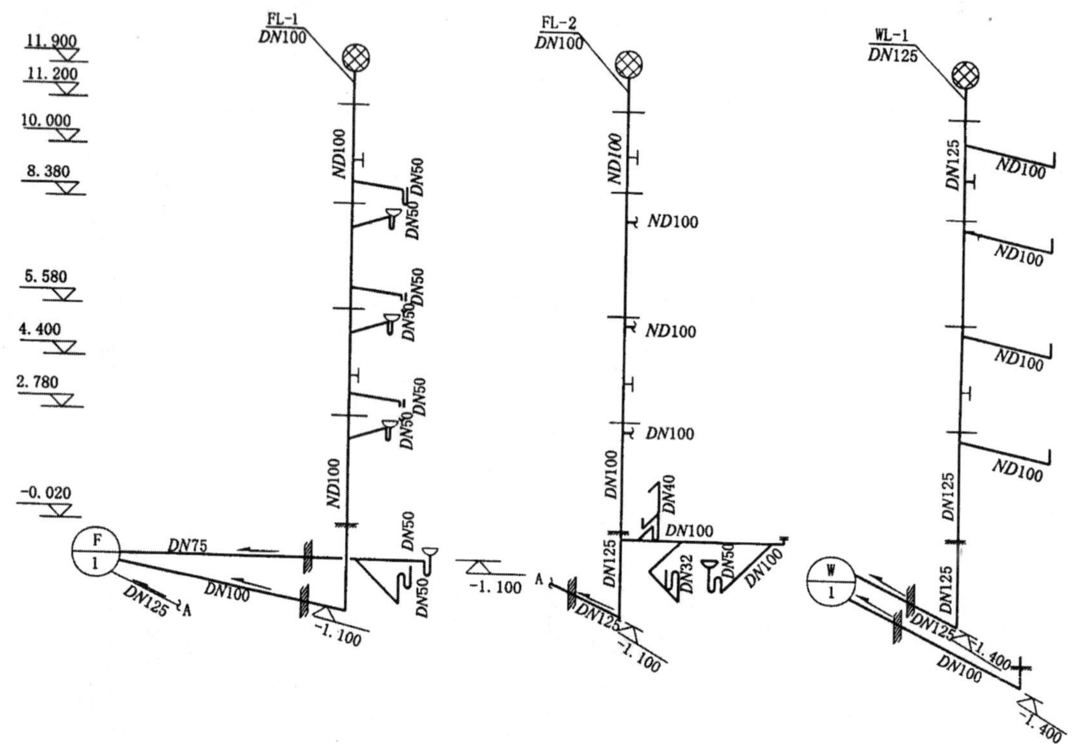

图 20 - 8

参考文献

[1]包杰军，张植莉．建筑工程 CAD[M]．天津：天津大学出版社，2011.

[2]屠钊，姜峰．室内设计 CAD[M]．北京：中国水利水电出版社，2014.

[3]张小平．建筑工程 CAD[M]．北京：人民交通出版社，2011.

[4]孙江宏．计算机辅助设计与绘图：AutoCAD2008(第二版)[M]．北京：中国铁道出版社，2008.

[5]傅雅宁，田金颖．AutoCAD 电气工程制图[M]．北京：北京邮电大学出版社，2013.